DROEMER

DAVID SPENCER

# WURZEL REICH

## Über die gemeinsame Evolution von Pflanze und Mensch

DROEMER

**Besuchen Sie uns im Internet:**
**www.droemer-knaur.de**

MIX
Papier | Fördert gute Waldnutzung
FSC® C014496

Originalausgabe April 2025

Ein Imprint der Verlagsgruppe Droemer Knaur GmbH & Co. KG
Maria-Luiko-Straße 54, 80636 München

Redaktion: Sabine Wünsch
Covergestaltung: buxdesign | Lisa Höfner
Coverabbildung: Collage von Lisa Höfner unter Verwendung von Motiven von Bridgeman Images
Illustrationen »vom Samen zur Pflanze« von Yuliya_vector / Shutterstock.com, alle anderen Illustrationen von dieKLEINERT.de / Nina Rode
Satz und Layout: Adobe InDesign im Verlag
Druck und Bindung: GGP Media GmbH, Pößneck
ISBN 978-3-426-44966-0

Kontaktadresse nach EU-Produktsicherheitsverordnung:
produktsicherheit@droemer-knaur.de

2 4 5 3

# Inhalt

**Vorwort** 9

**1 | Keimung –**
***Smells like green spirit***
Ein mikroskopisches Trainingslager ..... 15
Heiße Luft und Apokalypse ..... 20
Lebensrettende Treibhausgase ..... 25
Ohne Moos nix los ..... 29

**2 | Wurzeln schlagen –**
***These roots aren't made for walking***
Kein Hirn, kein Problem ..... 34
Die ewige Efeutute ..... 40
Die Müllhaufen-Hypothese ..... 45
Die Zähmung der wilden Kräuter ..... 49
Von Genscheren und Piraten ..... 59

**3 | Der Sonne entgegen –**
***Here comes the sunflower***
Sandwich oder Bagel, das ist hier die Frage ..... 66
Ein Schwarm von umgekehrten Tieren ..... 71
Uralte Rituale und Auberginen-Emojis ..... 76

**4 | Zusammen wachsen –**
***Dill the messenger***
Der Krautgeflüster-Schnupperkurs ..... 81
Laber, Rhabarber! ..... 84
Vom Rasenmähen und dem Code der Blumen ..... 91
Die gute Art von Masochismus ..... 101

Infokrise im World Wide Wurzelwerk . . . . . . . . . . . . . . . . . 106
Das Mikrobiom: Gerüch(t)eküche und Bauchgefühl . . . . . 111

**5 | Gedeih und Verderb –**
***The lord of the weed***
Holoparasiten und Zombie-Raupen-Apokalypse . . . . . . . . 124
Stachelröschen und Dornbeere . . . . . . . . . . . . . . . . . . . . . . . 130
Brandstiftung und Teufelsgärten . . . . . . . . . . . . . . . . . . . . . 134
Drama im Wilden Westen. . . . . . . . . . . . . . . . . . . . . . . . . . . 142
There's something in the Badewasser . . . . . . . . . . . . . . . . . 151
Neophyten: Das Imperium schlägt zurück. . . . . . . . . . . . . . 157

**6 | Blütezeit –**
***Fifty shades of hay***
Der Schatz am Ende des Regenbogens . . . . . . . . . . . . . . . . . 166
Diversifizierung des Portfolios . . . . . . . . . . . . . . . . . . . . . . . 169
Nieder mit der deutschen Kartoffel! . . . . . . . . . . . . . . . . . . . 177
Im Wald vor lauter Bäumen säen. . . . . . . . . . . . . . . . . . . . . . 188
Saure Zungen und süße Träume . . . . . . . . . . . . . . . . . . . . . . 193

**7 | Saat setzen –**
***Gardeners of the galaxy***
Öffentlich-rechtlicher Buschfunk . . . . . . . . . . . . . . . . . . . . . 203
Information, die hängen bleibt. . . . . . . . . . . . . . . . . . . . . . . . 206
Von Spiderman und unerfüllbaren Erwartungen . . . . . . . . 213
Auenland und Büffelmozzarella. . . . . . . . . . . . . . . . . . . . . . . 223
Wunschzettel eines Wissenschaftlers. . . . . . . . . . . . . . . . . . . 231

**Epilog – Eine globale Symbiose 239**

**Dank 243**

**Literaturhinweise 245**

Denn die Welt ändert sich:
Ich spüre es im Wasser, ich spüre es in der Erde,
und ich rieche es in der Luft.

Baumbart in *Die Rückkehr des Königs*
von J. R. R. Tolkien[1]

# Vorwort

Auf den ersten Blick könnte das Leben von Pflanzen und Menschen kaum unterschiedlicher sein: Die einen ernähren sich von Sonnenlicht, die anderen sind auf Nahrungssuche und -aufnahme angewiesen. Die einen sind im Boden verwurzelt, die anderen ständig in Bewegung. In der Welt der Pflanzen lebt es sich – so macht es den Anschein – wie in Zeitlupe, ohne jede Möglichkeit der sinnlichen Wahrnehmung, während für uns ein reges Treiben voller Eindrücke und Kurswechsel die Realität ist. Was aber, wenn die Evolutionsgeschichte von Pflanzen und Menschen eigentlich gar nicht so unähnlich ist? Wenn wir nicht nur denselben Planeten teilen, sondern auch in unserem Verhalten, unseren Gewohnheiten und Vorzügen mehr gemeinsam haben, als wir denken? Was, wenn uns die mit dem Pflanzenreich geteilte Evolution zu einer fast symbiotischen Wohngemeinschaft auf der Erde gemacht hat, in der gegenseitiges Vertrauen und die gemeinsame Bewältigung kniffliger Aufgaben erforderlich sind? Die Lebensgeschichte der Pflanzen erzählt uns an vielen Stellen auch von unserer eigenen Entwicklung. Unsere Kulturpflanzen sind Ausdruck einer gewachsenen Verbindung, während die Wildpflanzen uns daran erinnern, wo wir herkommen. Wir sind mal auf spirituelle, dann wieder auf ganz praktische Weise miteinander verwoben, wenn es um unsere Ernährung oder den Schutz unserer Umwelt geht. Und die Wissenschaft liefert fast täglich spannende Neuigkeiten, die uns helfen, das Leben unserer krautigen Mitbewohnerinnen noch besser zu verstehen.

Dieses Buch soll dazu anregen, nicht nach den Unterschieden zwischen den vermeintlich konkurrierenden Mega-Lebewesen Mensch und Pflanze zu suchen. Vielmehr möchte es zeigen, was für eine Chance es sein kann, sich in die Pflanzenwelt hineinzuversetzen, uns ihre Sorgen und Nöte, ihre Ideen und Erfindungen einmal genauer anzuschauen. Dazu braucht man nicht einmal Wissenschaftlerin oder Wissenschaftler von Beruf zu sein: Alle Menschen sind permanent mit Pflanzen und den Produkten, die wir aus ihnen herstellen, in Kontakt. Das Gemüse im Kühlfach, der Rattanschaukelstuhl in der Ecke, der Biodiesel im Tank, ja sogar die Seiten dieses Buchs sind aus Pflanzen hervorgegangen. Vielleicht lohnt es sich ja, der unbeteiligten Zimmerpflanze in der Ecke einmal unser Gehör zu schenken. Denn wenn sie sprechen könnte, würde sie eine bewegte Geschichte erzählen, die der Menschheitsgeschichte gar nicht so unähnlich ist.

Am Anfang der Reise wäre von unbequemen Zeiten die Rede, in denen die ersten Pflanzen sich mühselig aus den Ozeanen der noch jungen Erde kämpften und das Land besiedelten. Nach einem nomadischen Dasein in den Weltmeeren folgte bald eine Zeit, in der unsere Pflanzen sesshaft wurden. Das brachte wiederum neue Herausforderungen mit sich: Sie lebten nun ein Leben in (scheinbarer) Bewegungslosigkeit, den Launen der Witterung ohne Schutz ausgeliefert. Unsere Pflanzen mussten gänzlich neue Fähigkeiten erwerben, um an grundlegendste Dinge wie Wasser oder Nährstoffe zu gelangen. Dann wieder: Aufgabenteilung. Durch die Vielfalt der Arten besetzten verschiedene Gewächse die diversen ökologischen Nischen, stützten und unterstützten sich gegenseitig. Sie formten ganze Landschaften, gestalteten Ökosysteme um und breiteten sich bis in die entlegensten Winkel unseres Planeten aus. Eine permanente Migration von Arten führte mal hier zu neu erschlossenem Territorium, mal dort zum Aussterben einer ganzen Population.

Schließlich lernten sie sogar, miteinander zu sprechen. Permanent quatschen Pflanzen untereinander, aber auch mit den sie umgebenden Organismen, warnen sich gegenseitig vor

Fressfeinden oder rufen Waffenbrüder und -schwestern auf den Plan. Im Kleinen, im Unsichtbaren, finden seit jeher erbitterte, molekulare Kriege statt: zwischen Pilzen und Pflanzen, zwischen Krankheitserregern und unserem geliebten Gemüse, zwischen Kraut und »Unkraut«. Dabei werden die abgefahrensten Mittelchen erfunden – der Kreativität sind keine Grenzen gesetzt! Tödliche Stoffe, halluzinogene Substanzen oder wilde Chemikalien, die die Keimung von Artgenossen hemmen, bestäubende Insekten fremdsteuern oder nachweislich Verhaltensänderungen in höheren Säugetieren auslösen – auch in uns. Wenn man der Zimmerpflanze zuhören könnte, würde man auch von der Zähmung der Natur hören. Davon, wie der Mensch wilde Kräuter in brave Nutzpflanzen verwandelte und so den Grundstein für Zivilisationen, Pyramiden, selbstfahrende Autos und dergleichen legte. Unsere eng verwobene Koevolution und die Abhängigkeit der Menschheit von Pflanzenprodukten wirft auch die wohl berechtigte Frage auf, wer hier eigentlich wen domestiziert hat.

Die Details stecken oft im Verborgenen, etwa im Wurzelreich des Bodens. Erst jetzt beginnen wir so langsam zu verstehen, dass das Leben einer Pflanze nur zur Hälfte durch das oberirdische Grün bestimmt ist. Direkt unter unseren Füßen finden irrsinnig interessante und gleichzeitig so wichtige Prozesse statt, die für die Gesundheit der Pflanzen genauso essenziell sind wie für die des gesamten Planeten. Organisches Material wird in seine kleinsten Teile zersetzt, Treibhausgase werden für eine lange Zeit gebunden, chemische Kommunikation ermöglicht ein friedliches Wachstum unterschiedlicher Arten, die sich in ihrer Vielfalt gegenseitig stärken. Außerdem sind Pflanzen ungemein kreativ, wenn es um die Produktion von maßgeschneiderten Wirkstoffen geht. Seit jeher nutzen wir Menschen die Botanik, um Beschwerden zu lindern. Die Naturheilkunde ist fast so alt wie die Landwirtschaft und zeigt einmal mehr die eng verwobene Liebesgeschichte, die wir mit dem

Pflanzenreich schreiben. Bei genauerem Hinsehen sind auch in der modernen Welt Inspirationen aus der Pflanzenwelt allgegenwärtig. Allein auf dem Cover dieses Buchs sind drei fantastische Superheldinnen zu finden, die nicht nur schön anzusehen sind, sondern uns auch schon ganz praktisch genützt haben: Extrakte des Wurmfarns *Dryopteris filix-mas* wurden zur Herstellung von Wurmkuren verwendet, die Bitterstoffe des rot blühenden Quassiabaums helfen bei der natürlichen Insektenbekämpfung, und die dornige Akazie ist sowieso ein wunderbares Beispiel für die Wehrhaftigkeit von Pflanzen – nicht zuletzt aufgrund ihrer Symbiose mit der Tierwelt, die in diesem Buch noch zum Thema werden soll.

Auch wenn das pflanzliche Leben zumeist unter dem Radar unserer Aufmerksamkeit stattfindet und die Botanik oft als eingestaubtes Forschungsfeld angesehen wird: Die Blütezeit der Pflanzen ist jetzt. Wir brauchen Pflanzen mehr denn je, nicht nur für Nahrung, Energie und Häuser, sondern auch als Inspiration, als Teamkolleginnen, als Verbündete im Kampf gegen eine ungemütlich klingende Zukunftswelt, in der Klima, Artenschwund und begrenzte Fläche enormen Einfallsreichtum erfordern. Und wer könnte uns da besser beraten als die wehrhaften Gewächse selbst, die schon mehrere Beinahe-Weltuntergänge überlebt haben? Um ihre Ratschläge für uns hörbar zu machen, müssen die neusten Erkenntnisse aus Wissenschaft und Forschung in eine für alle verständliche Sprache übersetzt werden. Eine Beschäftigung mit der abenteuerlichen Koevolution von Pflanze und Mensch kann Balsam für unsere weltschmerzgeplagten Seelen sein – gerade in Zeiten von Kriegen, Krisen und Kollaps. Dieses Buch ist eine Einladung in eine krautige Welt, die nicht weniger real, aber unfassbar spannend ist. Täten wir nicht gut daran, statt unsere Daumen weiter zum zeitfressenden Scrollen zu nutzen, lieber den »grünen Daumen« zu trainieren? Erdverbundenheit und Bodenständigkeit sind zwei Worte, die praktisch dasselbe bedeuten. Ob wir nun spirituell unterwegs sind oder ganz pragmatisch in die Zukunft navigieren wollen, ist eigentlich schnuppe. Die Welt der Pflanzen hält für alle Menschen etwas bereit.

Holen wir also gemeinsam tief Luft und tauchen ein in die krautige Story. Einen halbwegs langen Atem werden wir brauchen, denn es soll uns ja nicht gleich zu Beginn die Puste ausgehen – wobei die Luft zum Atmen für die allerersten Pflanzen ziemlich knapp war.

# 1 | Keimung –

## *Smells like green spirit*

Zu Beginn bestanden die Gewächse aus mikroskopisch kleinen Lebenseinheiten, die ihre großartige Evolution erst noch vor sich hatten. Pflanzen sind, wie wir Menschen, wie jedes Tier, jeder Pilz und alle Bakterien, aus Zellen aufgebaut. Trotzdem sind unsere Lebensweisen sehr anders, Pflanzen sind »unbekannte Wesen«, die uns als Raumschmuck oder in der Zutatenliste des Lieblingsrezepts eher beiläufig begegnen. Dabei hat ihre dramatische Geschichte unsere Welt schon einige Male auf den Kopf gestellt. Pflanzen haben unseren Planeten vorgekaut, bearbeitet und geformt, bevor er überhaupt für uns bewohnbar wurde. Als Tiere und Menschen dann auf der globalen Bildfläche erschienen, fanden sie ein gemachtes Bett vor, vorgewärmt und ausgestaltet in Millionen Jahre langer Feinarbeit durch die Urahnen unserer heutigen Yucca-Palme.

Wie und wann sind die unscheinbaren Gewächse überhaupt zu dem geworden, was sie sind? Welche Fähigkeiten brauchten sie dafür? Und welche dieser neu erworbenen Skills des Lebens teilen wir mit ihnen?

### Ein mikroskopisches Trainingslager

Okay, ein bisschen Biologiegrundkurs. Nur zur Auffrischung, versprochen. Es wird auch nicht wehtun! Zunächst bestehen beide – Pflanzen und Tiere – aus Zellen (im Übrigen gibt es noch mehr sogenannte Königreiche des Lebens, zu denen zum Beispiel Pilze und Amöben zählen, aber hier geht es eben um den direkten Vergleich von Kraut und Tier). Schaut man sich die kleinste lebensfähige Einheit beider Organismen einmal unter dem Mikroskop an, sieht man im Großen und Ganzen das Gleiche: einen amorphen Sack, gefüllt mit einem Zellkern, mit Zellsaft und allerlei kleineren, ebenso sackartigen Strukturen (den »Organellen«). Bei den Tieren sieht die Zelle auf den ersten Blick eher rundlich aus, bei den Pflanzen eckig. Letzteres führt auch direkt zum ersten großen Unterschied, denn Pflanzenzellen sind von einer stabilen Zellwand umgeben, Tierzellen nicht. Zusammen mit einem weiteren großen Sack, der »Vakuole«, die es nur in Pflanzenzellen gibt, sorgt die Mauer um die Zelle für Schutz und Stabilität.

Beide Kandidatinnen, also sowohl Tier- als auch Pflanzenzellen, enthalten spezielle Organellen, die für die Energiegewinnung zuständig sind: Diese Mitochondrien sind die Kraftwerke der Zelle und machen, vereinfacht gesagt, aus Zucker Energie. In allen »höheren Lebensformen« (wir kommen noch dazu, wieso diese Bezeichnung irgendwie überheblich ist) sind es diese kleinen Supersäcke, die aus Spaltprodukten von Kohlenhydraten und unter Verbrauch von Sauerstoff (deshalb müssen wir atmen) kleine Energienuggets zaubern und dem Körper bereitstellen. Aber: Die Quelle für den Ausgangsstoff Zucker unterscheidet sich wiederum zwischen Pflanze und Tier. Während Leoparden, Bisamratten, der Schabrackentapir und wir Menschen essen müssen, können Kastanie und Brennnessel sich den Zucker dank Fotosynthese selbst herstellen. Wir sind auf externe Futterquellen angewiesen, sind *heterotroph,* während die meisten *autotrophen* Gewächse nur Licht, Wasser, Luft und Liebe zur Energiegewinnung brauchen.

Diese erste Superkraft der Pflanzen war nicht nur der Jackpot für ihre Evolution, sondern auch die wohl dramatischste Erfindung in der Erdgeschichte, die das Gesicht des Planeten für immer verändern sollte und ein nie gesehenes Massensterben zur Folge hatte. Angefixt? *Keep reading.*

Schauen wir uns zunächst weitere Unterschiede und Gemeinsamkeiten von Mensch – beziehungsweise Tier – und Pflanze an. Lange glaubte man, dass nur Pflanzen dazu imstande sind, sich ständig zu erneuern, abhandengekommene Organe zu ersetzen und somit praktisch unsterblich zu sein. Neueste Erkenntnisse aus der Stammzellforschung zeigen allerdings, dass das so nicht stimmt![1] Sowohl Pflanzen als auch Tiere besitzen sogenannte Stammzellnischen, die auf Abruf sind und jederzeit sowohl neue Stammzellen oder eben Zellen mit bestimmten Funktionen ausbilden können. »Jederzeit« stimmt nach jetzigem Wissensstand vor allem im Pflanzenreich: Man kann von einer 100-jährigen Buche ein Blatt abschneiden und aus dem Gewebe neue, pluripotente Stammzellen züchten (also quasi auf *Reset* drücken und das Buchenleben von vorn beginnen lassen). Bei Tieren und Menschen beschränken sich diese Verjüngungsaktionen auf Zellen im Embryo, aber na ja, immerhin. An der Fruchtfliege *Drosophila* wurde gezeigt, dass eine im Labor mit der Schrotflinte abgeschossene Stammzellnische (es war eine sehr kleine Schrotflinte) von umgebenden Zellen neu kolonisiert und schlussendlich vollständig regeneriert wurde![2] Da sich die Zellerneuerung in der Evolution von Pflanzen und Tieren unabhängig voneinander entwickelt hat, gehen Forschende nun davon aus, dass die Stammzellnischen eine zwingend notwendige Innovation auf dem Weg zur Mehrzelligkeit darstellten, die womöglich schon früh in der Erdgeschichte erfunden wurde.

Die Aufgabe der Stammzellen ist im Grunde vergleichbar mit der einer guten Fußballtrainerin oder eines guten Fußballtrainers: Es wird ständig analysiert, überprüft, Rücksprache gehalten, zurückgepfiffen, ausgewechselt, delegiert. Jedes Teammitglied kennt seine Aufgabe und gibt alles. Wenn mal jemand verletzt ist oder sich danebenbenimmt, wird getauscht. Und das Wichtigste: Eine gute Führung kümmert sich früh genug um die eigene Nachfolge. Denn die Kiste kann nur geschmeidig weiterlaufen, wenn auch an die nächste Generation gedacht wird. Genauso ist es bei Stammzellen. Es ist essenziell für die Funktion eines regenerativen Gewebes, dass sowohl spezialisierte Zellen mit einigen wenigen Aufgaben gebildet als auch die Stammzellen selbst erneuert werden (sich also teilen). Nur durch ein ausgewogenes, oft durch Hormone und Umwelteinflüsse reguliertes Geben und Nehmen bleibt der Gesamtorganismus intakt und anpassungsfähig. Und wenn es an der Zeit ist, tritt die Spitze ab und macht einer neuen, jüngeren Nachfolge Platz, nicht ohne ihr gute Tipps und Tricks mit auf den Weg zu geben. Schöne Vorstellung, oder?

Trotzdem sollten wir uns nicht allzu viel Hoffnung machen, dass wir in naher Zukunft ganze Gliedmaßen nachwachsen lassen können. Um beim obigen Bild zu bleiben: Unsere körpereigenen Fußballtrainer*innen gehen schon kurz nach der Embryonalentwicklung in Rente und sind nur schwer zu motivieren, doch auch mal auf ehrenamtlicher Basis die lokalen Kicker zu trainieren. Bei Pflanzen sieht das anders aus. Mindestens zwei Trainingslager gibt es auch im hohen Alter noch: Das *shoot-apical meristem* (SAM) und das *root-apical meristem* (RAM). Wie der Name schon sagt, befinden sie sich maximal weit voneinander entfernt: das eine in der Spitze des Sprosses, das andere an der Wurzelspitze (da können, wie beim Riesenmammutbaum *Sequoiadendron giganteum*, gut und gern mal hundert Meter dazwischenliegen). Während SAM für die Ausbildung von Seitenästen und Blättern zuständig ist, betreibt RAM bei ganz und gar unterirdischen Bedingungen das Survivalcamp für zukünftige Wurzelhärchen und aufstrebende Wasserleitungen. Die Ausgangslagen für beide Lager könnten verschiedener nicht sein: Die einen trainieren bei Wind und Wetter, werden regelmäßig von doofen Heterotrophen angeknabbert, die anderen pumpen sich in völliger Dunkelheit und mit knapper Atemluft durch dichtes Erdreich und Gestein. Und trotzdem: Stellt man eine Pflanze auf den Kopf, können aus den

SAM-Sprösslingen mit wenigen genetischen Tricks[3] RAM-Azubis werden – und umgekehrt! Eine Pflanze kann also unter bestimmten Bedingungen ganze Organfunktionen umkrempeln, an den Wurzeln Blattwerk ausbilden und an den Blättern Wurzeln. Ich finde das äußerst abgefahren. Hätten wir also ein Szenario wie beim Blockbuster *Upside Down* mit Kirsten Dunst von 2012, in dem zwei Zwillingserden bedenklich nah aneinander im All herumschweben, könnte der Mammutbaum theoretisch in beiden Welten wurzeln! Ebenfalls eine tolle Vorstellung.

Zurück auf dem irdischen Boden der Tatsachen, können wir zumindest das von den Pflanzen lernen: Es gibt Mittel und Wege, um Stammzellen zu triezen und sie auch bei uns Menschen nach jahrelanger Inaktivität dazu zu bewegen, wenigstens einmal von der gemütlich-fleischigen Couch der Darmwand oder des Knochenmarks aufzustehen und doch noch etwas Gutes zu tun. Für die Altersforschung sind auch noch ein paar Erkenntnisse drin (aber mal ehrlich, wer will schon ewig leben?) – wir werden uns diesem Thema im nächsten Kapitel widmen. Bis hierhin soll es erst einmal ausreichen, wenn wir die Unterschiede – aber eben auch die Gemeinsamkeiten – zwischen uns und der krautigen Welt grob vor Augen haben, bevor wir auf die eigentliche, evolutionäre Reise gehen.

Es gibt neben der zellulären Ebene noch unzählige, offensichtliche Beispiele für den doch sehr anderen Lifestyle der Pflanzen, die wir zu gegebener Zeit durchgehen werden. Zuallererst bin ich euch noch ein letztes, mikroskopisches Merkmal schuldig, das in Pflanzenzellen erkennbar ist, jedoch nicht in Tieren. Wie es aussieht? Na ja, eben wieder wie ein kleines Säckchen. Nur diesmal ist etwas anders: Das Säckchen ist grün. Die sogenannten Chloroplasten enthalten das Blattgrün oder Chlorophyll, das wir auch mit bloßem Auge erkennen und mit wohligem Gefühl begehren, wenn wir »ins Grüne« fahren.

Ohne Chlorophyll keine Fotosynthese. Ohne Fotosynthese keine Pflanzen. Ohne Pflanzen keine Tiere, somit auch keine Menschen, so einfach ist die Rechnung.

Aber woher kommt diese wundersame Kraft, die es dem Kraut ermöglicht, Sonnenlicht in Essen umzuwandeln? Um uns da reinzuwuseln (reinzu*nerden*, wie meine Kollegin Mai Thi sagen würde), müssen wir ein paar Jahre in der Erdgeschichte zurückreisen. Ein paar Milliarden Jahre, um genau zu sein. In eine Zeit, in der »Grün wählen« ein wirklicher *Game Changer* war, der ein Überleben auf einer sich gerade abkühlenden Erdkugel wahrscheinlicher machte. Übrigens: Das Blattgrün erscheint uns nur aufgrund seiner physikalischen Eigenschaften grün. Es absorbiert für seine chemische Superpower vor allem Licht in den Wellenlängen Rot und Blau, während Grün weniger geeignet ist und reflektiert wird, weshalb wir Blätter in Grün sehen, obwohl sie es eigentlich nicht sind. Reisen wir also in der Zeit zurück bis an die Stelle, als die Fotosynthese das erste Mal auf den Plan trat. Was wir hier finden werden, ist eine farbenfrohe Geschichte mit spannenden biologischen Erfindungen auf einem noch jungen und formbaren Planeten Erde. Was wir außerdem finden werden, ist eine schleichende Vergiftung. Ein langsames Ersticken. Und die Auslöschung allen Lebens auf der Welt.

## Heiße Luft und Apokalypse

Herzlich willkommen im Archaikum (etwa 4000 bis 2500 Millionen Jahre vor heute)! Hey, na, warum das lange Gesicht? Wir sind doch hier, um Spaß zu haben! Wenn wir das Leben unserer Topfpflanzen (und allen anderen fotosynthetisch aktiven Lebewesen) wirklich verstehen wollen, müssen wir mitten in das Erdzeitalter springen, in dem sich die Erde etwa so verhalten hat wie eine Discokugel. Vor etwa drei Milliarden Jahren war unser Planet nämlich hauptsächlich eine heiße, wild flackernde grüne Ozeansuppe, die die etwa drei Prozent Landfläche umgab. Die grüne Farbe kam nicht etwa durch Algen, sie wurde vielmehr durch rostendes Eisen ausgelöst. Grünrost entsteht im Gegensatz zu dem uns bekannten rötlich braunen Rost vor allem bei Mangel eines bestimmten Gases – Sauerstoff ($O_2$) –, und der war damals wirklich schwer zu finden. Heute mag dieses Molekül für uns selbstverständlich sein, doch über die Hälfte der Erdgeschichte kam die Welt sehr gut ohne oder mit nur geringer $O_2$-Konzentration zurande.* [4] Die Atmosphäre bestand zu großen Teilen aus Stickstoff ($N_2$), daneben gab es Methan ($CH_4$) und Kohlenstoffdioxid ($CO_2$). Die Meere waren im Archaikum bereits von Mikroorganismen bevölkert, die sehr gut ohne »Luft zum Atmen« auskamen. Diese »Anaerobier« (altgriechisch für »ohne Luft lebend«) gehörten wohl zu den ersten Lebensformen überhaupt, die das ständige Umrühren und Nachwürzen der Ursuppe so hervorgebracht hat.

Das Problem mit Erdzeitaltern, die acht oder neun Nullen auf dem Buckel haben, ist leider, dass Daten und Fakten aus erster Hand nur spärlich verfügbar sind. Das Archaikum ist so verdammt lang her, es gibt kaum Fossilien, viele Indizien wurden in der Feuer spuckenden jungen Erde kurz nach ihrer Entstehung sofort verflüssigt. Der Wissensstand von heute stützt sich daher auf einige wenige Anhaltspunkte wie Eisenformationen in der Geologie oder auf die Erbinformation von Cyanobakterien, die mutmaßlich zu den ersten »Lichtessern« gehörten. Viele Fragen (zum Beispiel auch danach, wie die Fotosynthese letztlich evolutionär entstanden ist) bleiben bis heute unbeantwortet. Dennoch gibt es einige Eckdaten, bei denen

* Dass Sauerstoff nur aus biologischen Systemen entstehen kann, wurde allerdings jüngst widerlegt: Forschende entdeckten 2024, dass auch mysteriöse Manganknollen in den Tiefen des Pazifischen Ozeans das Gas produzieren – mutmaßlich durch Elektrolyse des Wassers.

sich Forschende einigermaßen einig sind. Sie betreffen den großen Auftritt von Sauerstoff auf der Tanzfläche der Disco-Erde, der als *Great Oxidation Event* bekannt geworden ist. Doppelpunkt.[5]

Vor etwa 2,7 Milliarden Jahren (ganz ehrlich, mit solchen Zahlen kann ich als Pflanzenbiologe auch nicht viel anfangen) kamen die ersten *Photosynthesizers* auf den Markt. Was klingt wie ein digitales Klavier, das mit Schlaghosen und Vokuhila-Frisur bedient werden muss, war in Wahrheit noch viel schillernder: Mikroskopisch kleine Bakterien, allen voran die erwähnten *Cyanobacteria,* stürmten die Charts mit einem Stoffwechsel, der Licht in Essen umwandelte und Sauerstoff als Abfallprodukt freigab. Wieso Abfall? Die kleinen Stars waren so schlau, einen schon damals im Überfluss vorhandenen Ausgangsstoff (Wasser! $H_2O$!) zu spalten, um ihren Motor am Laufen zu halten. Als kleiner Pups kam dabei am Ende eben Sauerstoff aus dem Auspuff. 200 Millionen Jahre lang schrieben die Cyanobakterien so ihre Erfolgsstory, ihre Population wuchs rasant, und der steigende $O_2$-Gehalt der Ozeane ließ sich auch vom Weltall aus beobachten: Das Eisen im Meer reagierte mit dem neuartigen Gasgemisch, der dominierende Grünrost wurde von rötlich braunen Eisenoxiden abgelöst, kurzum: Unsere Erde verfärbte sich aller Wahrscheinlichkeit nach in dieser Zeit blutrot. (Ich kann nicht anders und höre hier immer direkt den aufmunternden Soundtrack von *Guardians of the Galaxy,* sehe ein Raumschiff mit dem Baumhelden Groot an der Erde vorbeirasen, während sich der Planet im Hintergrund wabernd von Giftgrün in Rostrot verwandelt. Falls ihr die Marvel-Reihe noch nicht gesehen habt, dürft ihr jetzt das Buch beiseitelegen und euer Leben überdenken.) So haben die allerersten, mikroskopisch kleinen Pflanzen das Gesicht der Erde bereits früh von Grund auf verändert.

Streng genommen sind Cyanobakterien natürlich keine richtigen Pflanzen. Sie besitzen weder einen Zellkern noch eines der anderen coolen Werkzeuge, die Pflanzenzellen klassischerweise im Koffer haben. Vielmehr sollten die kleinen Wundermikroben bald selbst in diesen Werkzeugkoffer gepackt werden und fortan im Körper der Pflanze als praktische Symbiosepartner mitreisen![6] Damit die Evolution ihren Lauf nehmen konnte, musste aber zunächst das Problem mit dem Sauerstoff gelöst werden.

Die Heavy-Metal-Erde sah vor 2,5 Milliarden Jahren zwar echt fesch aus, aber der steigende Gehalt an Sauerstoff brachte zunehmend Probleme mit sich. Wie sich herausstellte, waren die hohen $O_2$-Konzentrationen für die meisten Anaerobier – wir erinnern uns: die bis dahin häufigste und erfolgreichste Lebensform auf dem Globus – leider hochgiftig. Schade Schokolade, es kam zum ersten großen Massensterben. Viele dieser bemitleidenswerten Bazillen flüchteten sich in »sauerstoffarme Nischen«, in denen sie bis heute (!) ein Schattendasein fristen (zum Beispiel in Schlammsedimenten, in komischen Schwefelschloten am Meeresgrund oder, ironischerweise, in unserem Darm). Nachdem die Meere vollgepumpt waren, entkam das schicksalhafte Gas auch noch in die Atmosphäre und sorgte dort ebenfalls für wirklich dramatische Klimaveränderungen. Nicht nur entzogen die Cyanobakterien dem Erdsystem einiges an $CO_2$ zur Konstruktion ihrer Zellwände, ihr ach so tolles Pupsgas verdrängte zudem das atmosphärische Methan.

Da sowohl $CO_2$ als auch Methan Treibhausgase sind, was passierte dann wohl, als beide deutlich abnahmen? Genau, die Erde kühlte ab. Und das war die eigentliche Katastrophe, die das *Great Oxidation Event* mit sich brachte: Durch die Anreicherung von Sauerstoff in den Ozeanen des Archaikums, seinem Entfliehen in die Atmosphäre und die Reaktion mit den damals nur allzu präsenten Klimagasen sank die globale Temperatur so tief wie nie zuvor. Eine Reihe von Eiszeiten war die Folge, alles fror zu, von den Polen bis zum Äquator. Und so begab es sich, dass sogar die mächtigen Cyanobakterien von ihrer Innovation bedroht waren: Das erste fotosynthetisch aktive Leben erstickte an seinem eigenen Abfall. Und dieser Abfall war Sauerstoff.

Tja, so können sich die Zeiten ändern, oder? Der heutige Inbegriff von frischer, klarer Atemluft ist der Plastikmüll vergangener Äonen. Und genau wie wir heute große Probleme mit der Rückholung unserer Kunststoffe aus den Meeren und Küstenregionen haben, rang die vermeintlich erfolgreichste Bakterienspezies selbst verschuldet um ihre Existenz. Wie beim Plastik (bei dem ehrlicherweise jedes bisschen Müll in der Umwelt bereits zu viel ist) kommt auch beim Sauerstoff ein ganz besonderer Satz zum Tragen, den ich nicht müde werde zu zitieren: »Die Dosis macht das Gift!« Er geht zurück auf den Schweizer Arzt und Naturmystiker Paracelsus, der diese Daumenregel der Toxikologie schon vor einem halben Jahrtausend erkannt hat. (Wer Texte und Interviews von mir kennt, wird die Phrase im Zusammenhang mit Pflanzenschutzmitteln, Heilpflanzen oder Lebensmittelchemie kennen. Auch in diesem Buch wird sie an der ein oder anderen Stelle wichtig werden. Sollte ich über ein Tattoo nachdenken?) Auf jeden Fall gibt es für einen bewohnbaren Planeten Erde so etwas wie »zu wenig« und »zu viel« Sauerstoff – vor allem dann, wenn das Leben bisher nicht viel Kontakt mit diesem reaktionsfreudigen Gas hatte. Wie oben angedeutet, gibt es durchaus handfeste Beweise für das Oxidationsfestival im Sedimentgestein unter unseren Füßen: Sogenanntes Bändereisenerz zeugt von abgelagerten Eisenoxiden vergangener Millennien, ist vor allem in den Schichten des ausgehenden Archaikums zu finden und sieht ein bisschen aus wie meterdicker Bacon. Und in ebendieser Baconzeit wurden vor allem die Anaerobier gnadenlos dahingerafft oder in isolierte Refugien verdrängt.

Mindestens ein Gutes hatte die Sache mit der Vergiftung der gesamten Welt aber. Wissenschaftlerinnen und Wissenschaftler gehen heute davon aus, dass der Aufstieg der Cyanobakterien den Weg für die Mehrzelligkeit geebnet hat: Zellen rotteten sich zusammen und mussten notgedrungen Kolonien bilden, in deren Zentren relativ sauerstoffarme Bedingungen herrschten, was für einige Mitglieder des Zellhaufens von Vorteil war. Die Randbereiche hingegen wurden von aeroben Cyanobakterien oder dergleichen besiedelt. Anders gesagt, zwang der überschüssige Sauerstoff das frühe Leben möglicherweise dazu, komplexere Gesellschaften auszubilden, die die Urversionen unserer heutigen Vielfalt darstellen. Biodiversität als Survivalstrategie! Ganz genau weiß man das allerdings nicht, und mangels fossiler Erinnerungsfotos aus jener Zeit wird man es wohl auch nie vollständig beweisen können. Plausibel klingt es aber doch, dass das Leben durch Anpassung und Gemeinschaftsarbeit einen Weg gefunden hat, mit dem Giftgasdesaster umzugehen.

Fest steht außerdem: An einem Punkt vor etwa 2,5 Milliarden Jahren wachten die urzeitlichen Pflanzenwinzlinge aus dem Winterschlaf einer Eiszeit auf, die gute 300 Millionen Jahre angedauert hatte. Und sie fanden eine in ihren Grundstrukturen komplett veränderte Welt vor.

## Lebensrettende Treibhausgase

Nachdem $O_2$ (nicht der Mobilfunkanbieter) beinahe das gesamte Leben auf der Welt ausgelöscht und die Erde von einer zart schmelzenden Praline in eine Eiskugel verwandelt hatte, stellte sich bald wieder eine Art Gleichgewicht ein. Die Überlebenden der Eiszeiten blickten auf eine Welt, die buchstäblich *cool* war und einige Vorteile bot: Es gab Sauerstoff in der Luft (aber nicht zu viel), Sauerstoff im Wasser (nicht zu wenig), und die Temperatur- und Druckverhältnisse ließen weiterhin Wasser in flüssiger Form zu. *Nice!* Das ist in unserer Galaxie gar nicht mal so selbstverständlich. Auch spannend: Inzwischen hatte sich $O_2$ aus Langeweile sogar an sich selbst vergangen und $O_3$ hervorgebracht. Ozon war geboren! Zum ersten Mal seit der Geburt des Planeten konnte sich so etwas wie eine stabile Atmosphäre etablieren, in der (unter anderem) dank Ozonschicht ein Großteil der schädlichen UV-Strahlung der Sonne abgeschirmt wurde. Es war also prinzipiell nicht mehr tödlich, an der Wasseroberfläche herumzudümpeln oder gar an Land zu gehen, juhu! Das wird später noch wichtig werden. Die riesige Flasche Sonnenmilch auf der Atmosphäre unserer Erde ermöglichte es den verbliebenen Lebewesen, kreativ zu werden – und genau das taten sie dann auch.

Um nicht unnötig weit auszuholen: Der nächste große Hit in der Radioplaylist des Lebens hieß »Endosymbiose«. Eine Mikrobe hatte eine andere aufgefressen, sie jedoch nicht verdaut. Und genau das war die Innovation: Durch Einverleibung schützte die Fresserin die Gefressene und wurde gleichzeitig mit interner Energieproduktion belohnt – eine Symbiose eben. Viele dieser blinden Passagiere lassen sich noch heute im Inneren von anderen Zellen finden (auch in unseren), die Chloroplasten wie auch die Mitochondrien (siehe oben) sind zwei prominente Beispiele. Sie sind Endosymbionten, und die Endosymbiontentheorie gilt heute als beste Erklärung für die Evolution von Pflanzen- und Tierzellen in all ihrer Komplexität, wie wir sie heute kennen.[7]

Für die Pflanzen war die Internalisierung von (höchstwahrscheinlich) Cyanobakterien und damit das Kapern der Fotosynthese der erste große Schritt in Richtung Unabhängigkeit. Fortan mussten sie gut auf ihre mitreisenden Powerriegel aufpassen und ihnen perfekte Lebensbedingungen in ihrem neuen Zuhause schaffen. Der gegenseitige Nutzen dieser Symbiose ist vergleichbar mit dem unserer Darmflora (»Flora« ist hier übrigens wirklich unpassend; ich hoffe, es wachsen keine Pflanzen in euren Innereien): Während wir den Darmbakterien ein sicheres

Zuhause (mit geringer $O_2$-Konzentration!) in unserem Inneren bieten, sie ab und zu füttern und nicht zu viele Pillen schlucken, belohnen sie uns mit einer ordentlichen Verdauung, einem guten Immunsystem und guter Laune. Der Vergleich hinkt insofern, als dass auch die Pflanzenwelt ein waschechtes Mikrobiom hat, das das eigentliche Pendant zu unseren Darmbakterien ist: Mikroorganismen bevölkern sowohl das überirdische Blattwerk als auch das Wurzelreich und sind an unzähligen Prozessen wie Nährstoffaufnahme oder Krankheitsresistenz beteiligt … aber so weit sind wir ja noch gar nicht, bisher bestehen unsere Gewächse erst aus einer einzigen Zelle (die soeben eine andere gefressen und nicht verdaut hat, ihr erinnert euch).

Ach so, übrigens waren auch die Vorläufer der Tierzellen schlau genug, sich die Fotosynthese in ihren evolutionären Reisekoffer zu packen: Bis heute finden wir Endosymbionten auch beispielsweise in Korallen (die zu den Nesseltieren gehören). Mikroskopisch kleine Einzeller mit dem wundervollen Namen »Dinoflagellaten« leben im Mantelgewebe der Riffbildner und versorgen sie mit bis zu achtzig Prozent ihres Energiebedarfs. Da dazu Sonnenlicht nötig ist, leben Korallenriffe nur in den lichtdurchfluteten Wasserschichten bis etwa dreißig Meter Tiefe. Wie wir alle wissen, ist diese Symbiose derzeit bedroht: Bei Stress (wie etwa zu starker Erwärmung der Meere) stoßen die Korallen ihre kleinen Superdinos aus, was zur Korallenbleiche und zum Absterben der Rifforganismen führen kann.

Das ist insofern fatal, als dass Korallenriffe ähnlich wie tropische Regenwälder zu den artenreichsten Ökosystemen unserer Erde gehören und wichtige Funktionen zur Integrität unserer Welt beitragen. Denn so stabil ist das postarchaische Gemisch aus klimarelevanten Gasen dann doch nicht: Wir Menschen haben es in kürzester Zeit geschafft – in nur einem Wimpernschlag, verglichen mit den Millionen von Jahren der Evolution –, das Gleichgewicht der Klimagase wieder durcheinanderzubringen. Seit der industriellen Revolution (also in weniger als 200 Jahren!) haben menschliche Aktivitäten – hauptsächlich durch die Emission von Treibhausgasen – zweifelsfrei eine globale Erwärmung verursacht, die sich in allen Sphären des Lebens und der Umwelt bemerkbar macht.[8] Dass diese Aussage auf einem überwältigenden wissenschaftlichen Konsens fußt, wird in diesem Buch weder diskutiert noch infrage gestellt – die Faktenlage spricht da ganz einfach für sich.

Wie dem auch sei, als die Pflanzen sich selbst erfanden und im frühen Ordovizium (knapp 500 Millionen Jahre vor heute) langsam in Richtung Festland aufbrachen, war die Zusammensetzung der Atmosphäre sowieso eine etwas andere. Während die Tiere noch hinterherhinkten, noch ganz benommen vom Partyknüller der Endosymbiose, tüftelte die Urzeitflora bereits an ihrer Funktionskleidung für eine erste Expedition an Land. Durch die Endosymbiose entstanden die ersten Algen, die sich in kugeligen Kolonien oder langen Fäden zusammentaten. Die Fauna war indes so angefixt von den schier unendlichen Möglichkeiten mehrzelligen Lebens, dass sie in einer kreativen Phase namens Kambrische Explosion (ebenfalls vor gut 500 Millionen Jahren) so gut wie alle Urversionen der heutigen Tierwelt in vergleichsweise kurzer Zeit hervorbrachte. Diese waren jedoch zunächst nur Prototypen, die sich auf ein Leben im Wasser beschränkten.

Der Landgang der Pflanzen bedeutete die Bewältigung neuer, nie gesehener Herausforderungen. Wie Wasser aufnehmen, wenn die Wurzeln noch nicht erfunden waren? Wie sich gegen Wind und Wetter wehren, wie Überhitzung und Vertrocknung vermeiden? Auf welche Weise lassen sich lebenswichtige Mineralien aus nacktem Stein saugen, weil ja so etwas wie »feinkrümelige Blumenerde« noch nicht existierte? Die Antworten ließen nicht lange auf sich warten. Und als sich die Urpflanze an Land zog, streckte jemand ihr völlig überraschend eine helfende Hand entgegen – und die war weder tierischer noch krautiger Natur.

## Ohne Moos nix los

Die Kurzfassung des derzeitigen Forschungsstands zur Eroberung der Landflächen durch die Pflanzen lautet in etwa so: Vor rund 470 Millionen Jahren wurde eine Alge an Land geschwemmt und passte sich an. Dies hatte zur Folge, dass das karge Land saftig grün überwuchert wurde, die Chemie der Atmosphäre sich abermals drastisch änderte und neue Herbergen für das gesamte zukünftige Leben entstanden.[9] Alle uns bekannten Landpflanzen – vom Gänseblümchen über den Kaktus bis hin zum Boskop-Apfel – haben eine gemeinsame Vorfahrin aus dem Reich der Grünalgen, die Erstaunliches durchlebt hat. Die gängigste Hypothese geht davon aus, dass eine Urgroßmutter der noch heute existenten Lebermoose *(Marchantiophyta)* die richtigen Skills für ein Leben an Land mit sich brachte. Denn wie schon angedeutet, war ein Leben außerhalb der Ozeane zur damaligen Zeit nicht wirklich angenehm. Die Welt war nach wie vor ein unwirtlicher Ort, überall spuckten Vulkane, das Land bestand ausnahmslos aus Gestein. Die Temperatur der Wasseroberfläche betrug trotz Abkühlung immer noch um die 45 °C. Die Ozonschicht war noch dünn, zu viel Zeit an der gar nicht so frischen Luft konnte wegen der schädlichen ultravioletten Strahlung weiterhin DNA-Schäden verursachen. Außerdem war Wasser (als Hauptantrieb für die nun in den Pflanzenzellen lebenden Cyanobakterien) außerhalb der Ozeane deutlich schwerer zu bekommen. Wieso also um alles in der Welt das Meer verlassen?!

Denkbar ist, dass die ersten Landpflanzen der Konkurrenz davonkommen wollten. Weniger Gedränge um den besten Platz an der Sonne, weniger Streit um Nährstoffe und Habitate. Es könnte also durchaus einen evolutionären Vorteil bedeutet haben, die Strapazen des Landlebens auf sich zu nehmen. Hilfe bekamen die ersten pflanzlichen Zellhaufen von einer nicht weniger faszinierenden Lebensform: den Pilzen. Pilze waren damals, vor knapp 500 Millionen Jahren, schon eine ganze Weile an Land unterwegs und haben sich in dieser unwirtlichen Gegend umgeschaut. Sie hatten die (physikalischen und chemischen) Tricks bereits drauf, mit denen man die nötigsten Minerale aus dem kargen Stein wringen konnte. Und sie reichten den ersten Pflanzen von Anfang an die Hand.

Heute wissen wir, dass über neunzig Prozent aller Landpflanzen in Symbiose mit Pilzen leben, die restlichen zehn Prozent haben diese Partnerschaft womöglich nachträglich gegen andere Deals eingetauscht. Kurzum (und das wird in Kapitel 4 wichtig, wenn wir über das *World Wide Wurzelwerk* sprechen): Pilze und Pflanzen waren wahrscheinlich seit Tag eins des »Landlebens« unzertrennlich, und ganze Stammbäume im Pilzreich werden diesem viel zu lange unbeforschten Bündnis zugeschrieben, das unter dem Namen *Mykorrhiza* zusammengefasst wird. Wenn wir unsere Gewächse also als Superheldinnen verstehen wollen, müssen wir dabei ihre pilzlichen Sidekicks immer mitdenken! Pflanzen ohne Mykorrhiza sind wie Batman ohne Robin, wie Frodo Beutlin ohne Samweis Gamdschie, wie Harry Potter ohne Ron Weasley und Hermine Granger.

Übrigens ging die Anpassung des Lebens auf dem Land mit der Entstehung vieler spannender Pflanzeninhaltsstoffe einher (von denen einige sogar von den Pilzen abgekupfert wurden). Pflanzen entwickelten neue Substanzen, um mit den neuen Gegebenheiten klarzukommen: Flavonoide zur Abwehr schädlicher UV-Strahlung, Sporopollenin als schützende Beschichtung ihrer Pollen, die Wachsschicht der Cuticula, um Verdunstung über die Blätter zu verringern und damit der Dehydrierung vorzubeugen. Vor allem eine Stoffgruppe namens Lignine, die zu dieser Zeit entstand, ermöglichte es den Pflanzen auf dem urzeitlichen Spielplatz, im wahrsten Sinne des Wortes über sich hinauszuwachsen. Der »Holzstoff« Lignin ist enorm wichtig zur Stabilisierung des Pflanzenkörpers und damit Voraussetzung für ein vernünftiges Höhenwachstum. Außerdem spielt er bei den heutigen Gefäßpflanzen (Tracheophyta) eine entscheidende Rolle beim Langstreckentransport von Wasser und Nährstoffen durch die namensgebenden Gefäße.

Auch architektonisch gehen viele pflanzentypische Merkmale auf die Zeit des Landgangs zurück, wie beispielsweise die Stomata (oder Spaltöffnungen), die seit mindestens 400 Millionen Jahren nachgewiesen sind. Stomata erlauben es Pflanzen, zu atmen und zu schwitzen. »Atmen« deshalb, weil sie durch die winzigen Öffnungen Gasaustausch betreiben und $CO_2$ gegen $O_2$ eintauschen. »Schwitzen« tun sie insofern, als sie mittels Transpiration ihren Wasserhaushalt regulieren und durch die Stomata einen kontinuierlichen Wassersog von unten nach oben durch den Pflanzenkörper aufrechterhalten. Diese kleinen und großen Anpassungen traten lang vor den ersten Blättern und Wurzeln auf und sind bis heute in allen Landpflanzen (und auch in Wasserpflanzen, die wahrscheinlich irgendwann zurück ins Meer wanderten!) zu finden. Uralte Moosarten, wie das bescheidene Blasenmützenmoos *Physcomitrella patens*, tragen sie ebenso wie jede Kulturpflanze mit sich herum und erlauben es uns, Mechanismen der Pflanzenevolution zu erforschen und zu verstehen.[10]

Die Urzeitpflanzen gingen also höchstwahrscheinlich aus den fadenförmigen Algen der Meere hervor, die sich schicksalhafte Pilzpartnerschaften suchten und neue Tricks für das Leben an Land aneigneten. Zu den ersten »richtigen« Pflanzen gehörten die Moose; das älteste Moosfossil ist rund 350 Millionen Jahre alt. Fossilien aus den ersten Tagen der Pflanzen sind rar gesät, vor allem weil es Wasser und Sedimente braucht, um organische Substanz zu versteinern. Die Flora von damals kann man sich aber ähnlich beeindruckend vorstellen wie die kurze Zeit später entstehende Dino-Welt. Die Urzeitpflanzen waren groß und stämmig und vermehrten sich über Ausläufer oder Sporen (Samen und Früchte wurden erst später erfunden). Sie überzeugten durch robusten Wuchs und wehrhafte Stacheln oder brachten gleich einen Schnorchel mit, um regelmäßige Überflutung durch die noch sehr launischen Gezeiten durchzustehen. Heute können wir anhand sogenannter lebender Fossilien erahnen, wie die Dino-Pflanzenwelt ausgesehen haben könnte: Neben Baumfarnen und Lebermoosen zählen Stechpalmen, Mammutbäume, Araukarien und Schachtelhalme zu diesen Zeitzeugen des pflanzlichen *Jurassic Park* – nur dass die Schachtelhalme aus der Gattung *Calamites* damals so groß waren wie ein fünfstöckiges Gebäude.

Warum das wichtig ist? Nun ja, die umfangreichen Veränderungen in der Umgebung unserer Pflanzen haben eben schon einmal viel Kreativität erfordert. Heute können wir vom Landgang der Pflanzen lernen, welche Fähigkeiten zum Überleben in einer sich wandelnden Welt wichtig sind. Unsere Kulturpflanzen stammen zwar von diesen Urzeit-Superkräutern ab, haben aber so einiges verlernt und sind nun auf unsere Pflege angewiesen. Klar, wir haben's bei der Züchtung von Turbotomatensorten ein wenig schleifen lassen und bestimmte Merkmale wie Robustheit und Widerstandsfähigkeit links liegen lassen, die wir heute gut gebrauchen könnten. Trotzdem oder gerade deshalb sind die News und Erkenntnisse aus den

Pflanzenwissenschaften heute umso spannender, da wir versuchen, die Fehler der Vergangenheit auszubügeln. Als Pflanzenforscher finde ich die unsichtbaren molekularen Erfindungen der Natur mindestens genauso interessant wie die offensichtlichen Hits im Pflanzenreich. Und mit das Faszinierendste ist dabei die Erfindung von unterirdischen Ankern: den Wurzeln. Denn kaum hatten die Pflanzen ihre Reise an Land erfolgreich angetreten, ketteten sie sich auch schon freiwillig fest. Für uns kaum nachvollziehbar, wählten sie ein Leben des Angewurzeltseins, in dem es unmöglich scheint, Angriffen von außen zu entkommen. Aber gerade von der Sesshaftigkeit der Landpflanzen können wir viel lernen.

# 2 | Wurzeln schlagen –

## *These roots aren't made for walking*

Ähnlich wie wir Menschen irgendwann vor etwa 12000 Jahren sesshaft wurden, entschieden sich die ersten Landpflanzen für ein Leben in gemütlicher Ortsgebundenheit. Aber so unbeweglich, wie sie auf den ersten Blick erscheinen, sind unsere krautigen Mitbewohnerinnen gar nicht. Denn eine Verwurzelung an Ort und Stelle erforderte gleich mehrere System-Updates, mit denen die Pflanzen einmal mehr ihren Ruf als Meisterinnen der Anpassung bewiesen.

### Kein Hirn, kein Problem

Die Unbeweglichkeit von Pflanzen passt zunächst einmal sehr gut zu ihrer primären Funktion in den Ökosystemen: Sie sollen so viel Sonnenlicht wie möglich einfangen, es in chemische Energie (= Zucker) umwandeln und diese dann gefälligst allen anderen (Mikroorganismen, Enten, uns) kostenlos zur Verfügung stellen. Nun brachte das Sesshaftwerden mindestens drei Projekte mit sich, die es zu organisieren galt: die Rekrutierung von Bestäubern, etwas Hilfe bei der Samenverbreitung und einen wirksamen Schutz vor gierigen Pflanzenfressern. Alle drei Vorhaben meisterten die Pflanzen unter anderem dadurch, dass sie lernten, mit Tieren zu kommunizieren und sie zur Mitarbeit zu verpflichten (manche würden sagen: sie zu unterwerfen). Aber ein Schritt nach dem anderen.

Ist euch überhaupt bewusst, was ein verwurzeltes Leben bedeutet? Was es dem Organismus abverlangt, auf einer unveränderlichen, fixen Stelle ein ganzes Leben verbringen zu müssen? Wind und Wetter schutzlos ausgeliefert, ohne die Möglichkeit, zu entkommen? Ich stelle mir dann immer vor, irgendeine mafiöse Vereinigung hätte mich entführt und mit einem Betonklotz an den Füßen auf einem verlassenen Acker in der Mitte eines menschenleeren Bundesstaats im Mittleren Westen (sagen wir: in Kansas!) zurückgelassen. Am Anfang ist die frische Luft vielleicht noch ganz nett, aber spätestens nach zehn Minuten würde ich wohl aus Langeweile nach dem Smartphone greifen, nur um festzustellen, dass der Akku leer ist. Die Sonne macht mir nach ein paar Stunden zu schaffen, ich habe Durst. Dann ziehen Gewitterwolken auf, und ich werde bis auf die Unterhose nass geregnet. Nach einer schlaflosen Nacht im Stehen wache ich hungrig auf und stelle fest, dass die Insekten sich mehr und mehr für mich interessieren. Sie klettern an meinen Beinen hoch und laben sich an den Schweißtropfen, die an meiner sonnenverbrannten Haut herablaufen …

… nun gut, das Bild könnte man noch länger auf die Spitze treiben. Ist jetzt deutlicher geworden, wie strapaziös so ein verwurzeltes Leben sein kann, für das sich die Pflanzen da entschieden haben? Wir Menschen würden vermutlich nach wenigen Tagen eingehen, so viel steht fest. Doch die frisch dem Ozean entschlüpften Gewächse wählten den Weg der Verwurzelung wohl gleich aus mehreren Gründen. Der eine ist die wahrscheinlich augenblickliche Verbindung mit bodenlebenden Pilzen, die ich schon angesprochen habe. Darüber reden wir an späterer Stelle noch einmal gesondert. Eine weitere Hypothese zieht eine interessante Verbindung zwischen dem neuen Lifestyle der Pflanzen und dem erhöhten »oxidativen Stress«,[1] also einem Leben mit dem neuartigen Sauerstoff: Demnach konnten sich mehrzellige Lebewesen aussuchen, ob sie lieber sesshafte Lichtsammler (sprich Pflanzen) oder mobile Allesfresser (die meisten Tiere) sein wollten – beides gleichzeitig war nicht drin, weil es den Stoffwechsel überfordern würde. Anders gesagt: Die Fotosynthese ist ein energieintensiver Prozess, der den gleichzeitigen Betrieb von Muskeln und Gehirnen von vornherein ausschloss.

Zugegeben, das ist eine wilde Theorie, aber dennoch sind wir hier auf einer spannenden Spur. Pflanzen (beziehungsweise Cyanobakterien) waren schon in der Ursuppe meisterhafte Chemikerinnen, die für alle äußeren Einflüsse ein Gegengift erfunden haben. Denkbar ist es also durchaus, dass die Superkräuter dank ihrer chemischen Kreativität schnell Lösungen gegen alle Unannehmlichkeiten auf dem Kansas-Acker parat hatten und so nie die Notwendigkeit gesehen haben, Muskelkraft oder gar Hirnaktivität zu entwickeln. Unsere Muskeln und unser Denkapparat verbrauchen einen Löwenanteil der Energie, die wir zu uns nehmen. Pflanzen waren da vielleicht pragmatischer, frei nach dem Motto »kein Hirn, kein Problem«. Und auch für die fehlende Flexibilität in Sachen Partnersuche fanden sie schnell eine offensichtliche Lösung: die Zwittrigkeit!

Generell ist die Fortpflanzung ja schon irgendwie paradox: Wir suchen händeringend nach dem »richtigen« Sexualpartner, würfeln dann per Zufallsprinzip alle Gene durcheinander und hoffen auf eine »günstige« Genkombination – und das alles aufbauend darauf, dass nur die Hälfte der Population überhaupt Nachkommen in die Welt setzen kann. Nicht sehr effizient. In der Evolutionsbiologie beschreibt der Begriff *the cost of males* (etwa »Die Kosten von Männern«) diesen Nachteil: Eine ausschließlich weibliche, asexuelle Population hat rein rechnerisch einen doppelt so hohen Fortpflanzungserfolg. Nichtsdestotrotz haben Männchen nach aktuellem Kenntnisstand eine gewisse Daseinsberechtigung. Im Reich der Pflanzen sind es jedenfalls über neunzig Prozent der Arten, die sowohl männliche als auch weibliche Blüten(teile) besitzen. Das ergibt insofern Sinn, als die Partnersuche dann nicht allzu schwerfällt.

Schaut man noch etwas genauer hin (und das werden wir im Kapitel zu den *Fifty Shades of Hay* noch tun, versprochen!), sind die beiden Geschlechter manchmal in getrennten Blüten, oft aber auch innerhalb ein und derselben Blüte vereint. Wenn es um Geschlechtsorgane geht, gibt es bei den Pflanzen also nichts, was es nicht gibt, und vielleicht versuchen wir erst gar nicht, sie in irgendwelche Schubladen unseres relativ engstirnigen, anthropozentrischen Genderdualismus zu stecken (an dieser Stelle darf gern die Regenbogenfahne an die Zimmerpflanze eurer Wahl gehängt werden).

Wir fassen also zusammen: Die ersten Landpflanzen hatten bereits die Fotosynthese im Gepäck und verzichteten deshalb möglicherweise auf weitere, kostspielige Add-ons wie Gehirne, Muskeln oder getrennte Geschlechter.* [2] Stattdessen steckten sie ihre wertvolle Energie lieber in neue Funktionen, mit deren Hilfe sie die neue Welt erkundeten. Dabei waren es vor allem drei Fähigkeiten, die sie zum Erfolg brachten: die (chemische) Kommunikation mit anderen, die Wahrnehmung von Zeit und eine Art von »Gedächtnis«.

Dass Pflanzen sich bestimmte Dinge »merken« können, lässt sich tollerweise mit vielen Beispielen belegen. Augenscheinlich wird es etwa bei den Bewegungen der Sonnenblume, die morgens ihren Blütenkopf nach Osten streckt und der Sonne auf ihrem Weg nach Westen (bis zum Sonnenuntergang) folgt. In der Nacht dreht die Pflanze dann den Kopf (der übrigens wie bei allen Korbblütlern eigentlich aus Hunderten Einzelblüten besteht) wieder gen Osten. Dieses Verhalten zeigt, dass die Pflanze nicht nur stumpf dem Lichtsignal folgt, sondern die Be-

* Okay, na gut, es gibt ein paar Pflanzen, die getrenntgeschlechtlich unterwegs sind. Brennnesseln, Ginkgo und manche *Cannabis*-Arten sind entweder männlich oder weiblich. Trotzdem ist diese »Zweihäusigkeit« eher die Ausnahme als die Regel und ist im Übrigen nicht genetisch festgelegt: Studien zeigen, dass bei einigen Pflanzen äußere Einflüsse einen Effekt auf das spätere »Geschlecht« haben können.

wegung der Sonne antizipieren kann – sie hat sich »gemerkt«, dass und wo am nächsten Morgen der Sonnenaufgang zu erwarten ist! Auch die Schirmakazie *Albizia* zeigt mit ihren Blattbewegungen, dass sie eine Form von internem Speicher hat: Alle zwölf Stunden klappt sie ihre Blättchen in einem Tag-Nacht-Rhythmus zusammen und öffnet sie wieder. Stellt man die Pflanze nun in absolute Dunkelheit, behält sie diesen Groove für einige Tage bei. Ein letztes Beispiel: Die Samen mancher Grasarten aktivieren je nach Tageslänge die Keimung oder verfallen in eine Art Winterschlaf. Sind die Tage kurz (etwa in unserem Winter), bleibt die Saat im Ruhemodus.

Im Labor simulieren Forschende diese kurzen Tage mittels Zeitschaltuhren, um die Reaktionen der Pflanzen zu studieren. Das Spannende: Wenn man eine Pflanze unter Kurztag-Bedingungen anzieht, gibt sie diese Information an ihre »Kinder« weiter: Die Samen der Mutterpflanze sind automatisch im Winterschlaf und keimen erst nach einigen Monaten, egal zu welcher Jahreszeit sie ausgesät werden. Sie haben sich die Tageslänge (die Mama ihnen zugeflüstert hat) gemerkt.

Na gut, noch eins aus meiner eigenen Forschung: Pflanzen können vergangene Infektionen mit Krankheitserregern abspeichern! Gurken, die einmal einen Befall mit dem Schadpilz *Colletotrichum orbiculare* überlebt haben, zeigen eine stärkere und schnellere Immunreaktion bei einem späteren Wiedersehen mit diesem Erreger – und das sogar in gänzlich neuen Blättern.

Insgesamt lässt sich also festhalten, dass Pflanzen gewisse Dinge zu ihrem Vorteil abspeichern können. In der Verhaltensforschung nennt man das *adaptive beneficial behaviour,* also »nützliches Anpassungsverhalten«. Und das wird traditionell eher den Tieren zugeschrieben. Andere würden sagen: Hier zeigt sich die *Intelligenz* der Pflanzen. Aber nun mal nicht so hastig, wer sich wann »intelligent« nennen darf, ist in einer (von menschlicher Eitelkeit erfundenen und beherrschten)

Wissenschaftswelt ein hochemotionales Thema, das ein eigenes Kapitel verdient (das nächste).

Auch die Wahrnehmung und Messung von Zeitspannen scheint im Pflanzenreich durchaus verbreitet zu sein.[3] Begoniensamen bleiben so lange im Schlafmodus, bis die Tage lang genug sind. Ist es die Hälfte des Tages (zwölf Stunden) dunkel, keimen die Samen nicht. Fällt die Dauer der Nacht dann unter acht Stunden, wird die Samenruhe gebrochen, und alle Samen keimen. Einen Unterschied von vier Stunden können Begonienbabys also gut wahrnehmen. Und es geht noch präziser: Im Experiment wurde das Saatgut in einem Siebzehn-Stunden-Nachtzyklus zu verschiedenen Zeiten mit einem halbstündigen Lichtimpuls »geweckt«. Das Ergebnis: Ein Weckruf mitten in der Nacht führte zur Keimung von etwa fünfzig Prozent der Samen. Dieselbe Unterbrechung der Nacht am Anfang oder am Ende der siebzehn Stunden hatte eine geringere Keimrate zur Folge! Der effektivste Wecker war also in der Mitte der Schlafenszeit. Mit anderen Worten: Die Samen der Begonie können nicht nur die Länge der Nacht wahrnehmen, sondern auch ziemlich genau differenzieren, *wie spät* in der Nacht es gerade ist (und sie werden wie ich ungern in der Tiefschlafphase geweckt).

Einige Pflanzen zählen nicht nur Minuten, sondern sogar Jahre. Einjährige Pflanzen blühen im ersten Jahr, während alle winterannuellen (= zweijährigen) Gewächse zunächst nur Blattmasse produzieren und dann im nächsten Jahr blühen, Samen produzieren und absterben. Viele Gemüsearten wie Karotten, Lauch, Petersilie oder Kohl gehören zur letzten Kategorie. Andere können sogar noch ein Weilchen länger auf die Blütezeit warten. Um gedanklich ein Stück weit zu den etwas urtümlicheren Gewächsen zurückzukehren: Die »Jahrhundertpflanze« *Agave deserti* blüht und stirbt nach etwa fünfzig Jahren. Welcher äußere Ruf ihr das Zeichen dazu gibt? Das ist nicht abschließend geklärt. Agaven zeigen dieses Verhalten seit

Urzeiten, in unterschiedlichen Umgebungen, sodass derzeit eher von einem »internen Signal« als von einem Umwelteinfluss ausgegangen wird. Tatsächlich ist die sogenannte Seneszenz der Pflanzen, also der programmierte und genetisch gesteuerte Alterungsvorgang, ein wunderbares Mysterium: Im Juli sehen wir bei uns immer wieder, wie ganze Weizenfelder wie auf ein geheimes Zeichen hin blühen, ihre Ähren füllen und synchron absterben – obwohl wir uns inmitten der eigentlich optimalen Wachstumszeit befinden. Ein (bewusster?) Mechanismus des *adaptive beneficial behaviour*, den die Pflanzen einleiten, um nicht unnötig viel Energie zu verschwenden – schließlich steht die nächste Generation schon bereit.

Vielleicht könnt ihr ja auch am Beispiel eurer Zimmerpflanzen bezeugen, dass einige von ihnen seit Jahren super aussehen, während andere keine zwölf Tage bei euch überlebt haben. Sicher liegt das auch daran, wie gut ihr euch kümmert. Aber auch das Kraut selbst hat ein Wörtchen mitzureden, wann es Zeit ist zu gehen. Und wenn Pflanzen ihren eigenen Abgang koordinieren und steuern können – sind sie dann nicht eigentlich unsterblich?

## Die ewige Efeutute

Vor Kurzem stand ich nahe der montenegrinischen Stadt Bar vor einem wirklich alten Olivenbaum, der *Stara Maslina*. Er gehört zu den wohl ältesten Pflanzen in Europa und ist laut wissenschaftlichen Untersuchungen (und der Plakette links vom Eingangsbereich) mindestens 2200 Jahre alt. Und das Tollste: Er produziert immer noch Früchte! Gerne malt man sich aus, was dieser Baum alles miterlebt hat: Das Aufkommen des Christentums, die Eroberung durch Venedig, die Eingliederung in das Osmanische Reich, die Erfindung des Telefons, die

Erstausstrahlung von *Krieg der Sterne* – praktisch alle relevanten Ereignisse, die unser heutiges Leben prägen. Es macht einfach Spaß, im Schatten der ausladenden Baumkrone von zehn Metern Durchmesser zu sitzen und sich klein und unbedeutend zu fühlen. Leider geht es der alten Olive nicht so gut, Trockenheit und Hitze machen ihr zu schaffen. Gerade erst wurde ein neues Bewässerungssystem installiert, das erstmals seit 1957 (als der Staat Montenegro die Pflanze unter Schutz stellte) überhaupt notwendig ist. Drücken wir die Daumen! Ist wahrscheinlich nicht die erste Krise, die die alte Dame überstehen muss. Gewissermaßen erneuern sich Pflanzen ja auch ständig selbst, um fit und vital zu bleiben.

Der Blattabwurf ist ein schönes Beispiel für die vielen kleinen Tode, die hundertfachen regenerativen (und ressourcenschonenden!) Abschiede, die Pflanzen jährlich feiern. Denn wenn unsere Laubbäume im Herbst die Farbe wechseln, geht auch im Inneren der Pflanzen ein Feuerwerk physiologischer Prozesse ab, die punktgenau orchestriert und geplant sind:[4] Blattzellen unterziehen sich massiver, biochemischer Umprogrammierung, verteilen Aufgaben neu und werden innerhalb kürzester Zeit von Produzierenden zu Verbrauchenden. Wo vormals Licht in Energie verwandelt wurde, wird nun ein Teil des allgemein eingespeisten Ökostroms zurückgefordert, um Ressourcen neu zu verteilen – hin zu neu entstehenden Pflanzenorganen.

Der Übergang von $CO_2$-Fixierung zu Nährstoffmobilisierung fordert dem Laub so einiges ab: Sogar das Blattgrün wird recycelt! Chlorophyll ist ein zu komplexes Molekül, um es einfach abzuwerfen und damit zu »verschwenden«. Es wird sich also die Mühe gemacht, die Chloroplasten (was war das noch mal? Siehe oben!) fein säuberlich in ihre Einzel(l)-Teile zu zerlegen und bis zur nächsten Grillsaison einzulagern. So kommt dann auch das Farbspektakel zustande: Durch den Abbau des Blattgrüns werden Carotinoide und andere Blattpigmente sichtbar und protzen mit einem fantastischen Farbspektakel, bevor es dann auch für uns in die Winterruhe geht.

Heute ist bekannt, dass eine Horde sogenannter Transkriptionsfaktoren für die Planung und Durchführung dieser Alterungsprozesse in Pflanzen zuständig ist. Transkriptionsfaktoren sind kleine Proteine, die in allen Organismen den Takt angeben, wenn es darum geht, welche Gene gerade aktiv sind. Sie binden an spezielle Bereiche der DNA, die sogenannten Promotoren, und sorgen dafür, dass die Genaktivität entweder hoch- oder heruntergeschraubt wird (… hochgeschraubt? Gibt's das? Egal, Grüße an meinen Schreinerpapa). Die kleinen Transkriptionsfaktoren rasen also durch die Blattzellen und schmeißen die Gene an, die beispielsweise für den Chlorophyllabbau wichtig sind. Andere, wie die Gene des Fotosyntheseapparats, werden in den Ruhestand geschickt. Nach getaner Arbeit werden die Blattorgane bekanntermaßen abgestoßen und gleichzeitig schon wieder neu gebaut. Aus den Blattknospen schiebt sich im Frühjahr dann wieder saftiges Grün – ganz egal, ob die Pflanze selbst nun zwei oder 200 Jahre alt ist. Dass unsere Gewächse diese Fähigkeit ihren besonderen Stammzellen verdanken, haben wir schon einmal kurz beleuchtet.

Wenn Pflanzen also permanent neues Gewebe »erschaffen« können, während anderes abstirbt, und gleichzeitig kein zentrales Steuerorgan wie wir Menschen besitzen, was heißt dann eigentlich »ewiges Leben«? Denn in der Theorie könnte ein einzelnes *falling leaf* woanders ein neues Leben beginnen und sich zu einem eigenständigen, großen Baum entwickeln, in dem keine Zelle mehr aus der Ursprungspflanze stammt.

Während ich diese Zeilen schreibe, werfe ich meiner Efeutute in der Zimmerecke einen misstrauischen Seitenblick zu. Wo warst du schon überall, hm? Spätestens seit der Episode von ZDF *Magazin Royale*, in der Jan Böhmermann uns zur massenhaften Raubkopie von Zimmerpflanzen aufruft,[5] bin ich im Experimentierfieber, was die Vermehrung über Stecklinge angeht. Im Gegensatz zu uns haben die Pflanzen nämlich zwei grundsätzlich verschiedene Strategien, um sich fortzupflanzen: die sexuelle und die vegetative Vermehrung. Die sexuelle ist die mit den Bienchen und Blümchen und wird in Kapitel 6 genauer unter die Lupe (oder das Mikroskop) genommen. Die vegetative Vermehrung basiert auf ebendieser Regenerations- und Verjüngungssuperkraft der Pflanzen, die es ihnen erlaubt, den RESET-Knopf der Biologie zu drücken. Bei dieser ungeschlechtlichen Vervielfachung werden Stücke der Pflanze abgetrennt und neu bewurzelt oder eingepflanzt. Je nach Organ jonglieren wir hier mit (teils unscharfen) Begriffen wie Ableger, Absenker, Ausläufer, Kindel, Knolle, Rhizomstückchen, Steckling oder Wurzelstock.

Viele Zimmerpflanzen werden über amputierte Pflanzenteile vermehrt und vermarktet (und glaubt mir, es gibt einen milliardenschweren Schwarzmarkt für diese Art von Raubkopien!), aber auch einige unserer Nutzpflanzen werden auf diese Weise angebaut: Kartoffeln und Knoblauch, Bananen und Spargel – sie alle werden »samenlos«, also durch vegetative Vermehrung kultiviert. Das hat durchaus Vorteile, da wir damit teilweise viel schneller zur nächsten Ernte kommen und den ganzen Aussaat- und Keimungshickhack nicht von vorn beginnen müssen. Außerdem sind alle »Nachkommen« von so vermehrten Pflanzen genetisch identisch (sie sind Klone!) und damit in ihren Eigenschaften recht homogen und verlässlich. Wir haben ja schon diskutiert, warum Sex irgendwie ein Glücksspiel ist. Wieso mit den Genen Roulette spielen, wenn wir so einfach quadratisch-praktisch-gute Ebenbilder unserer Lieblingskartoffel nachzüchten können?

Ihr ahnt es vielleicht schon: Wenn sich genetisch so wenig tut und der Familienstammbaum im Kreis läuft, wird das irgendwann zum Problem. Durch die Vereinheitlichung und Reduktion der genetischen Biodiversität nehmen wir den Pflanzen nämlich ihre viel gepriesene Superkraft der Anpassung.

Klar, solange meine Efeutute bei mehr oder weniger gleichen Bedingungen in meiner Zimmerecke vegetiert (!), ab und zu umgetopft wird und ein paar Streicheleinheiten bekommt, muss sie sich auch überhaupt nicht verändern. Sie hat ihre ökologische Nische gefunden. Wenn aber jemand (rein hypothetisch) die Heizung auf das Maximum dreht oder das Hausdach entfernt, oder jeden Tag zehn Liter Wasser über sie gießt ... dann hätte sie natürlich schon Lust, sich anpassen zu können. Etwas Vergleichbares passiert auch jetzt gerade, nur eben nicht in meinem Zimmer, sondern auf dem Planeten Erde. Und unsere Kulturpflanzen draußen auf offenem Feld bekommen diese tiefgreifenden Veränderungen jeden Tag zu spüren.

Bevor wir also zu den Methoden der Pflanzenzüchtung kommen, in denen genetische Vermehrung und Variation zu vielen, bunten, neuen Eigenschaften führen, lasst uns kurz zurück auf die Seneszenz schauen: Alterungsprozesse in Pflanzen werden in den allermeisten Fällen auf molekularbiologischer Ebene, mit voller Absicht und zu ganz bestimmten Zeiten durch die Pflanze selbst ausgelöst. Mit dem wachsenden Wissen über diese Zusammenhänge könnten wir auch bei unseren Kulturpflanzen so etwas wie »lebensverlängernde Maßnahmen« anwenden. Klingt seltsam, aber denken wir es zu Ende. Äußere Reize wie Trockenheit und Temperatur lösen in Pflanzen einen (antrainierten) Impuls zur Blütenbildung oder zum Absterben aus. Gleichzeitig sind genau diese Faktoren in der Klimakrise praktisch unberechenbar, und unsere Ernten sind allein schon durch die direkten Effekte der Wetterextreme bedroht. Ein Züchtungsansatz könnte es daher sein, die molekularen Minicooper der Pflanzenzellen (die Transkriptionsfaktoren!) neu zu justieren, sodass sie nicht vorschnell das Ende des Pflanzenlebens einläuten. Tatsächlich wurde schon mehrfach unabhängig im Labor gezeigt, dass eine Regulierung der dafür zuständigen Gene durchaus die Produktivität von Nutzpflanzen unter Trockenstress steigern kann.[6]

Wir haben also die nötigen Werkzeuge zur Hand, um unserem Gemüse etwas von dieser Anpassungsfähigkeit zurückzugeben, die wir ihm womöglich selbst über die Jahrhunderte abtrainiert haben. Die verzögerte Seneszenz ist eine Stellschraube, und es gibt noch die ein oder andere Superkraft der Pflanzen, die wir allzu lange ignoriert haben. Um zu verstehen, wie es zum pflanzlichen Status quo kam und warum Kultur- und Wildpflanze unterschiedlicher nicht sein könnten, müssen wir an den Anfang zurück. Zu dem Punkt, an dem Mensch und Pflanze sich das erste Mal ernsthaft miteinander beschäftigten. Zurück zu den Ursprüngen der Sesshaftigkeit unserer eigenen Spezies. Zurück in die Neolithische Revolution vor über 10 000 Jahren.

## Die Müllhaufen-Hypothese

Die allermeisten Forschenden gehen davon aus, dass die Ursprünge der Landwirtschaft (und der Züchtung von Pflanzen nach unseren Vorlieben) im Fruchtbaren Halbmond zu finden sind. Diese Region im Vorderen Orient erstreckte sich vom heutigen Ostanatolien über den Irak, Nordsyrien, Libanon, Israel und Palästina bis nach Jordanien. Damals – je nach Quelle vor ca. 9500 bis 12 500 Jahren – gaben wir Menschen ein Leben als jagende Nomad*innen auf und tauschten es gegen den Ackerbau ein. Die Theorien, warum und wie das passierte, lassen sich in zwei Lager aufteilen: Während einige Forschende von einer langsamen, größtenteils unbewussten und wechselseitigen Koevolution von Pflanze und Mensch (auch: Tier und Mensch) ausgehen, postulieren andere die Zähmung der »wilden Natur« als einen verhältnismäßig schnellen, durch menschliche Intelligenz getriebenen Prozess. Den ersten Ansatz fasse ich einmal folgendermaßen zusammen: »Upsi.«

Der zweite läuft mehr so unter dem Motto »Aha!«.

Im Upsi-Szenario sind Menschen und Pflanzen (und Tiere) mit der Zeit eine Art Mutualismus eingegangen. In der Ökologie beschreibt Mutualismus die Teamarbeit zweier Arten zum gegenseitigen Vorteil (eine Form der Symbiose, die aber nicht unbedingt räumlich eng beieinander stattfinden muss). Beispiele dafür sind Nektar produzierende Pflanzen und ihre Bestäuber, Ameisen und Blattläuse, Eiche und Eichelhäher, oder Madenhacker, die immer so witzig auf Nashörnern sitzen und Parasiten absammeln. Ganz ähnlich könnten sich Mensch und Kraut mit den Jahrtausenden »angenähert« haben, bis sich eine mehr oder weniger stabile, unbeabsichtigte Aufgabenteilung eingestellt hat: Die Pflanzen gaben uns Früchte und Körner, wir pflegten und vermehrten sie.

Zur Frage, wieso gerade Getreide wie Einkorn, Emmer und Wilde Gerste sowie Leguminosen (Linsen, Kichererbsen) damals en vogue waren, hat die Upsi-Theorie verschiedene Antworten parat: Möglicherweise haben wir durch unsere Lebensweise »aus Versehen« günstige ökologische Nischen für genau diese Pflanzen geschaffen. Die *niche construction theory* argumentiert, dass menschliche Aktivität (wie auch die jeder anderen Art) unweigerlich unsere direkte Umwelt verändert und damit Einfluss auf die Evolution anderer Arten nimmt.

Dafür gibt es auch im Tier- und Pflanzenreich zahlreiche Beispiele, denken wir nur an die krassen landschaftlichen Eingriffe durch Biberdämme, Maulwurfshügel oder (weniger offensichtlich) die Ansäuerung des Bodens durch einige Nadelbäume. Zugegeben, irgendwie hat jede Lebensform (per Definition) irgendwo einen Einfluss auf Nischenbildung, jede Art baut sich so ihr Nest. Genauso könnte man argumentieren, dass durch Waldrodung die »grasigen« Pflanzenfamilien einen Vorteil hatten und daher für den menschlichen Speiseplan interessant wurden (was durchaus eine gängige Theorie ist).

Ein weiterer Erklärungsansatz dafür, dass gerade die Wildformen von Körnern und Hülsen in die Paläoküche integriert wurden, versteckt sich hinter der *dump heap hypothesis* (buchstäblich: »Müllhaufen-Hypothese«). Diese schon 1916 formulierte Idee besagt, dass Nutzpflanzen aus wilden Vorfahren hervorgingen, die sich in und um menschliche Siedlungen – inklusive unserer Müllhalden! – niederließen. Es ist denkbar, dass wir von unseren Sammelreisen Pflanzen und Pflanzenteile (Stecklinge!) mit ins heimelige Lager brachten und auf dem steinzeitlichen Komposthaufen entsorgten. Geht man jetzt davon aus, dass der Boden in der Nähe von Menschengruppen immer ein wenig »überdüngt« war (durch Ausscheidungen, Schlachtabfälle und Essensreste), dann könnten sich einige Pflanzen dort besonders wohlgefühlt haben.* Diese ersten Kulturfolger waren womöglich (ähnlich wie die heutige Ruderalflora in den Ritzen von Gehsteigen, Bushaltestellen und Ruinen) beeindruckend wüchsig und präsentierten sich uns damals als besonders geeignet für die weitere Bearbeitung. Laut der Müllhaufen-Hypothese könnten wir uns auf diesem Weg ganz ohne Vorahnung die richtigen Pflanzenarten in unsere Mitte geholt haben. Upsi, eben.

Die Verfechterinnen und Verfechter des Aha!-Szenarios sehen die Anfänge der Pflanzenzüchtung eher als einen bewussten Akt, auf den wir dank unserer großen Gehirne ganz von selbst gekommen sind. Demnach sei die systematische Selektion von Wildpflanzen von *Homo sapiens* absichtlich initiiert, wissensbasiert und episodisch (soll heißen: biologisch punktuell und nicht graduell) vonstattengegangen. Hier wird der Meilenstein der Neolithischen Revolution in einer Verhaltensänderung von uns Menschen gesehen, die ein neues Bewusstsein für die uns umgebende Natur und die akribische Beobachtung derselben umschließt.

* Nach dieser Hypothese wäre ein Festivalgelände wohl der ideale Ort für die Suche nach neuen, menschenfreundlichen Nutzpflanzen.

In anderen Worten: Die Zähmung der Pflanzen war keine zufällige Entwicklung, die »automatisch« durch das Zusammenleben von Mensch und Kraut passierte, sondern vielmehr ein Ausdruck unserer wachsenden geistigen Fähigkeiten. Ganz bewusst wählten wir uns die nahrhaftesten, wüchsigsten Pflanzen aus und kultivierten sie, selektierten die größten Nachkommen, packten vielversprechende Arten zusammen – kurz: Wir experimentierten. Ein ganz anderer Ansatz, durchaus ein bisschen sich-selbst-auf-die-Schulter-klopfend, aber nicht undenkbar. Die Entstehung von Kulturgerste und Linsen kann vielleicht durch das Zufallsprinzip erklärt werden, die von Brotweizen jedoch nicht: Er kommt in freier Wildbahn nicht vor und ist erst durch (sehr wahrscheinlich bewusste) Kreuzung verschiedener Wildformen entstanden.

Generell können beide Theorien – »Upsi« und »Aha« – durch wissenschaftliche Fakten gestützt werden und konkurrieren auf eine wunderbare Art, wie sie für die Welt der Wissenschaft nun mal charakteristisch ist.[7] Beim Vergleich der beiden Erklärungsansätze wird schnell deutlich, dass wir beim Ringen um die Wahrheit nicht (nur) durch die naturwissenschaftliche, sondern genauso durch die soziokulturelle Brille blicken müssen. Hier gibt es noch viel zu verstehen, und wir täten gut daran, Köpfe aus unterschiedlichsten Disziplinen zusammenzustecken! Unstrittig ist, dass die Neo-Revoluzzer von damals die Landschaft (und damit die Pflanzenwelt) stark verändert haben: Durch Flächenrodung, kontrollierte Brandrodung, Rückschnitt, Umgraben, Aussaat und andere urmenschliche Aktivitäten haben wir die wilde Flora von Beginn an manipuliert.

Heute können wir anhand von geologischen, ökologischen und archäobotanischen Daten rekonstruieren, wie die Vegetation damals aussah, und diese Information neben die verfügbaren Klimadaten legen. So können wir vielleicht sogar noch etwas von lang vergangenen Zeiten für unsere heutige Landwirtschaft lernen: Die Forscherinnen Andrea Miebach und Hannah Hartung haben mir beispielsweise bei einer Podcast-Aufnahme erzählt, was die Geologie und die Paläoklimatologie uns alles über den urzeitlichen Boden sagen können.[8] Und zwar: extrem viel! Etwa lassen in Sedimenten eingeschlossene Pollen Rückschlüsse über die Verteilung und die Häufigkeit bestimmter Pflanzenarten zu. Hannah erklärte mir, wie die Zusammensetzung von fossilen Kieselalgen im See Genezareth das damalige Klima widerspiegeln und zudem eine Aussage über die »Überdüngung« (durch menschliche Aktivität!) ermöglichen kann. Superspannend! Aber ich schweife ab.

Lasst uns damit weiterarbeiten, dass die Veränderung der Natur durch den Menschen prinzipiell erst mal nichts Verwerfliches war. Im Gegenteil, die (damals zahlenmäßig noch nicht so relevanten) Zweibeiner suchten sich genauso ihre ökologische Nische wie andere Tiere auch. Nur dass sie die grauen Zellen in ihren doch recht beeindruckend großen Gehirnen nutzten, um die Vererbung von Pflanzeneigenschaften besser zu verstehen und sich dieses Wissen zunutze zu machen. Der Erste, der es wirklich systematisch angegangen ist, war ein Mönch der Abtei St. Thomas in Brünn, dem heutigen Brno in Tschechien.

## Die Zähmung der wilden Kräuter

Zugegeben, wir rasen hier ein wenig auf der Überholspur davon –waren wir nicht eben noch bei Urzeitpflanzen? Der Dreisprung über die Anfänge der Landwirtschaft und hin zu Gregor Mendel (1822–1884), der vor rund 200 Jahren gelebt hat, ist etwas zackig geraten. Wenn wir allerdings zusammen dieses Buch durcharbeiten, ist es mir ein Anliegen, dass einige Grundvokabeln geklärt sind. Immer wieder werden euch – vor allem wenn es um die Kommunikation von Gewächsen untereinander, um die Verbündeten und Verfeindeten, um die gemeinsame Evolution von Mensch und Pflanze geht – Begriffe wie »Gene«, »Resistenz« oder »Mutation« begegnen. Ohne ein klares Verständnis davon, was diese Dinge bedeuten, wird das Leseerlebnis nur halb so spaßig, glaubt's mir. Und zumindest zwei dieser drei Begriffe wurden erst so richtig mit Inhalt gefüllt, als Gregor Johann Mendel im Klostergarten von St. Thomas ein paar wohlgeplante Versuche mit Erbsenpflanzen durchführte.

Die Vererbungsregeln, die Mendel bei Abiturient*innen bis heute das eine oder andere lieb gemeinte »Hä?« einhandeln, bilden die Grundlage jeder Züchtung neuer Pflanzeneigenschaften. Lange bevor die genaue Struktur der DNA überhaupt klar war,* hat der Geistliche und passionierte Hobbygärtner mit den Blütenfarben von Erbsen experimentiert. Der *Father of Genetics* wuchs in einer kleinbäuerlichen Familie auf und kam schon früh in Kontakt mit landwirtschaftlichen Praktiken. Er war ein smarter Bursche, und obwohl Gregor Mendel als einziger Sohn eigentlich den elterlichen Betrieb übernehmen sollte, strebte er eine akademische Laufbahn an. Sein Schwager führte schließlich den Hof weiter, und das Geld fürs Studium bezog Mendel zumindest teilweise aus dem (gekürzten) Erbe seiner Schwester Theresa – *thank you, Sister!* Als er aufgrund gesundheitlicher Probleme und finanzieller Knappheit sein Studium am Philosophischen Institut bald abbrach, wurde er vom Augustinerorden aufgefangen. Im Kloster von Brno, im

* Meist wird die Entschlüsselung der DNA-Struktur den beiden Herren James Watson (* 1928) und Francis Crick (1916–2004) zugeschrieben, die 1962 den Nobelpreis für ihre Arbeit erhielten. In Wahrheit hat aber die Biochemikerin Rosalind Franklin (1920–1958) kurz zuvor die entscheidenden Röntgenaufnahmen der berühmten Doppelhelix gemacht und damit die Grundlage für den Durchbruch gelegt. Franklin (und ihr Doktorand Raymond Gosling) wurden nie für ihre Pionierarbeit gewürdigt.

heutigen Tschechien, ging Mendel in seiner Doppelrolle als Lehrer und Botaniker auf und widmete sich ab 1856 einer Reihe von Kreuzungsexperimenten. Bis dahin war das vorherrschende Verständnis von Vererbung ungefähr so ausgeklügelt wie eine bunte Tüte am Kiosk: Wenn wir alles zusammenmischen, wird schon was Sinnvolles dabei sein! Diese »Mischvererbung« – also die Vorstellung, dass die Nachkommen einer Kreuzung immer eine Mischung der beiden Elternteile sind – konnte Mendel mit seinen Erbsenblüten ziemlich schnell widerlegen. Er stellte fest, dass die Ausprägung von Merkmalen wie Blütenfarbe, Größe der Pflanze oder Form der Hülse eher mathematischen Regeln folgte. Zehntausende Erbsenkreuzungen (per Hand!) später stellte er die nach ihm benannten Regeln der Vererbung auf, die in etwa besagen:

- Die Nachkommen von zwei ungleichen Eltern ergeben nicht zwangsläufig eine Mischung, sondern können alle genau so aussehen wie nur eines der beiden Elternteile (»Uniformitätsregel«).
- Die Nachkommen der Nachkommen können allerdings wieder aussehen wie beide Großelternteile, auch wenn die Merkmale eines Elternteils zwischenzeitlich irgendwie abhandengekommen sind (»Spaltungsregel«).
- Die verschiedenen Merkmale – zum Beispiel Farbe, Form und Größe – werden nicht zusammen vererbt und ergeben in der nächsten Generation eine bunt gemischte Tüte (»Unabhängigkeitsregel«).

Schon damals hat Mendel von »unsichtbaren Faktoren« gesprochen, die von den Kreuzungspartnern an die Nachkommen weitergegeben werden und von denen sich meist einer stärker durchsetzen kann. Heute wissen wir: Diese unsichtbaren Faktoren sind Gene. Und sie vererben sich (meistens, wenn sie brav sind) in unterschiedlichen Versionen (»Allelen«), von denen eine *dominant* und die andere *rezessiv* ist. Falls ihr Mendels Gesetze noch mal etwas ausführlicher und anschaulicher durchgehen wollt, empfehle ich hier ganz schamlos das zweite Kapitel meines ersten Buchs *Alles bio – logisch?!*[9] – die beiden Bücher machen sich eh wunderbar zusammen im Regal. 😊

Mit einem besseren Verständnis der Vererbungsregeln in der Tasche konnten wir dank Mendel bald viel zielgerichteter Pflanzen zähmen. Zur Erinnerung: Wir kreuzen und selektieren schon seit Tausenden Jahren Pflanzen nach unseren Vorlieben. Aber mit ein paar Faustregeln zur Hand kann man bei der Planung – vor allem wenn es um die Kombination mehrerer Merkmale geht – deutlich gewitzter vorgehen. Die erwähnte Unabhängigkeitsregel kann Pflanzenzüchterinnen und -züchter nämlich gehörig auf die Palme bringen. Wieso? Na, also … wisst ihr noch, wie ihr das erste Mal versucht habt, einen Zauberwürfel zu lösen?

Eine Seite des berühmten Würfels zu lösen, fällt uns noch verhältnismäßig leicht. Aber dann? Gefühlt führt jede weitere Drehbewegung, jeder Schritt zur Lösung einer zweiten Seite zu einem Fehler in der ersten. Erst durch den Konsum mehrerer YouTube-Tutorials (oder wenn man meinen besten Kumpel Timo um Hilfe bittet, der die Dinger im Schlaf lösen kann) ist ein stressfreies Auflösen der zweiten Würfelseite möglich. Dazu muss man einfach ein paar Regeln befolgen, und genauso ist es eben auch mit Mendel. Während wir früher wie kleine Kinder auf gut Glück am Zauberwürfel der Genetik herumgeschraubt haben, sind wir heute eher die Timos der Pflanzenzüchtung und können fantastische Pflanzensorten selektieren, kreuzen und kombinieren.

Diese neuen Fähigkeiten nutzten wir auch in der »Grünen Revolution«, um Nutzpflanzen noch ertragreicher zu machen und die landwirtschaftliche Produktion auf ein nie gesehenes Maß hochzuschrauben. Kurzhalmige Getreidesorten, die im

Wind nicht abknicken, wurden aus verfügbaren Sorten »zusammenkombiniert« und führten (gemeinsam mit dem Einsatz von Mineraldünger) zu einer derartigen Ertragssteigerung, dass Mangelernährung und Kindersterblichkeit signifikant bekämpft werden konnten. Gleichzeitig sind die negativen Auswirkungen der intensiven Landbewirtschaftung (Erosion, Einschränkung der Artenvielfalt, Verunreinigung von Boden und Grundwasser, Treibhausgase) offensichtlich, sodass wir heute händeringend nach kniffligen Kompromissen suchen. Gehen wir zunächst einmal einen Schritt zurück: Wieso gibt es eigentlich Getreidesorten mit kürzeren Halmen? Nun, die Vielfalt der Nutzpflanzen basiert – genau wie die der wilden Biodiversität! – auf kleinen, aber feinen Veränderungen im Erbgut: auf Mutationen.

Wir wissen heute: Die Erbinformation ist in unseren Genen, in unserer DNA, in einem genetischen Code gespeichert. Dieser Code kennt nur vier Buchstaben und ist bei uns Menschen etwa 3,2 Milliarden Buchstaben lang (im Vergleich dazu hat *Pisum sativum,* die Gartenerbse, knapp 4,5 Milliarden. Nimm das, Mensch, du Erbsenhirn!). Jedes Austauschen, Einfügen oder Entfernen eines Elements aus dieser Abfolge nennt man Mutation. Diese kann zufällig entstehen (»natürlich«, zum Beispiel, wenn man die Sonnencreme vergessen hat), durch sexuelle Fortpflanzung oder auch durch menschliche Eingriffe passieren. In jedem Fall gehört die »Mutagenese« – wie man das Rühren in der Buchstabensuppe nennt – zu den ältesten Mechanismen der Anpassung. Es ist nicht vermessen, zu sagen, dass ohne Mutation so etwas wie Artenvielfalt überhaupt nicht existieren würde. Jede Tierart, jede Pflanze, jeder Käfer und jedes Bakterium hat sich in der Evolution seine ökologische Nische gesucht und immer weiter an diese angepasst. Ohne Mutation keine Anpassung, ohne Anpassung kein Überleben. Mutationen im Erbgut sind also faktisch erst mal überlebenswichtig.

Kleine »Rechtschreibfehler« in der DNA können (und müssen) somit dramatische Folgen für den Organismus haben. Da eine Zelle ihre Erbinformation liest wie wir ein Buch (»von links nach rechts«, mit allen »Leerstellen« und »Satzzeichen«), kann ein einleuchtender Satz durch das Einfügen eines einzigen Buchstabens plötzlich ein wenig merkwürdig aussehen:

- Original: ARAGORN IST HÜBSCHER ALS LEGOLAS.
- Mutation: AR**R**AGOR NIS THÜBSCHE RAL SLEGOLA S.

Ein kleiner Schritt für die Rechtschreibung, ein großes Drama für alle Elben-Fans. Durch die Verschiebung des Leserasters ergibt der Satz für unser Verständnis keinen Sinn mehr. Das kann aber auf genetischer Ebene durchaus gewollt sein, wenn man beispielsweise die Gene einer Pflanze »stören« will. Andersherum funktioniert es natürlich auch. Die Funktion (Lesbarkeit) eines defekten Gens kann durch Mutation wiederhergestellt werden. Versucht es doch einfach mal selbst bei den folgenden zwei Beispielen: Fügt im ersten Satz an zweiter Stelle ein R ein und entfernt im zweiten Satz im ersten Wort das D (nicht vergessen: Die Leerzeichen bleiben bestehen, verschobene Buchstaben rücken dahinter beziehungsweise davor).

- Beispiel 1: OKSS INDE IGENTLICHA UCHN URE LBEN.*
- Beispiel 2: DIC HHOFF ED UHAS THER RDE RRING EGELESE N.**

Na, Spaß an der Genmanipulation gefunden? Genau das haben Forschende in der Mitte des 20. Jahrhunderts und strebten fortan danach, die Errungenschaften rund um die Atomenergie wieder positiv zu belegen: In den USA und Europa wurde un-

* Auflösung: ORKS SIND EIGENTLICH AUCH NUR ELBEN.

** Auflösung: ICH HOFFE DU HAST HERR DER RINGE GELESEN.

tersucht, ob mit radioaktiver Strahlung behandeltes Saatgut eine höhere Mutationsrate und damit mögliche neue Pflanzeneigenschaften besitzt. Was ein wenig wild klingt (und zugegebenermaßen ähnlich effizient funktioniert wie eine Schrotflinte im Bällebad), hatte tatsächlich Erfolg: Die Strahlenmutagenese erbrachte zwar vor allem seltsam verunstaltete Pflanzen, mit einer gewissen Wahrscheinlichkeit aber eben auch neue, »verbesserte«. Erstmals konnte die Züchtung ein wenig beschleunigt werden, nicht wirklich zielgenau, doch immerhin musste man nicht mehr auf die Evolution warten. Um zurück zum Bild des Zauberwürfels zu kommen: Diese Taktik erlaubt es uns Zauberlehrlingen, mit einem Fingerschnipsen die Farbe einzelner Quadrate zu wechseln. Zwar können wir noch nicht bestimmen, welche Quadrate das genau sein sollen, aber immerhin. Wir müssen nur oft genug schnipsen, oder?

Ganz so einfach ist es in der Pflanzenwelt dann doch nicht. Wir erinnern uns an die dritte Mendel'sche Regel: Wenn ein Merkmal ins Positive geändert wurde, heißt das noch lange nichts für den Rest der Pflanze. Also müssen zufällig mutagenisierte Pflanzen nach der Strahlendusche recht aufwendig mit anderen gekreuzt werden, um so gut wie alle ungewollten Effekte loszuwerden und die positiven, neuartigen Eigenschaften beizubehalten. Es ist also immer noch ein mühsames Verfahren, erlaubt uns aber, mehr aus der Genetik der Pflanzen herauszukitzeln, als es mit einfacher Bienchen-und-Blümchen-Kreuzung nach Mendel-Art möglich wäre. Bis heute ist die Mutagenese (mittels Strahlung oder mutagenen Chemikalien) ein gängiges Werkzeug, das ich übrigens auch in meiner Bachelorarbeit benutzt habe, um Weizen widerstandsfähiger gegen Pilzkrankheiten zu machen. Gerade komplexere Pflanzen wie Weizen (der gleich sechs verschiedene Kopien jedes Gens in seinen Zellen hat) sind durch herkömmliche Methodik kaum veränderbar – der Prozess, bis alle Kopien eines Gens angepasst wurden, dauert einfach sehr lange.

Was ich bisher unterschlagen habe: Es geht auch ganz ohne Genmanipulation, und zwar mithilfe der schier unendlichen Sortenvielfalt, die vor allem in der ökologischen Erhaltungszucht wie ein Schatz vergraben liegt. Anstatt eine gewünschte Eigenschaft per Mutation ans Tageslicht zu bringen, kann man einfach eine tolle, alte Sorte mit genau diesem Feature suchen und sie mittels Kreuzung zu einer neuen Nutzpflanze machen. Am Beispiel Weizen könnte das bedeuten: Kreuzen wir doch einfach eine traditionelle Landsorte, die resistent und robust ist, mit einer ertragreicheren neuen Sorte. Problem gelöst?

An dieser Stelle lautet die eindeutige Antwort: Jein. Wir kommen später dazu, wie die Nutzpflanzenvielfalt ihr wahres Potenzial entfalten kann. Lasst uns erst die kurze Geschichte der Pflanzenzähmung zu Ende besprechen, damit alle auf dem gleichen Stand sind. Dieser Satz steht aber als Versprechen dafür, dass die »Alten Sorten« und die ökologischen Züchtungen am Ende dieses Buches noch eine größere Rolle spielen werden. Beim *Grand Final*e sozusagen. Wartet's ab. Das wird spannend!

Seit Mitte der 1980er-Jahre denken wir bei moderner Pflanzenzüchtung vor allem an Gentechnik. Große Saatgutfirmen haben sich nicht mit Ruhm bekleckert, als sie die Einführung gentechnisch veränderter Pflanzen flächendeckend und in Kombination mit dem passenden Spritzmittel global vermarkteten. Getrieben vom wirtschaftlichen Höhenflug, den die neue Technologie versprach, stürzten sie Kleinbauern in die Abhängigkeit, agierten vorbei an den Bedenken der Gesellschaft, nur um neuartige Superpflanzen auf riesige monotone Felder zu bringen, auf denen vorher Regenwald stand, ungeachtet der unwägbaren ökologischen Folgen. Vieles in diesem letzten Satz hat einen wahren Kern, vieles ist aber auch blanker Populismus und schlicht falsch. Als ich damals mein Biologiestudium begann, verstand ich überhaupt nicht, wo das Problem liegt. Heute weiß ich: Kommunikation ist zumindest ein Teil des Problems. Und darin waren Wissenschaft und Industrie nie sonderlich gut – bis vor Kurzem eine Pandemie, die uns plötzlich alle betraf, Forschende ins Rampenlicht zerrte und Regierungen in die Verantwortung nahm. Aber ich schweife ab, zurück zur Gentechnik. Eine Lanze für die Wissenschaftskommunikation ist hiermit schon einmal angeknackst und wird später noch feierlich gebrochen.

Laut Gentechnikgesetz – Stand 2024, da wird gerade viel modifiziert (harhar) – ist ein gentechnisch veränderter Organismus (GVO) eine »biologische Einheit, deren genetisches Material so verändert wurde, wie es auf natürliche Weise durch Kreuzen oder natürliche Rekombination nicht möglich wäre«.[10] Die »natürliche Rekombination« meint hier das ganz alltägliche Genkarussell in freier Wildbahn, von der sexuellen Fortpflanzung bis hin zur spontanen Mutation an einem heißen Sonnentag. Diese Events können zwar erstaunliche Neukombinationen ergeben, aber zum Beispiel keine Artgrenzen überwinden. Und genau das war das Ziel der ersten Gentechniklabore: Eigenschaften in Pflanzen zu übertragen, die sonst nur in entfernt verwandten Arten oder sogar in völlig anderen Organismen zu finden sind. Was im ersten Moment klingt wie die Erschaffung einer Frankenstein-Pflanze, ist in Wahrheit ein Mechanismus, der in der Natur häufig zu finden ist (und schon hier kann man den Gesetzestext infrage stellen): Der sogenannte »horizontale Gentransfer«, also die Weitergabe von Merkmalen nicht an Nachkommen (entlang des Stammbaums; »vertikal«), sondern an bereits lebende Organismen im direkten Umfeld, ist genau wie Sex ein uraltes Prinzip der Evolution und Artenbildung. Angefangen bei Bakterien und Endosymbionten (Gruß aus Kapitel 2!) über den Kaffeekirschenkäfer bis hin zu Süßkartoffeln finden wir mittlerweile überall in der lebendigen Welt Beispiele für munteren Austausch von genetischem Material.

Eine Bazille hat es da zu besonderer Berühmtheit gebracht:

*Agrobacterium tumefaciens,* ein parasitisch lebendes Bakterium, befällt verletzte Jungpflanzen und schleust seine eigene DNA in den Wirt ein. Die Pflanze liest daraufhin die »Fremdgene« ab, als wären es ihre eigenen, und produziert Substanzen (vor allem Zucker und Aminosäuren), die nur das Agrobakterium verstoffwechseln kann. Das ist ähnlich gewitzt, wie ein Kochbuch zu verschenken und sich dann ständig selbst zum Essen einzuladen. Eine Infektion mit Agrobakterien ist für die Pflanze meist nicht dramatisch, macht sich aber als »Wucherung« der übermäßig produzierten Nährstoffe in Form von Wurzelhalsgallen bemerkbar. (Habt ihr schon mal tumorartige Knoten an Baumstämmen gesehen? Das ist Gentransfer in seiner natürlichsten Form, ganz ohne menschliches Zutun! In jenen Geschwüren wohnen viele kleine Agrobakterien und ernähren sich von dem, was der Baum dank ihrer genetischen Überredungskünste produziert. Jetzt habt ihr beim Spaziergang mit dem nächsten Date was zum Angeben. Gern geschehen.)

Im Labor werden Agrobakterien heute dressiert, sodass sie ein zu untersuchendes Gen in eine Testpflanze übertragen. Die Technik dient vor allem der Funktionsaufklärung, also der Korrelation von einem Stück genetischer Information mit einem bestimmten physiologischen Merkmal. Mit dieser sogenannten Transgenese werden also komplette Genabschnitte, die von jeder denkbaren Quelle stammen können, ins Erbgut eingefügt, und meist haben wir noch nicht einmal einen Einfluss darauf, an welcher Stelle im Genom sie eingebaut werden. Das ist die klassische Gentechnik, und als solche unterliegt sie (zu Recht?) in Deutschland und der Europäischen Union einem strengen Zulassungsverfahren und einer umfangreichen Risikobewertung. Die einzige gentechnisch veränderte Pflanze, die in der EU angebaut wird, ist der Mais MON810, der ein bakterielles Gen enthält und widerstandsfähiger gegen Insektenfraß ist.[11] Deutschland hat längst entschieden, dass sich die klassische Gentechnik hierzulande buchstäblich vom Acker machen soll (importieren tun wir sie aber, ob in Tierfutter, verarbeiteten Lebensmitteln oder Biodiesel). Und eigentlich hatten sich alle mit der Regelung abgefunden, die darauf beruht, dass uns die klassische Gentechnik ein bisschen zu gruselig ist – bis vor ein paar Jahren eine neue Methode die Pflanzenzüchtung revolutioniert.

## Von Genscheren und Piraten

Wie so oft in der Forschung hat man im Moment einer bahnbrechenden Entdeckung meist keine direkte Vorstellung davon, wie weltbewegend sie eigentlich ist. So muss es auch Emmanuelle Charpentier und ihrem Team ergehen, als sie irgendwann um 2010 im Erbgut von mikroskopisch kleinen Bakterien komische, sich wiederholende Buchstabenreihen finden, die die Grundlage für die »Genschere« legen werden. Die Mikrobiologin mit dem beeindruckenden Lebenslauf forscht zu diesem Zeitpunkt in Umeå, Schweden, mit ihrer ersten eigenen, kleinen Arbeitsgruppe am Immunsystem von Bakterien. Sie ist frischgebackene Professorin. Ich stelle mir dann immer gern vor, wie sie mit einer Tasse schlechtem Kaffee mit ihren Doktoranden beim Meeting sitzt, alle noch etwas müde von der Betriebsfahrt am Wochenende, die neusten Genanalysen durchgeht und dabei etwas wirklich Bemerkenswertes feststellt. Ja, auch Bakterien haben ein Immunsystem, so weit, so bekannt. Auch sie können krank werden und von Virusinfektionen heimgesucht werden. Und genau diesen Viren begegnet Charpentier in ihren Bakterien wieder – allerdings in Form ihres viralen Erbguts, das in kleine Häppchen zerlegt und in die DNA der schniefenden Bazille eingebaut ist! Kann es sein, dass sich das Bakterium die Virusgene abspeichert? Sich einverleibt und als genetische Post-its in die eigene Zelle klebt? Als Denkzettel für kommende Angriffe von außen? Und falls ja, müsste es dann nicht einen molekularen Mechanismus geben, um diese Information abzulesen und neue Bösewichte – quasi anhand ihres genetischen Phantombilds – zu erkennen und zu bekämpfen?

*To make a long story short:* Genau diesen Mechanismus decken Charpentier und ihr Team auf. Es gibt in Bakterien eine winzig kleine Schere (eine sogenannte Nuklease, weil sie Nukleinsäuren zerschneiden kann, aus denen die Erbinformation besteht). Diese Schere schneidet nicht wild in der Gegend herum, sondern lässt sich von der Zelle eine Schablone anfertigen, die »Guide-RNA« genannt wird. Diese Schablone passt so haargenau (und zwar wirklich: Arsch auf Eimer, *pardon my french)* zu dem Gencode der neu ankommenden Viren, dass diese hochspezifisch angesteuert und zerschnippelt werden. Die Bakterie »merkt« sich anhand dieser Schnipsel, welche Infektionen sie schon durchgemacht hat, und gibt diese Information an die Genschere weiter, um sich selbst zu beschützen.

Ist das nicht ein Wunder der Biologie? Na ja, auf jeden Fall finden die Forschenden bald heraus, dass diese Phantombildschablonen, die Guide-RNAs, für bestimmte böse Viren maßgeschneidert werden können. Sie sind »programmierbar«. Bald darauf, um genau zu sein, 2012, publiziert Emmanuelle Charpentier dann zusammen mit ihrer amerikanischen Kollegin Jennifer Doudna ihre Befunde in der Wissenschaftszeitschrift *Science* unter dem klangvollen Titel »A programmable Dual-RNA-Guided DNA Endonuclease in Adaptive Bacterial Immunity«[12] – ohne zu ahnen, welche Lawine sie damit bei den Kolleginnen und Kollegen in der Pflanzenforschung in Gang setzt.

Denn CRISPR/Cas, wie das aus Bakterien stammende System noch genannt wird (ich erspare euch an dieser Stelle die Erklärung der Abkürzung), steckt voller ungeahnter Möglichkeiten für die Züchtung neuer Pflanzen. Um zu unserem Zauberwürfel zurückzukommen: Mit dieser neuen Technologie könnten wir aus einem fehlerhaften Würfel einen Baustein herauslösen und ihn durch ein Element in der richtigen Farbe ersetzen – ganz ohne an dem Spielzeug irgendetwas zu drehen (oder auf den Zufall zu hoffen). Die übrigen Seiten des Würfels (analog: die übrigen Merkmale der Pflanze) bleiben unangetastet. Was sich ein bisschen anhört wie schummeln, ist genau das. In der Züchtung muss man auf diese Weise nicht länger herummendeln und kommt ohne Wahrscheinlichkeitsrechnung zügig ans Ziel. Natürlich gehorchen die Nachkommen einer solchen modifizierten Pflanze wieder den Gesetzen des Klostergartens, und es gilt, Eigenschaften durch kluges Kreuzen in samenfestem Saatgut zu etablieren. Aber im Prinzip schlägt die Entdeckung der Genschere gleich zwei Fliegen mit einer Klappe: Es gibt mit der CRISPR/Cas-Methode nun eine Technologie zur Beschleunigung der Pflanzenzüchtung für klimaangepasste Sorten, und sie kommt ganz ohne artfremde Gene – die klassischen »Transgene« – aus, ist also per Definition gentechnikfrei.

Ganz so einfach hat es der Gesetzgeber den Gentech-Fans (die schon teilweise umgeschult hatten oder ausgewandert waren) jedoch nicht gemacht. In einem Urteil des Europäischen Gerichtshofs von 2018 wurde CRISPR und anderen zielgenauen Methoden der »Genom-Editierung« (denn genau das sind sie: eine Art Textbearbeitungsprogramm) der juristische Riegel vorgeschoben.[13] Sie sollten fortan genauso gehandhabt und reguliert werden wie klassische GVOs, obwohl CRISPR-Mutationen genauso durch »natürliche Rekombination« entstehen könnten. Die Begründung: Man habe noch nicht genug Erfahrung mit der neuen Technologie. Die ungezielte und unvorhersehbare Strahlenmutagenese blieb weiterhin »gentechnikfrei«, während die gezielte Mutagenese per Genschere streng reguliert ist. Dass diese Unterscheidung weder logisch noch wissenschaftlich haltbar ist, haben seitdem viele führende Forschungsinstitutionen angeprangert (wie etwa die Deutsche Forschungsgemeinschaft und die Nationale Akademie der Wissenschaften Leopoldina in einem gemeinsamen Statement).[14]

Es hat einige Jahre gedauert, bis ich verstanden habe, dass man bei neuen Technologien die Dinge nicht nur durch die wissenschaftliche Brille angucken sollte. Soziale und ökonomische Aspekte der Diskussion – wie etwa Patente oder die Wahlfreiheit der Konsumierenden – sind nicht einfach vernachlässigbar. Sie sind so eng mit dem Thema Züchtung verknotet, dass sie kaum voneinander zu lösen sind (selbst wenn die eigentliche Technik wirklich sicher und toll ist).

Gleichzeitig sind wir bei der genetischen Bearbeitung von Nutzpflanzen so weit fortgeschritten, dass wir jetzt minimalinvasive Methoden auf dem Tisch liegen haben, die von natürlichen Mutationen nicht mehr unterscheidbar sind. Unser Wissen um die Genetik der Pflanzen ist seit Mendel so was von exponentiell gewachsen, dass wir jetzt theoretisch wieder von vorn anfangen und innerhalb weniger Jahre aus Wildpflanzen Kulturpflanzen züchten könnten. Die neuen Tools könnten wir nutzen, um Pflanzen zu erschaffen, die nicht nur ertragreich sind, sondern auch reich an gesunden Inhaltsstoffen und fit für die Herausforderungen der Klimakrise – sofern wir nicht dieselben Fehler begehen, die schon in der Grünen Revolution gemacht wurden. Und dann ist da noch das Streben nach immer weiterem Wachstum, die Gier nach Geld und nach der Vorherrschaft auf dem Weltmarkt. Der Nutzen von Innovation sollte allen zugutekommen und nicht soziale Ungleichheit verstärken. Wenn die neuen Methoden der Züchtung wie CRISPR/Cas ihre Chance bekommen, dann gehören soziale und ethische Überlegungen in der Technikfolgenabschätzung zu einer nachhaltigen Nutzung dieser Erfindungen dazu.

Kommen wir also am Ende dieses kurzen Exkurses in die Welt der Züchtung noch zu einem letzten Begriff, der beispielhaft für die Vorsicht steht, die bei der Zähmung der Pflanzen geboten ist: die Biopiraterie.

Seit einigen Jahren besteht ein enormes Interesse an der Nutzung neuer Züchtungsverfahren zur Bearbeitung wenig erforschter Kulturen und Wildpflanzen.[15] Die sogenannte *De-Novo*-Domestikation setzt auf zielgerichtete und beschleunigte Zähmung unzureichend oder gar nicht beforschter Arten, inklusive der wilden Verwandten unserer heutigen Nutzpflanzen. Auch traditionelle Heilpflanzen, wie sie aus Feldforschungen in der Ethnobotanik bekannt sind, sollen so nutzbar gemacht werden und die Vielfalt der Sorten und Wirkstoffe erweitern. Das überlieferte Wissen indigener und lokaler Gemeinschaften mit einer langen Tradition der Pflanzenheilkunde ist heute eine Schatzgrube für Forschende auf der Suche nach den Superkräften von Pflanzen. Ein berühmtes Beispiel ist die Entdeckung des Wirkstoffs Artemisinin im Einjährigen Beifuß *(Artemisia annua)*, der von der traditionellen chinesischen Heilkunst bis in die schulmedizinische Malaria-Bekämpfung durchstartete.[16] Dem gegenüber steht die Urbanisierung und ein wachsender Ressourcenbedarf – beides eher bedrohlich für ethnobotanisches Wissen und die Artenvielfalt. In vielen Ländern mit hoher Biodiversität, beispielsweise Südafrika, fragmentiert das modernisierte Leben verbleibende Traditionen, inklusive des Anbaus wenig beachteter Nutzpflanzen. Halb domestizierte Saaten mit klangvollen Namen wie T'ef, Fonio oder Noug (Ramtillkraut) werden dort seit Jahrhunderten angebaut und erweisen sich als ausgesprochen klimaresilient. Nun verschwinden sie allmählich von der Bildfläche.

Das unschätzbare Wissen um ihre Kultivierung liegt (noch) bei den Kleinbäuerinnen und Kleinbauern versteckt – seine »Aneignung« ist einmal mehr eine ethische Frage. Ohne Verständnis und Respekt für lokale Sitten und Bräuche geht da gar nichts. Und es ist in unserer Verantwortung, ausbeuterische Bewegungen aus dunkleren Kapiteln unserer Geschichte nicht wieder auferstehen zu lassen. Die Biopiraterie (also die kommerzielle Weiterentwicklung biologischen Materials durch eine Industrienation ohne eine faire Entschädigung der lokalen Community) ist eine perfide Form des Neokolonialismus. Wir feiern hier in Mitteleuropa Kurkuma, Vanille und andere Exoten und fragen uns dabei vielleicht nicht oft genug, wie zur Hölle diese Dinge überhaupt auf unseren Tellern gelandet sind.

Wenn man es nicht besser wüsste, könnte man meinen, die Pflanzen haben das alles mit Absicht gemacht. Denn rein evolutionsbiologisch haben sie uns genau dort, wo sie uns haben wollten: Wir entwenden sie aus den verborgensten Habitaten, verbreiten ihre Samen und Früchte über den ganzen Planeten, bauen sie in Reih und Glied an. Und wenn es mal knapp wird mit den genetischen Möglichkeiten, kommen wir aus eigenem Antrieb angedackelt und statten sie ruckzuck mit neuen Superfähigkeiten aus. Unsere enge Koevolution und die Abhängigkeit der menschlichen Spezies von pflanzlicher Nahrung und Medizin wirft die Frage auf, wer hier eigentlich wen kultiviert hat.[17] Ist es also an der Zeit, den Begriff »Kulturpflanze« ganz selbstkritisch umzukehren und zuzugeben, dass wir eine »Pflanzenkultur« sind? Nun, ohne die krautigen Freunde und ihre fantastischen Fähigkeiten wäre unsere Zivilisation wohl nicht entstanden. Ob man ihnen deshalb ein Bewusstsein oder eine »Absicht« unterstellen muss, mit der sie sich von uns bearbeiten und anbauen lassen, ist eine Frage, die in der Wissenschaft heißer diskutiert wird, als ihr vielleicht denkt. Bisher haben wir Intelligenz als etwas angesehen, das uns Menschen und einige sogenannte höhere Tiere von der restlichen belebten Welt abhebt. Waren wir zu voreilig?

# 3 | Der Sonne entgegen –
## *Here comes the sunflower*

Pflanzen lernten im Lauf der Evolution, äußere Reize wahrzunehmen, diese in ihren Körpern zu verrechnen und eine »Entscheidung« darüber zu treffen, welche Reaktion wohl die angemessenste wäre. Sie können ihre Umwelt ertasten, riechen, schmecken, ja sogar hören. Und das alles ohne Gehirn, ohne Augen, Ohren oder eine Nase. Wenn die Sinneswahrnehmung also auch anders geht, als wir es aus unserer recht begrenzten menschlichen Sichtweise kennen, gibt es dann auch alternative Sprachen? Andere Formate der Kommunikation mit der Außenwelt? Andere Maßstäbe für kluges Handeln? Puh, ein dickes Brett, aber die kurze Antwort lautet: Na klar gibt es das alles. Die Frage ist, warum uns das überhaupt noch beeindruckt. Immerhin können Pflanzen Licht essen – ist das etwa nicht schon genug?

### Sandwich oder Bagel, das ist hier die Frage

Wir haben schon besprochen, dass die Verwurzelung an Ort und Stelle ein paar grundlegende Erfindungen im Leben der Landpflanzen hervorgebracht hat. Die Wahrnehmung von Zeitspannen und das molekulare Gedächtnis hatten wir schon angerissen – die chemische Kommunikation bin ich euch noch schuldig.

Die Fähigkeit, das WLAN der Natur auszunutzen und sich mit anderen zu connecten (auch um die eigenen Defizite auszugleichen), ist schließlich nach Ansicht der meisten Forschenden ein klares Indiz dafür, dass wir es bei Pflanzen mit intelligenten Lebensformen zu tun haben.[1]

Die notwendige Evolution des *adaptive beneficial behaviour* hat die Gewächse im allgemeinen Gebrabbel der Natur zu ernst zu nehmenden Gesprächspartnern werden lassen. Erst seit ein paar Jahrzehnten checken wir langsam, wie viele Nachrichten zwischen Pflanze und Insekt, zwischen Pflanze und Pflanze, zwischen Pflanze und Bodenleben ausgetauscht werden.

Stellt euch Folgendes einmal bildlich vor: Die Ökosysteme werden beherrscht von umherschwirrender, unsichtbarer und flüchtiger Flüsterpost, die permanent von allen Lebewesen in die Umgebung gesäuselt wird und bei anderen Organismen unweigerlich zu Verhaltensänderungen führt! Diese »Landschaft der Chemie« hat schon fast etwas Künstlerisches – ich liebe es.

Die Beispiele hierfür sind endlos: Wenn wir uns auf Pflanzen beschränken (um die geht es in diesem Buch nun mal), finden wir alle möglichen Geruchsstoffe, die von Blüten abgesondert werden. Sie imitieren je nach Strategie Aas, Dung oder Sexualhormone, die es sonst nur in den entsprechenden Insekten gibt. Sie veräppeln ständig die Männerwelt auf ihrer Suche nach einem paarungswilligen Weibchen; dann wieder gibt's Belohnungen in Form von Nektar – der aber wiederum Stoffe wie giftiges Nicotin enthalten kann, damit man(n) nicht zu gierig wird und zur nächsten Blüte weiterfliegt. Und am Ende der Saison produzieren Pflanzen leckere Früchte in allen Formen und Farben, nur um ihren Samen von Tieren verbreiten zu lassen und so eine »eigenständige« Bewegung in neues Territorium überflüssig zu machen. Alternativ dazu statten einige Pflanzen ihre Nachkommen nicht mit Fruchtfleisch, sondern mit Widerhaken aus. So reisen sie im Fell (oder dem selbst gestrickten Wollpullover) ihrer Mit-Erdlinge in neue Gefilde. Es gibt also eine ganze Palette adaptiver Verhaltensmuster, mit denen sesshafte Pflanzen ihre mobilen Freunde durch unwiderstehliche Aromen oder geschicktes Handwerk zu kostenlosen ÖPNV-Unternehmen trainieren.

Falls ihr übrigens denkt, dass ihr sicher nicht so abhängig von der ollen Pflanzenchemie seid: Heute schon Kaffee oder Tee getrunken? Aus der Perspektive der Pflanze war das Aufkommen der Landwirtschaft kein Akt der Unterwerfung, sondern vielmehr eine Koevolution, durch die beide Seiten voneinander profitieren. Nutzpflanzen und viele traditionelle Heilpflanzen produzieren Substanzen, die neurochemische Auswirkungen auf unser Hirn haben, unsere Verfassung und unser Verhalten beeinflussen, ganz ähnlich, wie es bei den bestäubenden Tieren der Fall ist. Eine neue Sichtweise auf die Gewächse als kognitive und »intelligente« Organismen, die aktiv und zum eigenen Vorteil in ihre Umwelt eingreifen, kratzt derzeit dramatisch an unserem Verständnis des Lebens auf der Erde. Schon Charles Darwin (1809–1882) hat in einem seiner letzten Bücher, *The Power of Movement in Plants,* das er 1880 zusammen mit seinem Sohn Francis veröffentlichte, im ikonischen letzten Absatz festgehalten:

> »Es ist wohl kaum überzogen zu behaupten, dass die Wurzelspitze (…) sich wie das Gehirn niederer Tiere verhält (…).«[2]

Was Darwin hier auf der allerletzten Seite – fast wie eine versteckte Nachricht – zum Ausdruck bringt, ist einfach wundervoll: Ein renommierter und angesehener Naturforscher kapiert kurz vor seinem Ableben, dass seine Spezies vielleicht doch nicht so einzigartig ist wie gedacht. Darwin junior wurde später in Cambridge der erste Professor für Pflanzenphysiologie überhaupt, ein bis heute umstrittenes Feld wurde geboren, in dem ich vor Kurzem selbst promovieren durfte. Die Blindheit für die pflanzliche »Intelligenz« (und ihr könnt ab jetzt selbst entscheiden, ob die Anführungszeichen wirklich nötig sind) dient seit jeher der Rechtfertigung eines wissenschaftlichen

Universums, das den Menschen als Zentrum von allem sieht. Und obwohl jeden Tag neue Erkenntnisse aus der Pflanzenforschung dieses anthropozentrische System zum Schlottern bringen, gibt es auch in Wissenschaftskreisen bis heute eine kontroverse Debatte über das Konzept der Pflanzenintelligenz. Ein großer Verfechter dieses Konzepts ist Stefano Mancuso, der an der Universität Florenz forscht. Zusammen mit einigen Kolleginnen und Kollegen gründete er die Gesellschaft für Pflanzenneurobiologie, die ihre erste öffentliche Tagung 2005 in Italien hatte. Erklärtes Ziel der Gruppe war es, zu verstehen, wie Pflanzen ihre Umgebung wahrnehmen und auf Umwelteinflüsse mit wohlüberlegten Entscheidungen reagieren.

Je nachdem, wen man fragt, war das Aufkommen der Pflanzenneurobiologie entweder ein radikaler Paradigmenwechsel oder ein unglücklicher Rutsch der Wissenschaft in die Esoterik. Befürworterinnen und Befürworter argumentierten, dass wir Pflanzen nicht länger als passive Objekte, sondern vielmehr als aktive Protagonisten in ihrem ganz eigenen Lebensdrama ansehen sollten. Es sei schlichtweg menschliche Arroganz, die uns von der Anerkennung ihrer Intelligenz und ihres evolutionären Erfolgs abhielte. Pflanzen dominieren jede Ecke unseres Planeten und stellen dabei 99 Prozent der Biomasse. Im Vergleich dazu seien Menschen und Tiere »bloß Spuren«,[3] so die Worte eines Pflanzenneurobiologen. Die Gegner*innen dieses neu entstehenden Forschungsfelds störten sich vor allem an dem Anhangswörtchen »neuro«, das in der Tat für eine bestimmte Art von Zellen steht, die nur in Tieren zu finden sind. Aber auch sonst kritisierten renommierte Forschende wie etwa Lincoln Taiz die steilen Hypothesen Mancusos. Es sei zwar richtig, so der amerikanische Professor für Pflanzenphysiologie, dass Pflanzen sowohl kurze als auch lang anhaltende Signale in ihrem Körper und über ihn hinaus versenden, aber die Mechanismen würden sich sehr von echten Nervensystemen unterscheiden. Er beklagte, dass die Publikationen von

Mancuso und seinesgleichen »voller Überinterpretationen, Vermenschlichung und wilden Spekulationen«* seien. Autsch. Da soll mal jemand sagen, Wissenschaftler könnten nicht austeilen. Die Aussage des Pflanzenforschers stammt aus einem Interview mit dem Journalisten Michael Pollan für die *New York Times* aus dem Jahr 2013, das außerdem einen wunderbar-dramatischen Schlagabtausch der beiden Botaniker Taiz und Mancuso enthält.

Pollan fragt zunächst Taiz, wie eine Pflanze zwischen zwei konkurrierenden Reizen (etwa Schwerkraft und Wasser) eine Entscheidung fälle: »Entscheidet sich die Pflanze auf dieselbe Art und Weise, wie wir im Laden zwischen einem Sandwich und einem Bagel wählen?«

»Nein«, antwortet Taiz, »ihre Reaktion basiert einzig und allein auf dem Nettofluss von Hormonen und anderen Chemikalien. Das Verb ›entscheiden‹ ist unangemessen im Kontext von Pflanzen. Es impliziert einen freien Willen. Natürlich könnte man argumentieren, dass es auch Menschen manchmal an freiem Willen mangelt, aber das ist ein anderes Thema.«

Daraufhin will Pollan von Mancuso wissen, ob die Pflanze Entscheidungen träfe wie ein Mensch bei der Wahl zwischen Sandwich und Bagel.

Mancusos Antwort: »Ja, auf dieselbe Art. Ersetzen Sie einfach das Sandwich durch Ammoniumnitrat und den Bagel durch Phosphate, und die Wurzeln werden eine Entscheidung treffen.«

Michael Pollan hakt nach, ob die Wurzeln nicht bloß auf den Nettofluss von Hormonen und anderen Chemikalien reagierten.

Mancuso: »Ich fürchte, unser Gehirn entscheidet auf exakt dieselbe Weise.«

* Dialog aus *The Intelligent Plant* (*New York Times*, 15. Dezember 2013), vom Autor leicht abgeändert.

Es kommt nicht oft vor, dass Forschende in der Öffentlichkeit so emotional werden. (Und ja, das ist für Wissenschaftler schon extrem emotional.) Vielleicht dreht sich die Kontroverse weniger um die verblüffenden Experimente rund um die pflanzliche Wahrnehmung – die wir uns gleich beispielhaft anschauen werden –, sondern eher darum, wie sie zu interpretieren und zu benennen sind. Wenn eine Pflanze ein Verhalten an den Tag legt, das uns sehr stark an »Lernen«, »Entscheiden« oder »Intelligenz« erinnert, darf es dann auch so benannt werden? Oder sind diese Vokabeln exklusiv für Kreaturen mit Gehirn reserviert? Immerhin können wir ja auch nur mit Menschenaugen auf die Laborergebnisse gucken (alles andere wäre echt gruselig), und unsere subjektive Erfahrung, unsere Sozialisierung und unsere menschlichen Emotionen helfen dabei, Worte für das Gesehene zu finden. Die Pflanzenneurobiologie ist zwar ein echt schräger Vogel, aber ihre Forschenden sind alles andere als verklärt. Im Gegenteil: Ihre Thesen stützen sich auf echt coole Versuche, die schon beim Durchlesen des Methodenteils Spaß machen.

## Ein Schwarm von umgekehrten Tieren

Pflanzen können neunzig Prozent ihres Körpers verlieren, und trotzdem überleben. Im Reich der Tiere würde man nach so etwas lange suchen. Falls ihr einen Hobbygarten habt, könnt ihr diese unglaubliche Regenerationsfähigkeit bestimmt bei eurem Gemüse beobachten, das von Schnecken überfallen wurde und danach munter wieder austreibt. Der modulare Aufbau der Pflanzen, in dem viele Körperteile die Funktion anderer ersetzen oder wiederherstellen können, schafft eine ungemeine Flexibilität, eine krasse *Resilienz.* Es wäre gar nicht von Vorteil für die Gewächse, wenn sie ein Gehirn wie wir hätten, ein Steuerzentrum irgendwo an der Spitze des Körpers, das bei tierischen Angriffen direkt als Erstes abmontiert würde.

Viel sinnvoller wäre es doch, wenn die wichtigen Lebensentscheidungen einer Pflanze im Schutz des Erdreichs getroffen würden. Charles Darwin hatte bereits eine Vorahnung, die heute als *root-brain hypothesis* (»Wurzel-Hirn-Hypothese«) leidenschaftlich diskutiert wird. Dabei geht es – wie schon erwähnt – weniger um die Anerkennung der Tatsache, dass Pflanzen irgendetwas Tolles können, sondern vielmehr um den Unmut beim Gebrauch des Wörtchens *brain*. Fakt ist, dass Pflanzen eine hoch entwickelte Sensorik besitzen, die über fünfzehn verschiedene Reize wahrnehmen kann.

Wir Menschen sind schon mit fünf Sinnen zufrieden (und bisweilen überfordert). Neben Riechen und Schmecken (Pflanzen nehmen chemische Stoffe auf ihrem Körper wahr und reagieren auf sie), Sehen (sie reagieren auf Licht verschiedener Wellenlängen sowie auf Beschattung) und Fühlen (sie reagieren auf Berührung, etwa wenn Ranken sich um einen festen Gegenstand wickeln) gibt es ein Verhalten, das wir als Hören bezeichnen würden: Immer mehr handfeste Studien belegen die pflanzliche Wahrnehmung von Schallwellen.

Experimente rund um die Bioakustik von Pflanzen gibt es etwa seit den 1950er-Jahren. Damals fing es relativ kontrovers an, die Versuche mit klassischer Musik wurden recht schnell als Unsinn abgetan. Wie der Pflanzengenetiker Daniel Chamovitz 2012 pragmatisch sagte: »Musik ist für Pflanzen ökologisch irrelevant.«[4] Und er hatte irgendwie recht. Wieso sollten sie sich für menschliche Musik interessieren? Viel naheliegender wäre es doch, wenn sie auf Geräusche aus der Natur reagieren, wie Vogelgezwitscher oder das Summen einer Biene. Und tatsächlich wurden positive Effekte durch verschiedene, eher monotone Frequenzen dokumentiert. Karotten, Reis, Kürbisse und Orchideen zeigten im Laborversuch ein verbessertes Wachstum bei Schallvibrationen um die 400 Hertz, und die viel genutzte Modellpflanze *Arabidopsis thaliana* produzierte mehr Abwehrstoffe, wenn Forschende ihr eine Aufnahme von mampfenden Raupen vorspielten.[5] Die »Musik«, die Pflanzen hier wahrnehmen, entsteht durch (für uns hörbare) Druckveränderungen in der Luft. Es lohnt sich also durchaus, das spannende Feld der Bioakustik weiter im Auge zu behalten. (Und wenn ihr unbedingt wollt, könnt ihr euren Zimmerpflanzen natürlich weiterhin *Coldplay* vorspielen. Sie kann damit zwar ähnlich viel anfangen wie wir mit den Kaugeräuschen einer Schnecke, aber hey, *go ahead!*)

Neben diesen allseits bekannten Sinneswahrnehmungen sind Pflanzen in der Lage, Reize aus ihrer Umwelt zu registrieren, die uns allgemein verborgen bleiben. Sie haben Rezeptoren für $CO_2$, reagieren auf elektromagnetische Felder und können Schwerkraft messen und verrechnen. Schon die Darwins (Vater und Sohn haben viele botanische Versuche zusammen bestritten) konnten zeigen, dass die Wurzeln junger Pflanzen auf Licht, Feuchtigkeit, Druckunterschiede und einige andere Umweltparameter reagieren. Vielleicht wollte der alte Darwin uns mit seiner Geheimbotschaft dazu auffordern, die Pflanze als eine Art »umgekehrtes Tier« zu betrachten: Die Fortpflanzungsorgane, Blüten und Pollen, sind oben, und das »Gehirn« ist unten – im Wurzelreich. Viele Wissenschaftlerinnen und Wissenschaftler führten seine Experimente fort und bescheinigten den Wurzelspitzen eine präzise Wahrnehmung von Stickstoff, Phosphor, Salzen, Toxinen, guten wie bösen Mikroben sowie die Unterscheidung von guten und schlechten Pflanzennachbarn.

Gerade der letzte Punkt ist nicht nur für das Konzept Mischkultur interessant, sondern liefert in den letzten Jahren zunehmend Inspiration für die Erforschung der pflanzlichen »Selbstwahrnehmung«. In einem Experiment von 2007 haben Forscherinnen in Kanada gezeigt, dass eine kleine Pflanze aus der Gattung der Meersenfe, *Cakile edentula*, ihre Verwandtschaft im Topf erkennt.[6] Die Wissenschaftlerinnen säten das Kraut in dichten Populationen aus: In einem Ansatz teilten sich die Samen einer Mutterpflanze den Platz im Topf, in einem zweiten tummelten sich entfernte Verwandte, deren Samen an unterschiedlichen Standorten gesammelt worden waren. Letztere bildeten ein verzweigtes Wurzelnetzwerk aus, konkurrierten um Nährstoffe und Wasser, so wie man es eben kennt. Die Geschwister-Senfe hingegen verzweigten sich weniger, bildeten insgesamt kürzere Wurzeln aus und legten ein geringeres Konkurrenzverhalten an den Tag. Diese Ergebnisse, so schlussfolgerten die beiden Forscherinnen Susan Dudley und Amanda File, würden eine »Sippenerkennung« (engl. *kin recognition*) unter Pflanzen nahelegen. Sie argumentierten außerdem, dass die Interaktion von Wurzeln im Erdreich die Diskriminierung zwischen fremden und verwandten Nachbarpflanzen steuerte.

Seit diesem bahnbrechenden Experiment haben viele weitere Forschende ihren buchstäblichen Senf dazugegeben. Die oberirdischen Teile der Pflanze könnten genauso eine Rolle spielen, da die Blätter benachbarter Pflanzen sich gegenseitig berühren und beschatten. Weitere kreative Versuche stehen noch aus, beispielsweise inwiefern der Einfluss flüchtiger Substanzen, die aus den Blättern von Nachbargewächsen austreten, das Wachstum ihrer Kolleginnen beeinflussen. Es deutet jedenfalls vieles darauf hin, dass Pflanzen ihre eigene Sippe wahrnehmen können und sich vielleicht sogar für sie »aufopfern«, indem sie ihr individuelles Wachstum zurückschrauben.

Der Gedanke eines solchen fast schon altruistischen Verhaltens stößt in Wissenschaftskreisen ähnlich sauer auf wie die Sache mit der Intelligenz. Aber nun gut, vielleicht fällt uns ein Vergleich mit den sogenannten niederen Tieren leichter: Wir könnten die vielen, kleinen Wurzeln unter der Erdoberfläche auch mal mit Staaten bildenden Insekten vergleichen, bei denen uns das Wort Schwarmintelligenz deutlich einfacher über die Lippen geht. Wie Darwin am Ende seines Schmökers angemerkt hat, könnte die Wurzelspitze der Ort sein, an dem viele Informationen zusammenlaufen. Und es besteht kein Zweifel daran, dass hier die Marschrichtung für das weitere Wachstum der Wurzel vorgegeben wird, genau wie an der Spitze des Sprosses die luftigen Pflanzenteile weiterwachsen (immerhin sitzen hier die beiden größten Stammzellcamps, RAM und SAM, ihr erinnert euch? Nein? Dann ab zum Nachsitzen in Kapitel 1!).

Stellt euch jetzt einmal einen Querschnitt durch ein Stück Boden vor, der durchzogen ist von Pflanzenwurzeln verschiedener Arten, und jede Wurzelspitze leuchtet wie ein Glühwürmchen. In einem imaginären Zeitraffer würden sich die Spitzchen jetzt ihren Weg durch das Erdreich suchen, auf andere Würmchen treffen, ihnen aus dem Weg gehen, ein Stück mit ihnen zusammen spazieren, immer tiefer eindringen und jeweils ihre eigenen Nischen finden. Genau wie in einem Vogelschwarm hätte jedes Individuum für sich genommen nur wenig Information über seine Umwelt und interagiert nur mit einer bestimmten Zahl von Artgenossen, dennoch kommt am Ende etwas Sinnvolles dabei heraus. Das Verhalten der Individuen ähnelt dabei auf verblüffende Weise den Strukturen in neuronalen Netzen – ups, da ist das Gehirn schon wieder – und führt schnell zum populärwissenschaftlich gut funktionierenden Begriff »Superorganismus«, in dem eine Gruppe von verwandten, synergetischen Einzelorganismen fast roboterartig zusammenarbeitet und sich selbst organisiert.

In gewisser Weise ist auch unser Gehirn ein Superorganismus, in dem einzelne, »weniger intelligente« Zellen, die Neuronen, zusammenkommen. In der Regelungstechnik könnte man auch sagen: Sowohl die Wurzelspitze als auch das Neuron sind nichts weiter als ein Integrator mit einer bestimmten Reaktionsschwelle, die bei jedem Reiz von »Null« auf »Eins«, von »Ja« auf »Nein« springt. Erst das komplexe Gebilde aus Nervenzellen (oder eben Wurzelspitzen) ergibt, was wir als intelligentes Verhalten bezeichnen.

## Uralte Rituale und Auberginen-Emojis

Vielleicht bin ich schon zu tief drin, aber ich muss bei all der Beschäftigung mit dem pflanzlichen Verhalten wieder an die alte Olive in Montenegro denken. Unsere zögerliche Anerkennung der Intelligenz im Pflanzenreich hat zweifellos auch mit unserem anderen Biorhythmus zu tun. Der simulierte Zeitraffer der Wurzeln findet in unserer Realität nicht statt, in der Zeitrechnung der Pflanzen ist er allerdings ein großes Wuseln. Es ist, als würden wir in zwei parallelen Zeituniversen auf demselben Planeten zusammenleben. Und aufgrund dieser verschiedenen Lebensgeschwindigkeiten reden wir sozusagen aneinander vorbei. Mancuso hat das mal ganz treffend mit einer Episode der Serie *Star Trek* verglichen (genauer *Star Trek: Voyager*, Staffel 6, Episode 12: *Blink of an Eye*), in der die Crew der USS *Voyager* einen fremden Planeten umkreist, auf dem die Zeit um ein Vielfaches schneller vergeht. Die Besatzung beobachtet vom Orbit aus, wie auf der unbekannten Welt nahezu die gesamte Geschichte der Bewohnenden abläuft. Andersherum erscheint das Raumschiff für die am Boden lebenden Aliens als ein fixer Punkt am Nachthimmel, der sie über die Jahrhunderte inspiriert und auch kulturell beeinflusst.* Die Außerirdischen können keine Bewegungen in der menschlichen Welt erkennen und kommen zu dem logischen Schluss, dass wir »reglose Materie« sind. (Das erwartbare Drama entfaltet sich, es gibt die einen, die das Raumschiff anbeten, und die anderen, die es vernichten wollen. Angriffe werden gestartet, ein Außerirdischer namens Gotana-Retz vermittelt zwischen den Welten, und die Crew kann von dannen ziehen – ihr wisst Bescheid.)

Wenn wir uns an Gotana-Retz ein Beispiel nähmen, könnten wir zumindest versuchen, das Gezanke der Menschen mit den Pflanzen zu schlichten. Es geht hier schließlich nicht darum, wer besser oder schlauer ist. Unser Fetisch für alles, was Neuronen hat, wie auch die Tendenz, intelligentes Verhalten mit Beweglichkeit gleichzusetzen, hält uns von der Wertschätzung pflanzlicher Überlebensstrategien ab. Es ist irgendwie lustig und entlarvend: Wir tun uns leichter damit, eine Maschine als intelligent zu bezeichnen, als eine Pflanze. Der Computer ist ein Produkt unserer eigenen Genialität, inspiriert von den Verschaltungen in unserem Hirn, daher ist eine künstliche Intelligenz wohl leichter zu ertragen als eine natürliche. Dabei liefert uns die Pflanzenforschung immer mehr faszinierende Beispiele dafür, wie klug auch die krautige Welt durch die Evolution navigiert. Von den Wildpflanzen können wir heute (nicht zuletzt dank moderner Technik) noch viel mehr lernen, als

* Die wissenschaftliche Grundlage ist das Phänomen der Zeitdilatation – ein Effekt, der durch die Relativitätstheorie beschrieben wird. Er bewirkt, dass alle Prozesse eines physikalischen Systems relativ zur Beobachtungsposition langsamer ablaufen. In der realen Welt findet die Zeitdilatation zum Beispiel bei der Satellitenkommunikation Anwendung.

Mendel es sich je erträumen konnte. Und unsere Nutzpflanzen auf dem Feld tragen sie in sich, diese Fähigkeiten zur Anpassung, die gerade jetzt dringend benötigt werden. Interessanterweise ist Mancusos Schlussfolgerung aus seinen eigenen Versuchen wie folgt: Da Pflanzen intelligent seien, sollten wir sie respektvoll behandeln, ihre Habitate schützen und Praktiken wie Genmanipulation, Monokulturen oder Bonsaischnitt vermeiden. Ob er da langsam eine fast transzendente Verehrung entwickelt, ähnlich wie die Aliens beim Anblick der Voyager am Nachthimmel?

Wenn wir schon in der Welt des Glaubens sind: Kann man Pflanzen eigentlich als Göttinnen bezeichnen? Immerhin können sie von den (fast) Toten wieder auferstehen, schlimme Krankheiten heilen und sogar Wasser in Wein(trauben) verwandeln. In vielen Naturreligionen gibt es einen heiligen Baum, und die Nutzung pflanzlicher Inhaltsstoffe findet sich bei zahlreichen Gemeinschaften in rituellen Aktivitäten und heilenden Tinkturen wieder. Im wissenschaftlichen Feld der Ethnobotanik wird überliefertes Wissen um die Heilwirkung von Pflanzen dokumentiert und so für die moderne Welt nutzbar gemacht. Und wer denkt, dass das Schnee von gestern sei, könnte nicht weiter danebenliegen: Laut der Weltgesundheitsorganisation WHO sind mehr als achtzig Prozent der Menschheit auf traditionelle Heilpflanzen für die medizinische Versorgung angewiesen. Allein in der chinesischen Heilmedizin sind über 11 000 Arten beschrieben, von denen gerade einmal 500 zur Kategorie »gezähmte Kulturpflanzen« zählen. Es ist kaum übertrieben, zu sagen, dass die Nutzung von Heilpflanzen ein ziemlich wichtiges Weltkulturerbe darstellt, das es zu pflegen und zu bewahren lohnt.

Gleichzeitig stehen wir vor der Knobelaufgabe, es dabei nicht zu übertreiben: Materielle und intellektuelle Ausbeutung, Arten- und Wissensschwund sind neben der Biopiraterie beispielhafte Probleme für einen verantwortungsvollen Umgang mit solchen natürlichen Ressourcen.[7] Es ist wichtig, dass wir uns dessen bewusst sind. Die allermeiste technologische Innovation quillt aus wohlhabenden, westlichen Ländern. Mit einem eurozentrischen Kolonialgehabe treten wir in Sachen Pflanzenzüchtung in Fußstapfen, die lang vergangenen Zeiten angehören. Hingegen sind echte Partnerschaften, bei denen Technologie mit dem lokalen ökonomischen, sozialen und ökologischen Kontext harmoniert, eine reelle Chance für mehr Nachhaltigkeit.

Mein letzter Appell an Politik und Wirtschaft (zumindest für dieses Kapitel) ist also: Nehmt die Sorgen und Wünsche der lokalen Zivilgesellschaft ernst. Bindet Forschende in den Produktionsländern mit ein. Holt Landwirtinnen und Landwirte des Globalen Südens von Anfang an mit ins Boot. Die abgefahrenen Inhaltsstoffe der Pflanzen können wir gemeinschaftlich nutzen. Damit dabei niemand zu kurz kommt und alle sich gehört fühlen, müssen wir aufeinander achtgeben – genau wie die Pflanzenwurzeln im Erdreich. Wir müssen zusammenhalten, so wie es auch Pflanzenfamilien tun, um gemeinsam wachsen zu können und auf dem nun mal physikalisch-chemisch begrenzten Raum der Möglichkeiten nebeneinander bestehen zu können. Dieser Familienzusammenhalt in der Pflanzenwelt war ein wichtiger Teil ihres Erfolgs als Spezies auf der Erde, und wir können uns davon ruhig mal eine Baumscheibe abschneiden – natürlich rein metaphorisch gesprochen. Lange bevor wir Menschen die Popstars der Tierwelt wurden, haben Pflanzen verstanden, dass ein im besten Sinne nachhaltiges Leben – eines, das weder auf Updates verzichtet noch zum Systemabsturz führt – nur durch kluges Teamwork funktioniert.

Sind Pflanzen deshalb erhabene Wesen, die nur sich selbst und sonst niemand anderen zum Leben brauchen? Nein, wir hatten es doch schon: Pilze und Pflanzen haben von Anfang an denselben Messenger genutzt. Bestäubende Insekten empfangen von Blütenpflanzen permanent Auberginen-Emojis, und der kleine Meersenf *Cakile edentula* lebt lieber in Gesellschaft als allein. Spätestens an dieser Stelle sollte deutlich sein, dass auch Pflanzen ein Leben in Gemeinschaften brauchen, dass sie auf andere eingestellt und angewiesen sind. Und genau wie in einer gut geölten Familien-WhatsApp-Gruppe kommt es vor allem auf eines an, um gemeinsam große und kleine Krisen zu bewältigen: auf gute Kommunikation.

# 4 | Zusammen wachsen –

## *Dill the messenger*

Pflanzen leben in ihren jeweiligen ökologischen Nischen nicht isoliert und sind weder stumm noch inaktiv: In einer malerischen »Landschaft der Chemie«, wie der amerikanische Pflanzenphysiologe A. Carl Leopold es treffend beschrieb, sind die Gewächse ununterbrochen in engem Austausch, ja fast schon in einem andauernden Gebrabbel mit der sie umgebenden Umwelt. Diese molekularen Gespräche finden für uns Menschen im Verborgenen statt, und sie beeinflussen das Wachstum der Flora, das Verhalten der Fauna, die Entwicklung von Bodenschichten und das Schicksal ganzer Ökosysteme. Nun ja, so ganz verborgen ist das alles nicht mehr: Der technische Fortschritt erlaubt es uns heute, einen Teil dieser Gespräche zu belauschen und systematisch zu untersuchen. Das ist dermaßen spannend und erweckt in Forschenden (wie mir) eine ganze Palette von Gefühlen, von Faszination bis hin zu Selbstzweifeln wie: »Wollen die Pflanzen uns eigentlich veräppeln?«

### Der Krautgeflüster-Schnupperkurs

Meinen ersten Ohrwurm der Pflanzenkommunikation hatte ich wohl dank einer gut erzählten Geschichte in der Erstsemestervorlesung. (Kann man von einer Geschichte einen Ohrwurm haben? Na ja, ihr wisst, was ich meine.) Mein späterer Doktorvater erzählte in der Biochemiestunde von einem mysteriösen Fall in seinem Labor, der schon ein paar Jahre zurücklag. Er hatte wie schon hundertfach zuvor Versuchspflanzen in einem Gewächshaus großgezogen, in der Absicht, mit ihnen Experimente zum pflanzlichen Immunsystem zu starten. Normalerweise lassen sich Laborpflanzen relativ einfach mit Krankheitserregern infizieren, immerhin mussten sie sich bis dahin noch nie gegen fiese Bazillen verteidigen. Doch dieses Mal war irgendetwas anders: Die Pflanzen reagierten viel schneller auf die Infektion und wehrten sie ab, bevor es überhaupt zu Symptomen kam. Egal, wie oft der Akademiker sie mit dem Erreger behandelte – die Pflanzen blieben standhaft und wurden nicht krank! Prinzipiell ist das natürlich etwas Gutes, aber wenn man den Effekt verschiedener Präventionsmaßnahmen testen oder die Abwehrgene von Nutzpflanzen untersuchen will, dann ist es hilfreich, wenn die Pflanze zunächst mal krank wird. Und wie gesagt, war dieses Experiment im selben Labor schon zigmal durchgeführt worden, nie hatte es Probleme bei der Infektion gegeben, auch die Rahmenbedingungen (Licht, Temperatur, Wasser, Anzuchterde …) waren unverändert.

Der Professor grübelte eine Weile darüber, schließlich war ein funktionierendes Pflanze-Erreger-System für zukünftige Versuche entscheidend. Im Labor gibt es immer mal wieder solche Mysterien, die sich erst einige Zeit später aufklären. In diesem Fall ging das so: Auf dem Weg zu einem Gruppenmeeting traf der Wissenschaftler eine technische Assistentin auf dem Flur. Er grüßte sie kurz und bemerkte im Vorbeigehen den blumigen Duft ihres Parfüms. Nach dem Meeting ließ ihn ein Gedanke nicht mehr los: Könnte das Parfüm eine Auswirkung auf die Pflanzen im Gewächshaus haben?* Immerhin war es

* Jede und jeder Forschende kennt das: Manchmal hat man im Labor das Gefühl, bei der Fehlersuche verrückt zu werden. Es entwickeln sich wildeste Hypothesen und weirde Voodoo-Praktiken, die sich einschleifen und dann für immer so gehandhabt werden – nur weil mal jemand auf fast paranoide Weise nach Gründen für das Scheitern eines Experiments gesucht hat. Ein Beispiel bei uns

diese Mitarbeiterin, die sich um die Pflege und Bewässerung der Versuchspflanzen kümmerte. Mein späterer Chef bat die Kollegin, für die nächste Runde an Pflanzen auf das Parfüm zu verzichten. Und siehe da: Die Pflanzen wurden wieder anfällig für die Krankheitserreger.

Wie kann das sein? Es liegt nahe, sich die genaue Zusammensetzung des Parfüms durchzulesen. Dabei fällt ziemlich schnell ein Stoff auf, der für sich genommen ein alter Hut aus der Pflanzenwelt ist: Jasmonsäure. Diese Substanz ist ein wichtiger Bestandteil des Dufts von Jasminblüten, wurde schon von den Römern zur Parfümherstellung verwendet und kann seit fast hundert Jahren auch synthetisch hergestellt werden. Aber das ist noch nicht das Ende der Geschichte: Jasmonsäure, oder Jasmonat, ist ein sogenanntes Phytohormon und reguliert im Körper der Pflanze allerlei wichtige Prozesse – von Blütenbildung über Samenreife bis hin zu Abwehrreaktionen. Es wird bei Knabberattacken in den Wurzeln gebildet und verblüffend schnell in alle anderen Organe der Pflanze transportiert. Und das Tollste: Wenn man eine klitzekleine chemische Gruppe dranhängt, entsteht Methyl-Jasmonat (kurz: MeJA), das als flüchtige Version des Hormons durch die Luft transportiert werden kann. Das versandfertige Pflanzenhormon MeJA ist in kommerziellen Duftstoffen enthalten, aber eben auch ein natürlicher Bestandteil der Abwehrkommunikation in der Pflanzenwelt. Ist das nicht abgefahren?! Pflanzen produzieren Botenstoffe, die durch die Luft fliegen können, um sich gegenseitig vor Angriffen zu warnen. Aber auch auf externe Signale reagieren sie: Wenn jemand sich mit MeJA einsprüht und durch das Gewächshaus spaziert, sind die Pflanzen sofort in Alarmbereitschaft und aktivieren ihre Genetik, um sich gegen Krankheiten zu wappnen, die (noch) gar nicht da sind! Für

war das Autoklavieren für vierzig Minuten, obwohl zwanzig völlig ausreichend sind und es keinen rationalen Grund für die Verlängerung der »Sterilisierung« gibt. Sind Wissenschaftlerinnen und Wissenschaftler etwa auch nur Menschen?

mich war diese Geschichte ein Schlüsselmoment, in dem meine Faszination für die »Sprache« der Pflanzen so richtig Fahrt aufnahm. Wir müssen nur genau hinschauen, schnuppern, zuhören: Die Gewächse haben uns einiges zu erzählen. (Sollten wir jetzt mit dem Parfüm losziehen und unsere Zimmerpflanzen oder gar unser Gemüse einnebeln? Eher nicht, denn mit der erhöhten Abwehrfähigkeit gehen andere, wichtige Prozesse wie die Fotosynthese und die Fruchtentwicklung in die Warteschleife.)

Die Abwehr- und Angriffssprache der Pflanzen war fortan mein Steckenpferd, wurde später mein Spezialgebiet und beeindruckt mich bis heute über alle Maßen – so sehr, dass sie ein eigenes Kapitel in diesem Buch bekommen musste. Bevor wir uns mit der artenübergreifenden Sprache beschäftigen, in der die grünen Superheldinnen Freunde ansprechen oder Feinde verjagen, machen wir nochmals einen Ausflug in die *chemical landscape,* die Landschaft der Chemie, in der alle Organismen sich bewegen. Stellen wir das MeJA also erst mal zurück in den Kühlschrank und schauen uns an, welche Kommunikationsformen es im Pflanzenreich überhaupt so gibt.[1]

## Laber, Rhabarber!

Weiter oben haben wir schon besprochen, dass der Landgang der Pflanzen ohne die Teamarbeit mit Pilzen nicht stattgefunden hätte. Die Schwierigkeiten beim Herauskratzen von Mineralien aus kargem Stein, beim Schutz gegen schädliche UV-Strahlung und im Umgang mit extremen Wetter- und Temperaturschwankungen haben die ersten Pflanzen direkt in die Arme der bereits geübten Pilze getrieben. Tatsächlich lässt sich das auch heute noch beobachten: Wenn irgendwo eine neue Insel entsteht, zum Beispiel durch die Eruption eines Unterwasservulkans, rennen Forschende aus allen Disziplinen wie von der Tarantel gestochen* dorthin und schauen sich an, wie das Leben ein völlig neues Territorium erobert. Damals wie heute lässt sich beobachten: Zu den ersten Pionierarten, die solches »Neuland« erobern, gehören die Flechten. Flechten sind symbiotische Lebensgemeinschaften aus Algen und Pilzen, die ein bisschen aussehen wie Kaugummiflecken auf dem Gehsteig. Dieses Zweierteam kombiniert die fototrope (»lichtfressende«) Superkraft der Pflanzenwelt mit dem strukturgebenden und gut vernetzten Style der Pilze. Eine durchaus schlaue Kombination, wenn man neues Land kolonisieren will (frei nach dem Motto: Welche drei Dinge würdest du mit auf eine einsame Insel nehmen? – Och, am liebsten eine Maschine, die Licht in Essen verwandelt, und ein Dach aus Pilzen, das mich vor Austrocknung und Sonnenbrand schützt! … Das waren erst zwei Sachen? Dann nehm ich noch Sonnencreme).

Heute ist die Verbändelung zwischen Pflanze und Pilz eher die Regel als die Ausnahme. Sowohl molekulare Daten als auch Fossilienfunde weisen darauf hin, dass der gemeinsame Feldzug dieser beiden ungleichen Lebensformen nicht nur megaerfolgreich, sondern auch die Voraussetzung für ein pflanzliches Leben an Land war.[7] Aber wie sprechen Kraut und Kugelkopf sich ab? Die gemeinsame Sprache, mit der sich die beiden verständigen, mag eine der ältesten der (multizellulären) Welt sein, doch wirklich viel ist hier noch nicht bekannt. Es ist aber festzuhalten, dass die Pflanzen von Anfang an ziemliche Labertaschen waren, die sich direkt einen Namen machen wollten. Wie wild haben sie mit Visitenkarten (in Form chemischer Botenstoffe) und kostenlosen Häppchen (in Form gebundenen Zuckers) um sich geworfen und sich auf diese Weise beliebt gemacht. Wer würde solche Gäste nicht gern auf seiner Party ha-

* Kurzer Faktencheck am Rande: Die Redewendung ist irreführend, Taranteln haben gar keine Stacheln.

ben? Hier und da gab es auch Ränkeleien, es wurde hinter vorgehaltenem Blatt getuschelt und Zwietracht gesät. Dazu kommen wir später noch.

Bevor die Pflanzen mit anderen in ihrer Umgebung quatschen konnten, mussten sie zunächst einmal lernen, mit sich selbst zu sprechen. Die Wurzel muss Bescheid wissen über die Erlebnisse des teils mehrere Meter weit entfernten Blattwerks, und die Informationen aus dem Reich des Bodens sind von großem Interesse für den Spross. Bei uns Tieren werden diese Selbstgespräche, dieser Langstrecken-Organ-Plausch, von den Neuronen (den Nervenzellen) übernommen. Sie moderieren die Kommunikation von äußeren Reizen zwischen den verschiedenen Organen im tierischen (unseren) Körper. Dazu benutzen sie elektrische Signale. Pflanzen haben so etwas nicht. Oder doch?

Der erste handfeste Nachweis von elektrischer Reizweiterleitung in Pflanzen wurde 1992 in Norwich (Vereinigtes Königreich) erbracht und noch im selben Jahr in der renommierten Fachzeitschrift *Nature* publiziert.[3] Der Versuchsaufbau war zunächst denkbar einfach: Ein Tomatenkeimling wurde an einem der untersten Blätter, einem sogenannten Keimblatt, stimuliert, und eine Elektrode am Stamm sowie eine zweite an einem höher gelegenen Blatt zeichneten Spannungsunterschiede auf.

Die Forschenden konnten elektrische Aktivität nachweisen, die sich mit einer Geschwindigkeit von etwa drei Millimetern pro Sekunde vom Keimblatt aus durch die Pflanze bewegte. Eine Stimulierung des unteren Blattes hatte eine Reaktion im weiter entfernten systemischen Gewebe zur Folge. Um auszuschließen, dass es sich bei dem transportierten Signal um einen Botenstoff handelte, der durch die Wasserleitungen der Pflanze transportiert wird, wurde ein winziger Kühlblock an den Stiel des Keimblattes montiert. Die Absenkung auf Gemüsefachtemperatur (etwa 4 °C) ist eine gängige und an-

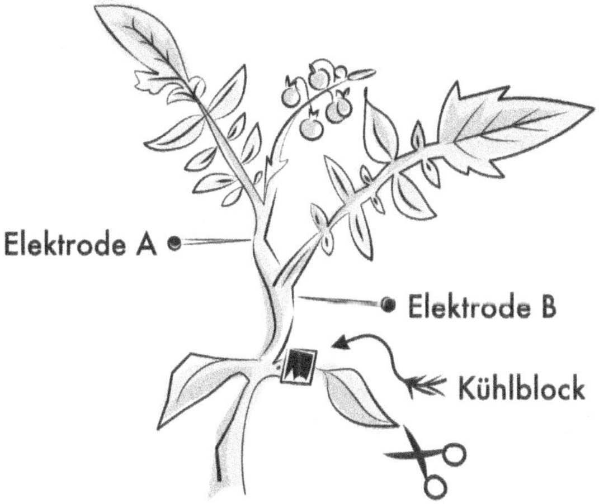


erkannte Methode zur Verlangsamung des Saftstroms in Pflanzengewebe.

Das Ergebnis des Experiments: Durch die Kühlung wurde der Fluss potenzieller Botenstoffe auf ein Schneckentempo reduziert, und trotzdem reagierte das zweite Blatt beeindruckend schnell auf die Stimulation des ersten. Der Stimulus, also der äußere Reiz, war übrigens mal eine »Verletzung« in Form eines kleinen Schnitts, mal eine Berührung, mal ein Wärmereiz – ganz egal, welche Veränderung das kleine Keimblatt wahrnahm, es reagierte umgehend mit dem Versenden eines elektrischen Impulses, den wir aus der Neurobiologie als »Aktionspotenzial« kennen.

Und die Re-Aktionen, die das systemische Blatt als Antwort auf die eingehende E-Mail des Keimblatts ausführte, entsprachen haargenau den erwartbaren Stressreaktionen: Die gesamte Pflanze reagierte so, als wäre sie angegriffen worden, und produzierte beispielsweise massenweise Proteinase-Inhibitoren. Die sind typischerweise bei der Wundheilung gefordert und hemmen Verdauungsenzyme, die im Speichel knabbernder Insekten vorkommen – mehr dazu im Kapitel über die Abwehrsprache der Pflanzen.

Nur noch mal, um es sich auf der Zunge zergehen zu lassen wie die erste selbst gezogene Tomate im Sommer: Ein Reiz an einem kleinen Blättchen führt zu einem elektrischen Signal, das wiederum eine Abwehrreaktion in entfernten Pflanzenteilen auslöst, die eigentlich überhaupt nicht betroffen waren. Die Ergebnisse der wirklich vorbildhaft gemachten Studie aus England zeigten erstmals, dass es eine Verbindung zwischen elektrischen Reizen und biochemischen Prozessen in Pflanzen gibt. Das pflanzliche Aktionspotenzial könnte der zugrunde liegende Mechanismus für systemische Immunantwort in Pflanzen sein (wobei, wie sich später zeigte, chemische Signale eine genauso wichtige Rolle spielen). Ganz ohne Nerven schaffen Pflanzen es irgendwie, elektronische Botschaften über weite Distanzen zu versenden. Und bei näherem Hinsehen sind Pflanze und Tier sich in der zellulären Grundstruktur, in der strukturellen Voraussetzung für einen Stromfluss, gar nicht so unähnlich: Viele Zellen, die aneinanderhängen und durch kleine Poren verbunden sind, können auch ganz ohne Beteiligung eines Nervensystems elektrische Signale transportieren. Selbst in der Tierphysiologie war das schon vor einem halben Jahrhundert bekannt, als der kanadische Zoologe George Owen Mackie mit Quallen experimentierte und nervenfreie Reizweiterleitung dokumentierte.[4]

Mittlerweile ist das Phänomen aus vielen tierischen Hintergründen bekannt und häufig in Epithelien zu finden (das sind die obersten »Deckschichten« unserer Organe; zum Beispiel kleidet das Darmepithel unsere Innereien aus). Anders als beim lang gezogenen Neuronenkabelsalat basiert die Reizweiterleitung hier auf *cell-to-cell conduction,* auf einer Art Flüsterpost von Zelle zu Zelle, die je nach Bedarf zwischen zwei und 500 Millimetern pro Sekunde schnell ablaufen kann. Das Aktionspotenzial wandert hierbei durch sogenannte *gap junctions,* kleine Kanäle zwischen den Zellen, die die Membranen der beiden Nachbarinnen verbinden. Und ganz ähnlich wie diese typischen »Lücken« zwischen den Zellen der Darmwand sind auch Pflanzenzellen dafür bekannt, durch kleine Löcher miteinander zu kommunizieren. Durch das Mikroskop sind die winzigen Durchbrüche in der Zellwand gut zu erkennen. In der Zellbiologie werden sie Plasmodesmata genannt. *Gap junctions* und Plasmodesmata verbinden also in Tieren und Pflanzen benachbarte Zellen und Zellhaufen, haben vergleichbare physikalische Eigenschaften, wie Durchmesser oder Leitfähigkeit, und beide helfen seit Urzeiten bei den Selbstgesprächen der Lebewesen auf kleinster Ebene.

Ein elektrischer Mechanismus für die Langstreckenkommunikation in Pflanzen ist wahrscheinlich viel verbreiteter, als man zunächst angenommen hat. Als Anpassung an ein angewurzeltes Leben, quasi aus der Not heraus, haben Pflanzen interne Leitungen verlegt, die eine schnelle Reaktion auf Hitze, Kälte, Berührung, Verletzung und andere äußere Reize ermöglichen.

Auch sonst sind Eilbotschaften im Pflanzenreich keine Seltenheit, und mich fasziniert seit dem Studium die ungeheure Schnelligkeit der sogenannten Signalkaskaden. Das sind sich selbst verstärkende, molekulare Vorgänge, die aus einem noch so kleinen Tropfen »von außen« einen regelrechten Informations-Tsunami machen können. Und das im Bruchteil einer Sekunde. Diese Kaskade basiert auf dem Schneeballprinzip, indem ein Protein gleich mehrere andere Proteine aktiviert, die wiederum jeweils viele weitere Prozesse synchron in Gang setzen. In meinem Buch *Alles bio – logisch?!* habe ich diese enorme Streukraft mit den Lauffeuern von Gondor verglichen, die die Rohirrim auf den Plan rufen und so zum Sieg über die Orks bei der Schlacht auf dem Pelennor führen (und auch hier wiederhole ich mich gern: Wenn ihr damit nichts anfangen könnt, weil *Der Herr der Ringe* nie so wirklich euer Ding war, dürft ihr jetzt das Buch beiseitelegen und euer Leben überdenken). Wie ein Lauffeuer von Gondor nach Rohan also verbreiten sich

Nachrichten per Signalkaskade in einem irren Tempo durch die Pflanzenzelle.

Und die krautigen Superheldinnen wären nicht so erfolgreich, wenn sie bei solch umfassenden Informationsströmen nicht gleich eine Notbremse dazu erfunden hätten. Ist eine Signalkaskade erst einmal losgetreten, geht das molekulare Feuerwerk wie automatisch weiter und würde sich bis ins Unermessliche steigern, wenn es keinen *negative feedback loop* gäbe. Das ist eine eingebaute Rückkopplung, die dafür sorgt, dass es keine Reizüberflutung gibt. Informationen schnell weiterleiten, ja, aber bitte nicht zu laut schreien! Stoffwechsel auf Abwehr umstellen, ja, aber bitte nicht für immer! Die *feedback loops* erlauben es der Pflanzenzelle, die Intensität ihrer Reaktion auf Veränderungen der Umwelt zu regulieren. Der Metabolismus soll für kurze Zeit angepasst werden, aber danach wieder auf ein normales Level zurückfallen. Mit anderen Worten: *Keep calm and grow on.* Auch zu den ethnobotanischen Wirkstoffen der traditionellen Heilmedizin kann hier ein Loop geschlagen werden: Neben den eingebauten Bremsen können auch sekundäre Pflanzenstoffe die Signalkaskade in der Pflanze (oder bei anderen!) abdämpfen, wie zum Beispiel die Substanz Emodin aus *Rheum rhabarbarum,* das übermotivierte Nierenzellen davon abhalten kann, Nierenkrankheiten bei Laborratten auszulösen.[5] Ganz ähnlich wie in *Barbaras Rhabarberbar,* dem viralen Hit von Klavierkabarettist Bodo Wartke, überschlagen sich die Worte in der Pflanzenzelle während einer Signalkaskade. Da ist es nur verständlich, dass der Knöterich auch mal eine Pause braucht.

Pflanzliches Leben läuft also doch nicht immer in Zeitlupe ab, so wie es auf dem Zeitlupenplaneten aus *Star Trek* der Fall ist. Je nachdem, auf welcher Organisationebene wir uns die Pflanzenwelt anschauen, können (unsichtbare) Prozesse durchaus schnelllebig sein, mindestens aber in ähnlichem Tempo ablaufen, wie wir es aus unserem eigenen Leben kennen. Von

Zelle zu Zelle kommunizieren klappt auch ohne ein zentrales Nervensystem. Von Gewebe zu Gewebe auch, dank mikroskopisch kleiner Löcher, die alle Pflanzenzellen miteinander verbinden. Die Organe an der Luft kommunizieren mit denen unter der Erde. Wenn wir die Wurzelspitzen der Pflanzen als eine Art intelligenten Schwarm ansehen, dann profitiert die ganze Pflanze vom Erfahrungsbericht, den dieser Schwarm permanent schreibt und versendet, während er sich den Weg durchs Erdreich bahnt. Denn spätestens dort stößt er auch auf andere.

## Vom Rasenmähen und dem Code der Blumen

Wenn wir über Kommunikation im Reich der Pflanzen sprechen, lohnt eine Unterteilung der versendeten Nachrichten in zwei vertraute Kategorien: »Körpersprache« und »gesprochene Sprache«. Dabei können wir selbstverständlich nicht dieselben Worte erwarten, die wir aus unserer akustisch geprägten Menschenwelt kennen. Für uns findet das Pflanzengeflüster komplett nonverbal statt, stattdessen – ihr ahnt es schon – in Form chemischer Verbindungen. Was hier gemeint ist: Welcher Teil der Pflanzensprache findet »aktiv« oder »beabsichtigt« (man könnte auch sagen: »gerichtet«, engl. *targeted*) statt, und welcher fällt eher unter passive *body language?*

Ja, auch Pflanzen haben so etwas wie eine Aura, und das ist nicht spirituell gemeint. Die ungerichtete Form der Kommunikation, ohne bestimmte Absicht und doch permanent auf Sendung, spiegelt sich im sogenannten Volatilom der Pflanze wider. Was klingt wie ein fantastischer Name für eine Metalband, meint in Wahrheit den Cocktail aller flüchtigen (volatilen!) Substanzen, die die Pflanze umgeben. Die persönliche Duftwolke einer Pflanze sozusagen. Am Anfang des Kapitels hatten wir es schon: Wenn wir Glück haben, können wir die *volatile organic compounds* (kurz VOCs), die flüchtigen organischen Verbindungen der Pflanzen, ohne technische Hilfe wahrnehmen und in Form von Gewürzen und Aromen genießen. Oder wir packen sie in ein Parfüm und sprechen so, manchmal ganz unbeabsichtigt, die Pflanzen in ihrer eigenen Sprache an.

VOCs werden von allen Pflanzenteilen in die Umgebung abgegeben und bilden in ihrer Gesamtheit den Status quo, den »Gemütszustand« der Pflanze ab.* Ganz ohne äußere Stressfaktoren kann das Volatilom so Aufschluss darüber geben, was die Pflanze braucht oder welche Entwicklungsphase sie gerade durchmacht. Andersherum ist das Volatilom oftmals ganz charakteristisch für eine Pflanzenart, sodass anhand einer Dampfraumanalyse (auf Englisch auch ganz fantastisch: *headspace analysis*) Arten wie durch Abgleich eines Fingerabdrucks identifiziert werden können. Diese sehr spezifische Sprache, diesen Dialekt, können Artgenossinnen logischerweise am besten verstehen, was das erwähnte Beispiel des harmonischen Wachstums von *Cakile-edentula*-Geschwistern zumindest teilweise erklärt. Und damit sind wir schon bei der Hauptfunktion der passiven Sekretion von VOCs: Sie helfen der Pflanze dabei, ihre eigenen Wurzeln von anderen zu unterscheiden, und vermeiden so einen unliebsamen Kabelsalat. Die krautige Konkurrenz versteht den Duftdialekt nicht auf Anhieb, wodurch sie entweder irritiert die Wachstumsrichtung ändert oder zumindest auf Durchzug schaltet und nebenher weiterwächst. Wiederum andere, unbeabsichtigte Kommunikation findet statt, wenn wir den Rasen mähen. Der Geruch frisch geschnittenen Grases ist für uns angenehm, für manche Pflanzen in der Umgebung liest er sich wie ein Sirenentest: »Achtung, Pflanzenfresser im An-

* Oder wie die Biologin und *Plantfluencerin* Katia Hougaard im wunderbaren Podcast *Plants Grow Here* sagte: Das Volatilom ist das »große Blutbild der Pflanze«, an dem wir den Zustand ihrer Gesundheit, Mangelerscheinungen, Alter, Infektionen und allgemeine Verfassung ablesen können.

marsch! Schnell, produziert ganz viele Bitterstoffe, damit ihr weniger lecker schmeckt!« Dem Gras unterm Rotorblatt bringt diese Kommunikation herzlich wenig, dennoch hat das Ganze einen evolutionären Sinn.

Verwandte Pflanzen haben also verwandte Duftmarken und »verstehen« sich gegenseitig am besten, können besser koexistieren und Nährstoffe teilen, es herrschen Friede, Freude und Eierkuchen. Aber: Die allermeisten Pflanzen sind eher egoistisch eingestellt und versuchen im Zweifel bei Angriffen vor allem den eigenen grünen Hintern zu retten (»Wenn jeder an sich selbst denkt, ist an alle gedacht« – noch eine Gemeinsamkeit zwischen uns und den Gewächsen?). Wo die Pflanzenkommunikation als gutmütiges, gegenseitiges Informieren verkauft wird, ist ehrlicherweise oftmals ein optimiertes Belauschen und Bespitzeln gemeint, stets auf der Hut und auf der Suche nach potenziell lukrativen Geschäften. Der Wald ist also nicht immer so romantisch, wie er uns beim Wochenendspaziergang vorkommt, vielmehr herrscht dort ein andauernder Konkurrenzkampf um einen Platz an der Sonne. Da geht es manchmal echt brutal zu – sogar Waldbrände werden bewusst gelegt! –, aber das ist Zündstoff für das nächste Kapitel. Na klar, auch hier gibt es die erwähnten Ausnahmen, und manche Expertinnen und Experten postulieren, dass gerade ältere und schwächelnde Bäume von jüngeren Verwandten »gepflegt« werden (ich habe dazu zum Zeitpunkt der Recherche aber keine handfesten Studien gefunden). Insgesamt ist der Wald – oder eben auch der Acker, der Garten, der Balkonkasten – ein hartes Pflaster, auf dem schwere Geschütze aufgefahren werden, um alle anderen zu übertrumpfen. Wie also kommunizieren Pflanzen mit dem Rest der Welt, der ihren spezifischen Dialekt, ihre passive Körpersprache nicht versteht?

Die direkte Kommunikation der Pflanzenwelt mit den Tieren wird nirgends so offensichtlich wie bei der Beschäftigung mit Blüten. Die Evolution von Blütenständen in allen Formen und Farben ist eindeutig eine aktive Ansprache, explizit ausgerichtet auf alle Nichtpflanzen, die vor allem die bestäubenden Insekten und Vögel in die Adresszeile nimmt. Dass auch wir den Blumen etwas abgewinnen können, ist eher Zufall. Wir finden sie schön, aber Bienen finden Blümchen schlicht sexy. Bei diesem klar artikulierten *dirty talk* der Pflanzen ist übrigens schon wieder Chemie im Spiel! Neben den Gerüchen und geschmacklichen Verheißungen, die den Insekten vor der geöffneten Blüte im Morgenlicht als unwiderstehlicher VOC-tail entgegenschlagen, ist auch das Farbspektakel chemischer Natur. Stoffe mit klangvollen Namen wie Flavonoide, Carotinoide oder Anthocyane lassen die Blüten von Sonnenhut, Tagetes und Kornblume derart erstrahlen, dass wir Menschen bei ihrem Anblick schon eimerweise Glückshormone ausschütten – was sollen da erst die Insekten sagen, die das Farbspektrum bis in den UV-Bereich wahrnehmen? In Wahrheit sind die Blüten nämlich oft noch viel detaillierter angepinselt, mit einer regelrecht im Dunkeln leuchtenden Landebahn für alle Nektarjäger und in einer Farbpalette, die unsere Sinneskräfte übersteigt* (klar, wir waren ja auch nicht angesprochen).

Eine Gattung mediterraner Orchideenarten, die Ragwurzen, treibt das Ganze auf die Spitze und manipuliert die Insektenwelt gleich dreifach. Nehmen wir die Spiegel-Ragwurz *Ophrys speculum* als Beispiel. Die meisten *Ophrys*-Arten setzen für die Bestäubung auf eine Handvoll fliegender Insekten (meist Hymenoptera, also Bienen, Wespen und so) – genauer gesagt, auf junge, unerfahrene Männchen dieser Gruppe, denn die Blüten der Ragwurz sehen exakt so aus wie das entsprechende Weibchen im paarungsfähigen Alter. Diese täuschend realistischen Attrappen – in der Biologie nennt man das Mimikry – locken

* Der kalifornische Fotograf Craig P. Burrows macht diese spektakulären Farbmuster auch für uns sichtbar, indem er die Botanik mit ultraviolettem Licht bestrahlt und dann mit den passenden Filtern ablichtet. Das Ergebnis gleicht einem Trip, oder einem alten *Beatles*-Cover.

also die sechsbeinige Insektenwelt an und klatschen ihr beim vermeintlichen Geschlechtsakt ein Pollenpaket an den Kopf.

Im Fall der Spiegel-Ragwurz sind es die Dolchwespenmännchen, die dem Ruf nach wildem Sex folgen und dann den Laufpass bekommen. Die Orchidee macht die ahnungslosen Kerle nach folgendem Stufenplan zu ihren Untertanen: Zuerst, bevor die Blüte überhaupt in Sichtweite ist, sind es natürlich die VOCs, die die Sinne des Männchens vernebeln. Und die umherschwirrenden Verbindungen sind diesmal sogar »Pseudopheromone«, also Sexuallockstoffe, die es sonst nur in der Tierwelt gibt! Zweitens dann der fotorealistische Pappaufsteller. Die Wespenjungs sehen erst den Umriss, dann die Musterung, und schließlich bei der Annäherung das leuchtende Labellum (die »Unterlippe« der Orchideen, die meist besonders ausgeprägt ist) im Zentrum der Blüte. Wie durch Magie angezogen, landen die Männchen dann auf der Blüte und werden zum dritten Mal an der Nase herumgeführt: Form und Textur scheinen zweifellos und wie erhofft zu einem Dolchwespenweibchen zu passen, sogar der flauschige Hinterleib wird durch feine Härchen imitiert!

In einer Studie von 2012 im Fachmagazin *New Phytologist* wird noch mal betont, wie viel Liebe die Pflanze in Form von Farbpigmenten und haptische Struktur da reinsteckt, damit die Blütenmitte im Sonnenlicht wie tiefblauer Lack glänzt.[6] Wenn man sich im Internet Bilder von Dolchwespen in der Rückansicht anschaut, weiß man auch, wieso. Die Täuschung ist einfach perfekt. Die Pseudokopulation ist unter Orchideen weit verbreitet und zeigt uns, dass wir beim Artenschutz nicht immer in einzelnen Spezies denken können. Aus der Abhängigkeit der *Ophrys*-Arten von ihren jeweiligen Wespen- oder Bienen-*Boys* ergibt sich beim Schutz der gefährdeten Pflanzen daher auch immer zwingend der Schutz dazugehöriger Bestäuberinsekten.

Was wir Menschen daraus lernen können: Vielleicht ist es

gar nicht so schlimm, dass wir nicht das ganze Farbspektrum sehen. Da kann man ja verrückt bei werden – so wie das bemitleidenswerte Wespenmännchen. Unser Sehapparat ist dafür umso besser auf die Farbe Rot ausgerichtet, sodass wir gut erkennen, wann die Beeren reif sind! Auf die Sextäuschung sollen andere hereinfallen, wir ernten dann die Früchte und lassen sie uns schmecken. Oder hat die Pflanzenwelt hier wieder ganz bewusst manipuliert, damit gerade wir Säugetiere zuschlagen? Nun ja, wir kommen noch dazu.

Die aktive Sprache der Blüten ist übrigens auch regional unterschiedlich, ähnlich wie beim Dialekt der Düfte. Weiße und gelbe Blüten locken tendenziell mehr Insekten an, während rote Blüten mit größerer Wahrscheinlichkeit von Vögeln aufgesucht werden. Und da bestäubende Vögel (zum Beispiel Kolibris) bei uns eher selten sind, finden wir hier auch kaum rot blühende Wildblumen. In Südamerika hingegen ist die Verteilung der Blütenfarben ausgeglichen, es werden gleichermaßen Insekten und Vögel angesprochen. Vögel sind außerdem nicht so wirklich scharf auf das Volatilom (zur Erinnerung: die Gesamtheit der flüchtigen Substanzen), sondern kommen hauptsächlich wegen des süßen Zuckerwassers vorbei. Deshalb investiert die in Südafrika heimische Strelitzie auch in eine Badewanne voll mit Nektar und lockt fedrige Verbündete aus der Familie der Honigsauger an. Wenn die kleinen Nektarvögel auf der ausladenden Blütenspitze landen, rieselt es Pollen auf ihre Füße, der beim Besuch der nächsten Pflanze abgeladen wird und zur Bestäubung führt. Damit die Vögelchen die Blüten im dichten Wald überhaupt erkennen, bilden Strelitzien zudem wunderbare Farbpigmente aus, die ihnen zu Recht solche feierlichen Artennamen wie Paradiesvogelblume oder Papageienblume eingehandelt haben. Bei der Bestäubung haben aber weder Paradiesvögel noch Papageien ihre Schnäbel im Spiel.

Warum wir Menschen die Sprache der Blumen so sehr »fühlen«, obwohl wir nicht die eigentlichen Adressaten dieser

Pracht sind, ist nicht abschließend geklärt. Heute bringen wir Blumen zu allen Anlässen mit, vom ersten Treffen mit der Schwiegermutter – bis hin zur Beerdigung derselben. Es liegt nahe, dass wir einander beeindrucken wollen, und da gibt es in der Natur kaum etwas Abgefahreneres zu finden als einen Strauß von Pflanzengeschlechtsorganen, vollgepumpt mit Anthocyanen ... und dazu noch dieser Duft! Wenn wir wirklich ehrlich mit uns sind, lässt sich ganz selbstreflektiert festhalten: Wir haben die Blumensprache gekapert und versuchen heute damit, unsere eigenen, komplizierten Beziehungen in den Griff zu kriegen.

Damit wandeln wir in den Fußstapfen einer Tradition, die in der so betitelten Floriografie im England von Königin Victoria einen absurden Höhepunkt erreichte. Die viktorianische Blumensprache ist allerdings eine ganz eigene Nummer, bei der es neben Kombinationen von Blumen auch um die richtige Präsentation geht. Das England des 19. Jahrhunderts war eine Zeit, in der vor allem Adelsfrauen hoch dekoriert wurden und nach einer strikten Etikette lebten – außerdem waren sie oft extrem gelangweilt. Anders kann ich mir nicht erklären, warum es gerade bei den jüngeren Adligen so populär wurde, in ihrer Freizeit botanische Wälzer zu lesen. Der britische Imperialismus nahm zu dieser Zeit Fahrt auf – und synchron mit ihm die systematische Taxonomie der Pflanzen. So gab es fast wöchentlich neue, exotische Pflanzen in englischen Gewächshäusern zu bestaunen. Bald wurde aus der Langeweile eine Obsession, und die Beschäftigung mit der Blumensymbolik wurde auch in Nordamerika und Frankreich populär.

Erste »Wörterbücher« für die Sprache der Blumen erschienen, allen voran das 1819 von Louise Cortambert unter dem Pseudonym Madame Charlotte de la Tour verfasste *Le Langage des Fleurs*. Den einzelnen Arten wurden allerlei subtile Aussagen zugesprochen: Margariten (»Ich komme bald vorbei«), Mohn (»Ich bin nicht frei«), Iris (»Ich schicke bald eine Nachricht«), Rhododendron (»Ich warne dich«) und weiße Rosen (»Sorry, ich kann nicht«) waren wohl die Zwinker- und Pfirsich-Emojis der damaligen Zeit. Dazu steckten weitere Informationen darin, mit welcher Hand ein Strauß überreicht und auf welche Weise er zusammengebunden wurde. Witzigerweise gab es auch hier und dort Missverständnisse, wenn unterschiedliche Wörterbücher von zwei verschiedenen Autoren zum Knacken des Blumencodes verwendet wurden. (Analog hierzu kommen Emojis auch heute oft nicht so an, wie sie gemeint sind. Es gibt durchaus soziale, generationsbedingte und kulturelle Unterschiede in der Deutung von WhatsApp-Nachrichten, wie unter anderem eine aktuelle Studie mit 523 Teilnehmenden aus UK und China eindrucksvoll belegt.)[7] Unterm Strich ging es den jungen Menschen damals vermutlich darum, ihren Gefühlen in einer durch und durch zugeknöpften Gesellschaft, in der man (oder vor allem sie) manierlich zu sein hatte, durch nonverbale Kommunikation Ausdruck zu geben. Jungen Liebenden war es nicht erlaubt, öffentlich Zuneigung oder Abneigung kundzutun und so »ihr Gesicht zu verlieren«. Der Anschein einer perfekten Familienwelt, gerade unter den Gutbetuchten, musste gewahrt werden. Zum Glück sind wir da heute weiter … oder schlagen die Kommentare, die heute im öffentlich-rechtlichen Fernsehen zu sämtlichen Outfits der weiblichen *Royal Family* abgegeben werden, etwa in dieselbe Kerbe?*

So oder so: Die Blumensprache hat sich bei uns Menschen manifestiert, und wir haben für jede Gelegenheit die passende Blüte parat. Generell sind botanische Motive in der Symbolik schon seit Ewigkeiten überall dort anzutreffen, wo sich Menschen etwas sagen wollen: Von religiösen Bedeutungen bis zu

* Noch heute tragen Mitglieder des britischen Königshauses zu Feierlichkeiten kleine Bouquets mit symbolischer Bedeutung und drolligen Namen wie *nosegay*, *posy* oder *tussie-mussie* mit sich herum. Was ein grandioser Zirkus! Ich bin Engländer, ich darf das sagen.

Allegorien in der bildenden Kunst, von fernöstlicher Tradition bis zum altägyptischen Götterkult ist »Sag's mir durch die Blume« ein gängiger Weg für alle Introvertierten und Geheimniskrämer. Manchmal ist die Symbolik offensichtlich. Die Weiße Seerose *Nymphaea alba* schließt nachts ihre Blüten und zieht sie gelegentlich unter die Wasseroberfläche zurück, nur um sie am nächsten Morgen wieder erblühen zu lassen. Eine perfekte Metapher für Auferstehung und Neuanfang! (Ich würde ja sagen: ein gutes Vorbild für nachhaltiges Recycling.)

Zum Valentinstag verschenken wir rote Rosen, zum Muttertag werden in den USA Nelken, in Australien hingegen Chrysanthemen geshoppt, Schleierkraut und Eukalyptus gehören in jeden Brautstrauß, und zu Weihnachten werden fleißig Poinsettien (*Euphorbia pulcherrima*, Weihnachtssterne) herangeschafft. Allein in den Vereinigten Staaten werden in der sechswöchigen Adventszeit jährlich etwa siebzig Millionen Weihnachtssterne verkauft. Rund die Hälfte aller weltweit verkauften Weihnachtssterne kommen ironischerweise von der Paul Ecke Ranch, einem Gartenunternehmen in Kalifornien mit deutschen Wurzeln (der Rest von afrikanischen Farmen, die Lizenzen der Ecke-Ranch erworben haben). Meist verlieren die Gewächse kurze Zeit später ihre roten Hüllblätter und landen in der Tonne.

Das Geschäft mit der Blumensprache machte laut Marktforschungsunternehmen im Jahr 2023 einen Umsatz von dreißig Milliarden US-Dollar, Tendenz steigend. Allein in Deutschland werden jährlich über hundert Euro pro Person für Schnitt- und Zierpflanzen ausgegeben. Weiteres Wachstum der Schnittblumenindustrie wird aufgrund steigender Nachfrage für die Dekoration von Veranstaltungen, für Hochzeiten und Geburtstage erwartet. Ob der Ranch-Gründer Albert Ecke aus Magdeburg, ein bekennender Antikapitalist, das bei seiner Auswanderung im Sinn hatte? Und vom abermals neokolonialen Beigeschmack des Anbaus von Rosen in Äthiopien für ein »Wegwerfprodukt« in der westlichen Welt habe ich noch nicht mal angefangen zu erzählen.

Irgendwo sind wir also beim Erlernen der Pflanzensprache falsch abgebogen. Natürlich sind Blumen schön und toll und so, aber muss es wirklich die geköpfte (oder eher: ent-genitalisierte) Exotenpracht aus Übersee sein, die beim Staatsbesuch links und rechts neben dem Rednerpult im Bundestag steht? Müssen es wirklich überzüchtete Sorten sein, die längst nicht mehr ohne Spritzmittel und riesige Mengen Trinkwasser angebaut werden können, aus entfernten Regionen, nur weil dort die Arbeit für zwei Euro pro Tag erledigt wird? Sind unsere heimischen Blumen wirklich so furchtbar hässlich? Vielleicht braucht es bei der Blumensprache mal einen Reset, ein Hinterfragen der eigenen Erwartungen, ein Umkrempeln des Geschmacks. Das ist ganz gut vergleichbar mit der Änderung der Essgewohnheiten, die wir für ein planetenverträgliches Konsumieren fertigbringen müssen.

Aber erst einmal zurück zur Kommunikation von Pflanzen mit ihrer direkten Umwelt. Zu den Düften und Augenweiden, dem »Wink mit dem Zaunpfahl« für alle bestäubenden Tiere, den Tricks zur Artikulation ohne Mundwerk, dem Sprechen ohne Laute. Bisher haben wir die Interaktionen beobachtet, die sich auf der Blumenwiese im Bereich unseres Sichtfeldes abspielen, ein bisschen unheimlich, wie ein alleinstehender Typ auf der Parkbank neben dem Kinderspielplatz. Nun wird es aber noch ein Stück intimer. Denn die aktive Sprache der Pflanzen hört nicht an der Rasenkante auf, sondern geht unter unseren Füßen weiter und trägt sich bis nach ganz oben, wo die allseits beliebten Früchte hängen. Lasst uns also noch einen Exkurs zur »überirdischen« Pflanzensprache wagen, der von Versuchung und Ehrlichkeit handelt. Denn egal, ob Eva wirklich als Erste ins Obst gebissen hat oder ob es vielleicht doch anders gelaufen ist, der Apfel am Baum der Erkenntnis war von Anfang an eine Direktnachricht an uns Menschen.

## Die gute Art von Masochismus

Es geht um Früchte. Der Apfel ist eine Frucht. Was eine grandiose Überleitung! Wir haben schon besprochen, dass Pflanzen mindestens zwei Sprachen sprechen: die unsichtbare Sprache der flüchtigen VOCs (vor allem zur Kommunikation mit anderen Pflanzen) und die ziemlich sichtbare Sprache der Blütenformen und -farben (vor allem zur Kommunikation mit Tieren). Nun kommt noch eine dritte dazu. Das Vokabular der Früchte ist nämlich passgenau für Säugetiere – und damit auch für uns! – designt worden. Das wird im Folgenden anhand von drei Argumenten belegt (bitte anschnallen).

Erstens, die Farbe. Wir haben schon besprochen, dass die Farbsprache der Blüten mit ihren UV-Landebahnen und eindeutig zweideutigen Mustern vor allem die Insektenwelt anspricht. Nach erfolgter Bestäubung wächst der Fruchtkörper heran, und die nächste Generation wird in eine üppige, saftige Delikatesse eingepackt. Mit der Fruchtreife wechseln die Pflanzen dann plötzlich ihre Gesprächspartner und nutzen fortan die chemische Sprache derjenigen Tiere, die ihre Samen am weitesten tragen können. Neben den Vögeln sind das vor allem die Säuger. Unsere Rezeptoren auf der Netzhaut sind für die Farbe Rot besonders empfänglich, außerdem bildet sie einen schönen Komplementärkontrast (Grüße an meinen alten Kunstlehrer!) zum umgebenden Grün der Blätter. Für einen Affen im Regenwald (oder einen David im Gewächshaus) ist das sehr praktisch, um im Dickicht die ersehnten Vitaminbomben ausmachen zu können. Schon klar, nicht alle Früchte sind rot. Aber die allermeisten haben knallige Farben, die sich in irgendeiner Form von ihrer Umgebung absetzen. Und wenn dem nicht so ist, dann setzt die Pflanze ziemlich sicher auf eine andere Taktik, um ihre wertvollen Samen in der Umwelt zu verteilen.

Zweitens, die Textur. Reifende Früchte wechseln nicht nur

oft die Farbe, sondern werden auch noch schön weich. Gleich mehrfach haben Pflanzen im Lauf der Evolution unabhängig voneinander diesen Trick erfunden: Solange die Saat noch nicht bereit ist, gibt es auch keinen Grund für die Ernte. Erst wenn die Samenanlagen alles von der Mutterpflanze mitbekommen haben, was sie für ein eigenständiges Leben brauchen, wird das Fruchtfleisch durch biochemische Prozesse weich und leicht zu kauen. Wenn es eine Schale gibt, ist diese oft auf bestimmte Tiere gemünzt, die gelernt haben, wie man sie öffnet. Die Samen selbst, umgeben vom begehrten Perikarp (so heißt das Fruchtgehäuse bei Samenpflanzen), sind wiederum von einer Samenschale, der Testa, umhüllt. Die Testa schützt den Pflanzenembryo vor der Magensäure in unserem Säugerdarm und ist oft derart maßgeschneidert, dass nach getaner Verdauung ein perfekt polierter Kern mit optimalen Bedingungen für die Keimung ebendiesen Kanal wieder verlässt. Anders formuliert: Die Testa gibt es nur deshalb, weil es Magensäure gibt. Überhaupt sind Frucht und Frutarier, also reine Fruchtesser, sowas von aufeinander abgestimmt, dass man nur von einer wunderbaren Koevolution sprechen kann. Eine fruchtbare Verbindung zu beiderseitigem Vorteil. Mehr dazu gleich.

Erst einmal drittens: der Geschmack. Na klar, unreife Früchte schmecken nicht! Darauf geben uns Farbe und Textur des Obstes schon genügend Hinweise. Dazu kommt, dass Tiere wie Vögel, Affen und Menschen häufig so etwas wie eine Lieblingsspeise entwickeln, die wiederum von der Pflanzenwelt gern serviert wird. Die flüchtigen Pflanzenchemikalien, genauer die Duftnoten, reifer Früchte verheißen oft schon ein Geschmackserlebnis zum Dahinschmelzen und regen bereits vor dem ersten Biss unsere Speicheldrüsen zur Arbeit an.

Eine 2019 erschienene Studie hat zuletzt einmal untersucht, ob die Pflanzen da eigentlich ehrlich zu uns sind.[8] 28 Pflanzenarten im Ranomafana-Nationalpark auf Madagaskar wurden beerntet und befragt. Hält der fantastische Duft eurer Früchte überhaupt, was er verspricht? Mit anderen Worten: Gibt es eine Korrelation zwischen dem ansprechenden chemischen Geruchscocktail und dem tatsächlichen Nährstoffgehalt? Gerade die Lemuren, für die der Inselstaat bekannt ist, verlassen sich auf ihren Riecher (und ihre Glubschi-Augen), um Früchte in den Wäldern ausfindig zu machen. Wichtigste Erkenntnis des Pflanzenlügendetektors: Es gibt tatsächlich einen positiven Zusammenhang zwischen Fruchtnote und Zuckergehalt. Puh, hier werden wir ausnahmsweise nicht veräppelt. Anders als die Dolchwespenmännchen, die den Frust der Orchideenattrappe wohl bald wieder vergessen haben, sind wir Fruchtesser nämlich nachtragend. Die Pflanze kann sich bei uns (und anderen »höheren Tieren«) keine falschen Versprechungen leisten. Natürlich gibt es auch dafür in der Pflanzenforschung einen Begriff: *honest signal*. Die Evolution von ehrlichen Signalen war enorm wichtig für eine aufrichtige Teamarbeit zwischen Samenpflanzen und der samenverbreitenden Tierwelt.

Die Madagaskar-Studie hat übrigens keinen Zusammenhang zwischen dem Duft reifer Früchte und einem gewissen Fett-, Protein- oder Vitamingehalt feststellen können. Wir haben es also – zumindest, wenn wir ein Lemur sind – vor allem auf die Süßigkeiten der Natur abgesehen. Überhaupt ist die »Geschmackssache« ein ungemein spannendes Thema, das ich mir wohl für ein eigenes Buch aufheben muss. Hier nur so viel: Wieso essen so viele Menschen gern scharfes Essen? Schärfe ist streng genommen keine Geschmacksrichtung wie »süß« oder »salzig«, sondern ein (Lebens-)Gefühl, das durch unterschiedliche Phytochemikalien verursacht wird. Allen voran von Capsaicin, einem Inhaltstoff von Chili und Paprika. Capsaicin bindet an den Ionenkanalrezeptor TRPV1, der in den Nervenzellen unseres gesamten Körpers sitzt und eigentlich für die Schmerzwahrnehmung zuständig ist. Beim Andocken des Chilistoffs an diesen Rezeptor fließen Kalziumionen durch die Zellmembran der Nervenzellen, was zu einem Aktionspotenzial führt. Dieses elektrische Signal kommt im Gehirn folgendermaßen an: »Achtung, du stehst in Flammen. Mach was.« Aber nicht nur das, es werden auch Endorphine ausgeschüttet, die wie körpereigenes Opium das Schmerzempfinden lindern sollen. Die anfängliche Todesangst schwingt innerhalb kürzester Zeit in ein seliges Glücksgefühl um.

Wenn wir aber zuallererst Schmerzen beim Essen von scharfer Kost haben, warum essen wir dann weiter? Hier wird es spannend. An diesem Punkt unterscheiden wir uns ein wenig von unseren Säugetierkumpanen, denn wir haben gelernt, dass Chilis uns nicht wirklich anzünden wollen. Es spielen also neben rein rationalen Entscheidungen auch die Erziehung, das soziale Umfeld und kulturelle Aspekte eine Rolle. Einige Studien argumentieren, dass dieser sensorische Rückwärtssalto in unserer Natur liege, dass wir alle kleine Adrenalinjunkies seien. Begriffe wie *hedonic reversal* oder *benign masochism* (übersetzbar etwa mit »Genuss-Verlagerung« und »gutartiger Masochismus«) beschreiben das Paradoxon, dass wir Freude an einer scheinbar negativen Erfahrung haben können[9] – man denke nur mal an den Fallschirmsprung.

Haben Pflanzen also Capsaicin erfunden, um eine geheime Schmerzeslust in uns zu bedienen? Wohl eher nicht. Wir kommen im nächsten Kapitel genauer dazu, hier nur so viel: Der scharfe Stoff der *Capsicum*-Arten hat unter anderem eine antibakterielle Wirkung und hält der Paprika so Krankheiten vom Leib. Ein weiterer Grund liegt abermals in der Kommunikation mit der Tierwelt: Dank einer Mutation im TRPV1-Rezeptor sind Vögel vergleichsweise unempfänglich für Capsaicin-Schärfe.* Es ist denkbar, dass Chili & Co. absichtlich die Säuger vergraulen und die Flugsaurier (zumindest das, was von ihnen übrig ist) für den Expresstransport ihrer Samen auser-

* Das ist der Grund, warum wir die schärfsten Chilisorten ohne Probleme an unsere Hühner verfüttern können.

wählt haben. So werden die Nachkommen der Pflanzen auf einem möglichst großen Gebiet verteilt und können sogar Bergketten überspringen (was im natürlichen Verbreitungsgebiet von *Capsicum* in den Anden durchaus von Vorteil ist. *Red Bell* verleiht Flüüüügel!).

Die heutige Sortenvielfalt der Chilis ist zum Glück nicht allein auf schärfetolerantes Federvieh ausgelegt. Heute haben wir Menschen durch die Zähmung der wilden Gene (siehe Kapitel 2) eine große Diversität von *Capsicum*-Arten zur Auswahl, bei denen die Schärfe auf ein angenehmes Maß reduziert ist und tolle Aromen zum Vorschein kommen. Überhaupt muss hier einmal deutlich gesagt werden: Wenn wir über Früchte sprechen, die uns Menschen ansprechen, haben wir weit über neunzig Prozent des Sortiments uns selbst zu verdanken. Durch die Selektion der Wildnis haben sich bestimmte Fruchteigenschaften durchgesetzt, die den Geschmack der Tierwelt getroffen haben. Unsere menschliche Kultur spielt das Spiel insofern weiter, als dass wir mit unserem Essen experimentieren, es verfeinern, neue Dinge ausprobieren wollen.

Das wunderbare Paradoxon des Chilikonsums zeigt es: Beim Thema Geschmack und Esskultur gibt es eben auch eine übergeordnete Dimension, die über die Befriedigung rein körperlicher Bedürfnisse hinausgeht. Wir nehmen Nahrung nicht nur zum Zweck der Kalorienaufnahme zu uns, vielmehr essen wir Dinge, die uns etwas bedeuten, die identitätsstiftend sind. Unser Essen ist wie ein vertrauter Geruch oder eine alte Geschichte, die uns an etwas oder jemanden erinnert. Nahrung ist hochemotional. All das gibt uns die (an)sprechende Pflanzenwelt mit auf den Weg – und vielleicht ist es so einfacher zu akzeptieren, dass zwischen uns mehr ist als ein reiner Konkurrenzkampf ums Überleben auf einem begrenzten Planeten. Zwischen Pflanzen und Menschen knistert es. Und ganz ähnlich sieht es im Wurzelreich aus, denn im Dunkeln sind die Sinne bekanntlich noch um einiges schärfer.

## Infokrise im World Wide Wurzelwerk

Irgendwo habe ich mal gelesen, dass in einer Handvoll Gartenerde mehr Lebewesen stecken, als es Menschen auf der Erde gibt. Ob das so stimmt, weiß ich nicht, zumal es sicher auch auf den Garten ankommt. Was ich aber unterschreiben möchte, ist, dass eine gute Gartenpflege unterhalb der Rasenfläche anfängt, und zwar mit einem geduldigen, schonenden Aufbau einer aktiven und lebendigen Humusschicht. Man darf sich das Bodenleben nicht als wimmelndes Chaos vorstellen, als das große Krabbeln ohne Sinn und Verstand. Vielmehr tummelt sich das Leben in einem guten Boden wie in einer florierenden Stadt. Pflanzen schaffen hierbei die Grundlage für allerlei Infrastruktur: Mit ihren Wurzeln bohren sie Tunnel, die nachher von kleinen Lebewesen als Highways genutzt werden. Es gibt Verkehrsinseln, Ruhebereiche, Parks und kleine Flussläufe. Pflanzenwurzeln erschaffen und erhalten kleine, verborgene Ökosysteme, und zusammen mit ihren pilzigen und bakteriellen Verbündeten bringen sie nicht nur Ordnung ins Chaos – sie binden auch jährlich sagenhafte sechzig Gigatonnen Kohlenstoff aus der Atmosphäre. Das Reich der Wurzeln unter unseren Füßen trägt also einen Teil dazu bei, die Klimakrise abzumildern (und speichert sogar mehr $CO_2$ als die gesamte oberirdische Biomasse).[10]

Das soziale Netzwerk, das Pflanzen, Pilze und Bakterien im Boden aufgebaut haben, ist auch als *Wood Wide Web* bekannt (ich schlage alternativ *World Wide Wurzelwerk* vor, für den Einbezug aller nicht-verholzenden Kräuter. Funktioniert leider nur auf Deutsch). Der Vergleich mit dem Internet kommt nicht von ungefähr: Der Boden ist für Pflanzen gewissermaßen das Tor zur Welt. Im ersten Kapitel haben wir schon abgehandelt, dass die Evolution der Landpflanzen von Anfang an mit der der Pilze verzahnt ist. Wurzeln und Pilzmyzel sind im wahrsten Sinne des Wortes miteinander verwachsen, bilden zusammen ein dichtes Geflecht, das dynamisch wachsen kann und sowohl Eigenschaften von neuronalen Netzwerken aufweist als auch rein organisatorisch so aussieht wie das Internet.

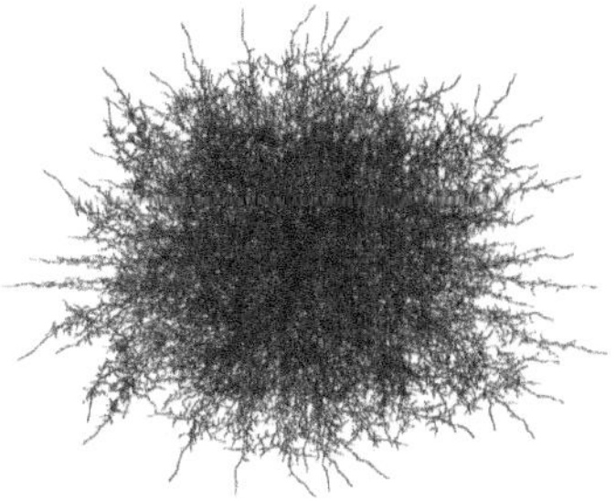

Das Internet

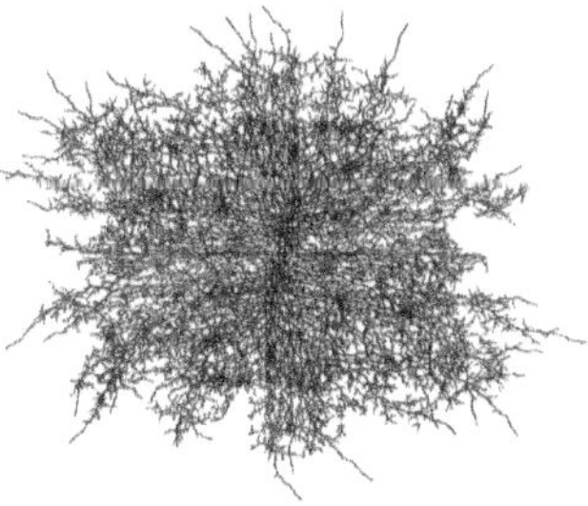

Das Wurzelreich

Im Wurzelreich herrscht also reges Treiben, es werden organische Substanzen und Informationen ausgetauscht. Die Bodenbakterien fügen sich in die Pflanze-Pilz-Highways als kleine Flitzer ein – sie sind noch ein Stückchen mobiler, können sich durch enge Stellen drängen, ein bisschen wie die E-Roller der Bodencity. Benachbarte Pflanzen kommunizieren miteinander durch Wurzelsäfte (sogenannte Wurzel-Exsudate) und – na klar – über VOCs, die flüchtigen Botenstoffe in der Gasphase. Ja, auch unter der Erde gibt es Lufträume. Guter Dreck ist atmungsaktiver Dreck. Das ist übrigens einer der Gründe, warum verdichtete Erde ein Problem ist: Die Wurzeln »hören« einander nicht mehr. Verdichtung ist für das individuelle Wachstum einer Pflanze erst mal gar nicht dramatisch (ich find's immer wieder faszinierend, wie gut die Ackerbohnen in meinem schweren Lehmboden wurzeln können, als wäre er Butter), aber die Abschottung von den Wurzelsignalen der Nachbarinnen ist suboptimal. Die Hauptaufgabe der unterirdischen VOCs ist die Vermeidung von Kabelsalat, sie rufen unermüdlich: »Hallo, hier komme ich!« Ohne luftige Zwischenräume fahren die Wurzeln also ein bisschen wie in dichtem Nebel, sie laufen Gefahr, andere zu übersehen oder die richtige Ausfahrt zu verpassen. Wurzelspitzen sind in ständiger Kommunikation miteinander und mit symbiontischen Pilzen – sie formen die Mykorrhiza. Kurze Wiederholung: Mehr als neunzig Prozent aller Pflanzen – von Moos bis Mammutbaum – leben in solchen Symbiosen, die nachweislich das Wachstum der Pflanzen durch die Aufbereitung von Nährstoffen und Wasser verbessern. Obendrauf stärken sie in vielen Fällen das Immunsystem der Pflanzen, sodass diese besser mit Stresssituationen zurechtkommen, und tragen Botschaften an Nachbargewächse weiter.

Seit unsere lieben Pflanzen an Land gekrochen sind, investieren sie große Mengen ihrer Fotosyntheseprodukte in die Kommunikation. Sie werfen freiwillig die aufwendigsten, aus Luft und Licht selbst fabrizierten Verbindungen in die Umwelt – manche würden es als Verschwendung bezeichnen. Aber nein, dieses Investment ist ein über Jahrmillionen gewachsenes und bewährtes Mittel zur aktiven Ausgestaltung ihrer ökologischen Nischen. Pflanzen sind sesshaft, können nicht durch Bewegung einen Tapetenwechsel erzwingen, also streichen sie die Tapete einfach neu. Als proaktive Raumgestalterinnen manipulieren sie ihre Umgebung mit chemischen und physikalischen Tricks und designen Ökosysteme nach ihrem Geschmack. »Ich mach mir die Welt, widde, widde, wie sie mir gefällt.« Sie besprechen sich dabei ganz businessmäßig mit Mikroben, mit winzigen Tierchen und miteinander, stellen Kalkulationen und Prognosen auf. Dabei sind sie knallhart und sortieren ihre Teamkolleginnen und -kollegen nach »nützlich« und »hinderlich«, fördern die einen und verdrängen die anderen. Manchmal säen sie sogar Zwist zwischen zwei Parteien, sodass andere die Drecksarbeit für sie erledigen. Und dieses Drama findet in jedem Waldboden statt, auf jedem Acker und in jedem Balkonkasten. Hach, ich könnte stundenlang darin schwelgen und empfehle daher lieber einfach den fantastischen Übersichtsartikel »The Role of Root Exudates in Rhizosphere Interactions with Plants and Other Organisms« von Harsh P. Bais et al. (etwa »Die Rolle der Wurzel-Exsudate bei den Rhizosphären-Interaktionen mit Pflanzen und anderen Organismen«).[11]

Die Rhizosphäre – altgriechisch für »Wurzelreich« – ist gleichzeitig ein hoch spannender Ort und ein unfassbar schwierig zu beforschendes System. Wie soll man, bitte, den Stofftransport einen Millimeter neben einer Wurzel messen, ohne diese auszugraben?! Während meiner Doktorarbeit habe ich mich auch mit einer viel befahrenen Grenzschicht beschäftigt, einer Sphäre, in der Bakterien, Pilze und Pflanzenzellen wie wild durcheinanderbrabbeln – zum Glück war es die Blattoberfläche. Zur Messung von flüchtigen oder sekretierten Substanzen, zur Isolation von Lebewesen auf den Blättern oder zur Extraktion von DNA musste ich das Laub lediglich »abwaschen« und den Inhalt des Spülwassers analysieren. Die Rhizosphären-Forschenden haben es deutlich schwerer: Das Bodenleben ist nur intakt, solange man es nicht stört, und es gibt feine Verzweigungen mit Pilzfäden und anderen Organismen, die bei der kleinsten Erschütterung verloren gehen. Es liegt aber was in der Luft, beziehungsweise eben in der Erde, und die Hinweise häufen sich, dass wir für ein umfassendes Bild einer gesunden Pflanze vor allem nach unten schauen sollten. Die Forschung im und um das Wurzelmikrobiom ist angesagter denn je, viele ziehen Vergleiche zur Relevanz der menschlichen Darmflora und ihrer ungeahnten Wirkung auf unsere körperliche und mentale Gesundheit.

Spätestens seit uns »das geheime Leben der Bäume« oder die »mysteriöse Kraft des Bodens« in der Popkultur erreicht hat und die ökologische Landwirtschaft auch politisch vorangetrieben wird, ist es schon fast im Allgemeinwissen angekommen: Ein gesunder Boden ist die Basis für alles. Diese Bewegungen sind ein guter Nährboden für kreatives Weiterforschen – aber leider auch für eine Menge *Fake News*. Immer wieder stolpert man beispielsweise über die Behauptung, die Wurzeln der Bäume würden im Wald unterirdisch zusammenwachsen. Ich habe keine (seriöse) Studie gefunden, die das bestätigt. Manchmal kann es vorkommen, dass es Verwachsungen gibt, wenn Pflanzen schon als Keimlinge direkt nebeneinanderstehen. Aber das ist eher die Ausnahme als die Regel. Ansonsten haben verschiedene Baumarten sowieso Kompatibilitätsprobleme, und ein für alle einheitlich nutzbarer Adapter existiert ebenso wenig (und hier platziere ich die Forderung: USB-C für alle. Jetzt!).

Es ist also im Wurzelreich schon vieles erforscht, sehr vieles aber auch noch nicht. Es liegt einfach in der Natur der Sache, dass ein so komplexes System nicht mit unterkomplexen Wahrheiten erklärt werden kann, und es bräuchte so etwas wie einen »sterilen Modellwald«, um die Anzahl der Variablen zu reduzieren, die bei dem ganzen Gewusel mitmischen. So weit sind wir technologisch (leider) noch nicht ganz. Bis dahin freue ich mich über jede neue Studie zur Rhizosphäre, über jede kreative Methode zur Messung bestimmter Parameter, über jeden sauberen Versuchsaufbau mit den richtigen Kontrollansätzen. Aber geht bitte vorsichtig mit jedem neuen Forschungsergebnis zu diesem Thema um, vor allem dann, wenn »das einzig wahre Modell des Bodenlebens« oder so vorgestellt wird. Wir sind erst am Anfang.

Viel wahrscheinlicher als ein unterirdisches Verschmelzen von Pflanzen scheint nach aktueller Datenlage eine Art moderierter Wurzelwochenmarkt. Es gibt einen regen Handel zwischen den Bäumen; je nach Angebot und Nachfrage werden organische Güter getauscht, und die Pilze agieren dabei mal als Schiedsrichter, mal als Vermittler oder als Marktschreier. Ehrlicherweise ist das auch schon wieder ziemlich anthropomorphisierend, aber was soll ich machen? Als Menschen stülpen wir nur allzu oft unsere Vorstellung von Moral oder Fairness über die Natur, obwohl hier andere Gesetze herrschen und es schlicht unpassend ist. Für einen echten Quantensprung in der Wurzelreichforschung braucht es weniger verklärende Texte von Biologen mit einem Hang zur Romantik (ich zähle mich ganz selbstkritisch dazu) und mehr Gelder für Grundlagenforschung. Unter anderem für eine wirklich nachhaltige Forstwirtschaft wäre das mega: Erst 2023 wurde zusammengetragen, was das *soil microbiome engineering* alles kann.[12] In dieser Forschungsrichtung, die sich mit der Anwendung natürlicher und künstlicher Gesellschaften von Bodenorganismen beschäftigt, werden passgenaue Mengen von Mikroben zu einem wohltuenden Brei vermengt wie Zutaten in einem raffinierten Kochrezept.

## Das Mikrobiom: Gerüch(t)eküche und Bauchgefühl

Die Idee ist erst einmal sympathisch: Wenn das »natürliche« System der Pflanzenwurzeln und ihren verbändelten Mikroorganismen noch zu komplex ist, um es zu verstehen, kochen wir uns selbst eine Bakteriensuppe (mit definierten Zutaten), geben sie zu unseren Pflanzen und schauen, was passiert. So oder so ähnlich ist die Herangehensweise in der Umweltmikrobiologie, bei der das Wurzelreich fein säuberlich in seine Einzelteile zerlegt wird. Danach schaut man, was jede Bazille eigentlich tut, setzt das Mikrobiom Stück für Stück zusammen und erhofft sich so mehr Erkenntnisse darüber, warum »das Bodenleben« am Ende eben doch mehr ist als die Summe seiner Einzelteile. Und da Forschende dabei mit allerlei Gefäßen und Geschirr, Waagschalen und Löffelchen, Listen und Mengenangaben durchs Labor laufen, kommt der Vergleich mit der hohen Kochkunst nicht von ungefähr.

Wie bei einem selbst gemachten Currypulver (das letztlich ja auch nur eine ausgeklügelte Gewürzmischung ist) gilt es auch beim Bodenleben, das richtige Verhältnis herauszufinden. Ist es zu scharf? Dann fehlt vielleicht noch etwas *Bacillus subtilis.* Darf es etwas vollmundiger sein? Fügen wir eine Prise *Azospirillum brasilense* hinzu … Oh, nein! Jetzt ist es versalzen; das war wohl ein Löffel zu viel *Bradyrhizobium.* Und auch hier spielt der Geschmack wieder eine entscheidende Rolle – nur diesmal der Geschmack der Pflanze. Die Zutaten des Pflanzenmikrobioms unterscheiden sich regional, ähnlich wie bei Currygerichten. Je nach Herkunftsland überwiegt mal das eine, mal das andere Aroma. Zusammenfassend lässt sich sagen, dass die Gewürzmischung der Mikroorganismen nur dann perfekt ist, wenn sie zu den lokalen Gegebenheiten passt.

Vor lauter Neugier, die sozialen Netzwerke der Pflanzen trotz aller Schwierigkeiten zu ergründen, leben sich Wissenschaftlerinnen und Wissenschaftler seit einigen Jahren kreativ aus und bauen allerlei lustige Messkonstruktionen. So auch Dr. Eliza Loo mit Kolleginnen und Kollegen an der Heinrich-Heine-Universität in Düsseldorf, die erst 2024 eine Art vertikale Petrischale mit Nährmedium vorstellten, in der die Verteilung von Mikroorganismen entlang der Pflanzenwurzel untersucht werden kann. Ihre ersten Ergebnisse mit der Modellpflanze *Arabidopsis thaliana* veröffentlichten sie im Fachmagazin *Cell Host & Microbe* und zeigten der Forschungswelt prompt, dass das Ganze noch viel komplizierter ist:[13] Nicht nur kommt es total auf die untersuchte Pflanze an, welche »guten« und »bösen« Bazillen von welchen Substanzen im Wurzelsaft angelockt oder abgestoßen werden – es spielt außerdem eine riesige Rolle, *an welcher Stelle* entlang der Wurzel wir genauer hinsehen! Sind wir in der Nähe der Wurzelspitze? Geht es um die einige Millimeter höher liegende, sogenannte Differenzierungszone? Oder reden wir von Seitenwurzeln? Na, DANN ist es etwas völlig anderes.

Eliza Loo konnte zeigen, dass je nachdem, an welcher Zone der Wurzel (analog dazu: wie tief im Boden) wir messen, andere Pflanzenchemikalien und Bodenbakterien zu finden sind. An bestimmten Abschnitten stimulieren Bazillen die Pflanze zur Bildung von Zuckerschleusen, sodass hier mehr Zucker im Wurzelsekret enthalten ist. Als die Forschenden dasselbe Experiment mit einer anderen Pflanze durchführten, die durch eine Mutation keinen Zucker exportieren kann, hatte das wiederum eine Planänderung aufseiten der Bazillen zur Folge, die sich nun in völlig anderen Bereichen der Wurzel aufhielten als normalerweise. Man könnte die Ergebnisse der Studie also so ausdrücken: Wir wissen gar nichts. Da wir in der Wissenschaft stets optimistisch sind, schreiben wir in den Ausblick einer solchen Publikation aber: Diese Arbeit offenbart die gegenseitige Abhängigkeit von Wurzelchemikalien und Bodenbakterien auf wunderbare Weise und zeigt, wie wichtig die Beforschung der mikrobiellen Artenvielfalt im Wurzelreich ist.

Apropos mikrobielle Artenvielfalt: Die vielen Bakterien an der Pflanzenwurzel sind für die Fitness der Gewächse genauso wichtig wie unser Mikrobiom im Verdauungsapparat für unser Wohlergehen. Und so schnell kommen wir in dieser kulinarischen Analogie vom Darmeingang zum Darmausgang. Lasst uns kurz über ein richtiges Kackthema sprechen!

Die Idee, dass die Zusammensetzung der Mikroorganismen im Wurzelreich eine wichtige Rolle für die Pflanzengesundheit spielen könnte, kam ausgerechnet aus der humanmedizinischen Forschung (meist inspiriert die krautige Welt ja die menschliche, zum Beispiel bei der Entwicklung neuer Wirkstoffe, aber hier war es eben einmal andersherum). Besondere Aufmerksamkeit erregte hier eine niederländische Studie von 2013, die die Übertragung von Darmbakterien von gesunden auf kranke Menschen untersuchte.[14] Patientinnen und Patienten mit einer schweren Durchfallerkrankung (ausgelöst durch den »Krankenhauskeim« *Clostridioides difficile*) wurden entweder mit Antibiotika behandelt oder mit einer durch eine Nasensonde in den Darm verabreichten Infusion aus Fäkalien eines gesunden Menschen. Die Studie nahm nach kürzester Zeit eine für alle überraschende Wendung: Von sechzehn Kranken in der Infusions-Gruppe zeigten dreizehn nach einmaliger (!) Behandlung mit den Spenderdarmbakterien erstaunlich gute Genesung. Zwei der übrigen drei wurden mit einer weiteren, von einem anderen Spender stammenden Infusion ebenfalls erfolgreich therapiert. Eine solch spektakuläre Erfolgsrate (94 Prozent) kommt in der Medizinforschung so gut wie nie vor, und sie machte die Antibiotikakontrollgruppe vernachlässigbar: Die Mikrobiominfusion war um ein Vielfaches wirksamer gegen die *C.-difficile*-Infektion als das Antibiotikum.

Dieses Ergebnis beflügelt seither die systematische Erforschung der »Stuhltransplantation«. Auf unterschiedlichste Arten kann dabei das Mikrobiom des Spenders oder der Spenderin den Wohnort wechseln (viele anfängliche Methoden waren eher brachial bis eklig). Heute ist eine recht angenehme Variante die Norm: Die gesunde Darmflora wird isoliert, gefriergetrocknet und in Kapseln verabreicht oder in Joghurt verrührt. Klar, das klingt immer noch etwas gewöhnungsbedürftig, ist aber im Grunde vergleichbar mit dem »Materialtausch« bei einer Bluttransfusion oder einer Knochenmarkspende. Ganz ähnlich wie die Sortenvielfalt des Saatguts in Genbanken gespeichert wird, wird die Biodiversität der Darmbakterien gehandhabt: Weltweit entstehen immer mehr Stuhlbanken (ein wunderbares Wort, wie ich finde) zur Einlagerung wertvoller Stuhlproben.

In der *New York Times* beschrieb der Journalist Peter Andrey Smith das Problem, das Gesundheitsbehörden anfangs mit der neuen Bewegung hatten: Mit den »guten« würden höchstwahrscheinlich auch die »bösen« Darmbakterien verabreicht werden, und es bedürfe eines umfangreichen Testsystems, um Kontaminationen mit Krankheitserregern zu vermeiden. So etwas ließe sich nicht über Nacht aus dem Boden stampfen.[15] Da die Katze aber aus dem Sack war und Privatleute in ihren Kellern ebenso wie das (damals noch kleine) Start-up OpenBiome längst an kommerziellen Produkten feilten, musste dem »Geschäft mit dem großen Geschäft« zunächst der Riegel vorgeschoben werden. Zu Recht, wie sich zeigte: Noch im Juni 2019 berichtete die amerikanische Arzneimittelbehörde FDA von zwei Fällen, in denen multiresistente Keime durch eine Stuhltransplantation auf zwei Patienten übertragen worden waren. Einer starb, der andere erkrankte schwer.

Die Sicherheitsanforderungen für die Zulassung von Präparaten auf Mikrobiombasis sind seitdem sehr hoch. Trotz allem: Gerade in den letzten zehn Jahren öffnen sich immer mehr Länder dem neuen Feld des FMT (das steht für »fäkaler Mikrobiomtransfer«), da die Vorteile der Therapie offensichtlich und mindestens eine genauere Betrachtung wert sind. Wie das Bodenleben unter unseren Nutzpflanzen ist auch der Kosmos der Darmbazillen bunt und wuselig; es gibt Fieslinge und Teamplayer, und mit ein paar Kniffen lassen sich Erstere verdrängen und Letztere zur Zusammenarbeit motivieren. Der Kreis zum Pflanzenmikrobiom schließt sich also mit einer gemeinsamen Grundsatzfrage: Es funktioniert, aber wieso eigentlich?

Eine Antwort könnte abermals in der gemeinsamen Evolution von Pflanze und Mensch verborgen liegen. Zumindest lassen sich auffällige Ähnlichkeiten feststellen, die vielleicht nicht auf einer echten Koevolution basieren (wir sind ja doch etwas anders aufgebaut), aber dennoch strategisch vergleichbar sind: Alle Lebensformen brauchen Nährstoffe zum Überleben. Mehrzellige Tiere und Pflanzen haben für die effektive Nährstoffaufnahme spezielle Organe entwickelt, eben den Verdauungstrakt und das Wurzelsystem. Diese Organe arbeiten beide eng mit den sie bevölkernden Mikroorganismen zusammen, um die besonders wichtigen Nährstoffe verfügbar zu machen.

Das Mikrobiom bringt es fertig, schwer verdauliche Bestandteile der Nahrung/des Bodens aufzuschließen und abzufangen, bevor sie wieder weg sind. Gleichzeitig senden sowohl das Hirn der Tiere als auch das wo auch immer verortete Analogon der Pflanze biochemische Signale, die eine Rücksprache mit den Mikroben erlauben.

Nicht umsonst wird das Wurzelsystem oft als *inverted gut* (etwa »umgestülpter Darm«) bezeichnet. Ganz ähnlich zur allseits bekannten Darm-Hirn-Achse gibt es in der Pflanzenwelt eine Wurzel-Spross-Achse, die auf bidirektionaler, chemischer Kommunikation zwischen Mikroorganismen und dem Wirtsorganismus beruht.[16] Und genau wie ein gesundes Verhältnis von nützlichen und krank machenden Bakterien im Darm durch körpereigene Mechanismen (Magensäure, Schleimschichten, Immunzellen) gepflegt und moduliert wird, entdeckt man im Wurzelreich fast täglich neue Stellschrauben, mit denen die Pflanze ihren unterirdischen Zoo im Zaum hält. Solange alles geordnet abläuft, können Wurzeln und Darm mithilfe weniger biologischer Tricks eine Art »sanften Selektionsdruck« auf ihr jeweiliges Mikrobiom ausüben, sodass ein Milieu entsteht, in dem teamfähige Bazillen gewissen Vorzüge genießen.

Auch im Krankheitsfall spielt die Verständigung entlang der Wurzel-Spross-Achse eine Rolle. An der Modellpflanze *Arabidopsis* wurde beispielhaft gezeigt, dass nach einer Blattinfektion bestimmte Mikroben im Wurzelbereich rekrutiert werden, die die Immunabwehr der Pflanze verbessern.[17] Die Theorie: Mittels eines mobilen (möglicherweise elektrischen? Siehe oben!) Signals »warnen« die oberirdischen Pflanzenteile die Wurzeln vor dem Angriff, worauf diese mit einer Anpassung ihres Wurzelsaftcocktails reagieren. In die Rhizosphäre abgegebene Substanzen enthalten dann Flugblätter, die titeln: »Hey, wir könnten hier Hilfe gebrauchen!« (und nicht wie im Normalbetrieb »Huhu, bitte Nährstoffe klein mörsern, dankeee.«).

Oftmals sind sekundäre Pflanzenstoffe die stressinduzierten Botenstoffe der Wurzel, und manche von ihnen übernehmen sogar eine Doppelrolle: Bestimmte Cumarine kümmern sich im »Alltag« um den Abbau von Eisen für die Versorgung der Pflanzenwurzel, schalten aber bei Alarm um auf die Selektion von guten und weniger guten Kampf-Bakterien-Einheiten. Da ich in meiner Doktorarbeit die Rolle der Cumarine in der Abwehr von Pilzkrankheiten erforscht habe, schauen wir in Kapitel 5 noch genauer hinein. An dieser Stelle ist hoffentlich deutlich geworden: Die Gesundheit der gesamten Pflanze – wie auch die physische und psychische Unversehrtheit unseres eigenen Menschenapparats – hängt von einer Horde unsichtbarer Verbündeter ab. Die Mikrobiota sind das Bindeglied für ein gemeinsames Überleben in der von Pflanzen und Menschen beherrschten Welt. Wir sollten es uns mit ihnen besser nicht verscherzen. Die Forschung dazu nimmt seit einigen Jahren Fahrt auf, und es wird wundervoll-spannend sein, sie zu verfolgen.

Es ist am Ende wirklich wie beim Kochen: Manchmal trifft man rein zufällig, durch einen Glückstreffer (oder durch ein wenig Erfahrung) den Geschmack der festlichen Runde. Übersetzt ins Reich der wurzelnahen Mikroorganismen bedeutet das: Kompost geht irgendwie immer – kann aber auch zu doll sein. Außerdem ist er nicht gerade ressourcenschonend und lässt sich nicht für eine unendlich steigende Zahl an Essensgästen steigern (wir Businessleute sagen: Kompost ist schlecht skalierbar). Und manchmal ist es schlicht und ergreifend unnötig verschwenderisch, Nährstoffe von außen hinzuzugeben. Jede Gärtnerin und jeder Gärtner weiß, dass Hülsenfrüchtler (Schmetterlingsblütler, *Fabaceae*) wie Bohnen, Erbsen und Linsen nicht nur nahrhaft für uns Menschen sind, sondern zudem einen Festschmaus für den Boden bereithalten. Es ist schon fast im Allgemeinwissen angekommen, dass diese (auch Leguminosen genannten) Gemüsearten durch eine Symbiose mit Knöllchenbakterien, den Rhizobien, Stickstoff fixieren und für die Pflanze verfügbar machen. Die Pflanzen bauen aus ihren eigenen Wurzelzellen ein knollenförmiges »Refugium«, in dem sich die Bazillen geborgen fühlen. Durch diese wirklich innige Teamarbeit wird ein Düngen der allermeisten Hülsenfrüchte unnötig. Der Luftstickstoff, der immerhin mehr als drei Viertel unserer Atmosphäre ausmacht, wird durch die biochemischen Superkräfte der Mikroben in pflanzenverfügbares Nitrat umgewandelt. Wozu also noch Gülle oder teuren Mineraldünger verbraten? Mit kluger Fruchtfolge bleibt der gebundene Stickstoff auch noch für die Folgekultur auf dem Acker. Oder sollten wir nicht direkt Mischkulturen anlegen, sodass die wundersame Düngerselbstversorgung der Leguminosen benachbarte Weizen- und Kartoffelpflanzen gleich mitdüngt? Es ist jedenfalls unstrittig, dass wir die Bodenorganismen fördern und »mitdenken« müssen, wenn wir auch in wechselhaften Zeiten (gemeint ist die Klimakrise) noch verlässlich und umweltverträglich Lebensmittel produzieren wollen.

In Freiburg forscht die Arbeitsgruppe von Zellbiologe Thomas Ott unter anderem daran, wie sich die Symbiose mit Knöllchenbakterien in andere Nutzpflanzenarten übertragen lassen könnte. Bei einem Besuch zeigte Thomas mir in seinen Gewächshäusern recht eindrücklich, wie einige Pflanzen mithilfe der Bodenmikroben genauso grün und kräftig dastanden wie die zum Vergleich herangezogenen mineralisch gedüngten Exemplare. Die Forschung steht hier noch ganz am Anfang, aber eines ist klar: Eine Reihe von Genen ist wichtig, damit die Fähigkeit zur Knöllchenbildung ausgebildet werden kann. Ganz ohne die Übertragung von Genen – also die Nutzung gentechnischer Verfahren – wird es wohl nicht gehen. Da die Gentechnik hierzulande nicht gerade das beste Image hat, arbeitet Thomas also in diesem Projekt erst mal nur für eine Demonstration der ungeahnten Möglichkeiten (und natürlich für einen internationalen Markt, der dem Thema gegenüber offener eingestellt ist).

Wenn man es zu Ende denkt, wäre eine verbesserte Selbstversorgung unserer Nutzpflanzen gleichzeitig kosten- und ressourcensparend. Außerdem könnten Ökosysteme durch eine solche Technologie geschont werden, da der Austrag von Stickstoff in die Umwelt wohl stark reduziert wäre. Ein Hauptproblem der Überdüngung ist ja, dass ein Großteil der Nährstoffe überhaupt nicht von der Pflanze aufgenommen wird und in unseren Flüssen und Seen landet. Insofern könnte die Züchtung von »sich selbst düngendem Getreide« – auch mittels moderner Genverfahren – doch mindestens einen näheren Blick wert sein. Wer dann die Vermarktung dieser neuen Sorten unter welchen Bedingungen übernehmen sollte, steht auf einem anderen Blatt.

Ein alternativer Weg kommt ganz ohne die Bearbeitung der Pflanzengenetik aus, wird aber nicht weniger skeptisch zur Kenntnis genommen: Das schon erwähnte *soil microbiome engineering*, also die künstliche Mischung der genau richtig dosierten Mikroorganismen für gesunde Pflanzen im Labor, zeigt ähnlich vielversprechende Ergebnisse. Gerade, als ich diese Zeilen schreibe, flattert eine wunderbare Studie aus China herein, in der das Mikrobiom krankheitsresistenter Wassermelonen erfolgreich übertragen wurde.[18] Diese »Stuhltransplantation im Wurzelreich« ging in etwa so: Zwei Melonensorten wurden im Gewächshaus herangezüchtet: die eine, eine »veredelte«, war sehr widerstandsfähig gegen Pilzkrankheiten, die andere eher anfällig. Dann wurden die Wurzelmikroorganismen der resistenten Pflanzen isoliert und im Labor auf Petrischalen kultiviert. Jede Bakterienart wurde in Reinform vermehrt. Ein künstlich zusammengestellter Cocktail aus sechzehn der gefundenen Arten wurde schlussendlich ins Gießwasser der (nicht-resistenten) Wassermelone gegeben. Die Forschenden stellten fest, dass die Bakterienmischung die nicht veredelte Melone vor einer Infektion mit dem Pilz *Fusarium oxysporum* schützte. Mit anderen Worten: Die synthetische Mikrobengesellschaft (der englische Fachbegriff ist *Synthetic Community*, kurz *SynCom*) wirkte wie ein probiotischer Drink, ein Actimel fürs Wurzelreich, und transferierte die Resistenz von der einen Pflanzensorte auf die andere.

Ein tolles Ergebnis, das Inspiration für eine Anwendung in der nachhaltigen Landwirtschaft in sich trägt. Trotzdem muss auch hier wieder systemisch gedacht werden: Kann man jede *SynCom* bedenkenlos über jeder Kultur ausschütten? Kann sich dadurch nicht auch das Gleichgewicht der natürlich vorkommenden Bodenorganismen verschieben? Und was würde die Verbreitung dieser Bakterien über die Ackergrenzen hinaus in den Ökosystemen bewirken? Die Akzeptanz von synthetischen Mikrobengesellschaften in der Landwirtschaft geht zögerlich voran und wird – ähnlich wie beim Thema Züchtung – durch eine romantisierende, aber allzu menschliche Vorstellung von Natürlichkeit behindert.

Bei Hobbygärtnerinnen und -gärtnern machen Produkte aus und mit »effektiven Mikroorganismen« (EM) die Runde, die als »Bodenhilfsstoffe« ein rundum gesundes Gemüse versprechen. Welche Mikroorganismen genau in der hierzulande für den ökologischen Landbau zugelassenen Brühe enthalten sind, weiß wohl nur der japanische Professor Teruo Higa, der die vermeintlich weltverändernde EM-Technologie entwickelt hat. Davon berichtet er in zahlreichen internationalen Vorträgen, außerdem in Büchern mit so bescheidenen Titeln wie *Eine Revolution zur Rettung der Erde*, erschienen im eigens dafür gegründeten Verlag edition EM. Bis heute fehlen seriöse wissenschaftliche Studien zur Wirksamkeit der EM-Lösungen, die über den (erwartbaren) Effekt des nährstoffreichen Lösemittels hinausgehen.* Das hindert Higa und seine Kollegen aber

* EM-Lösungen enthalten unter anderem ziemlich viel Melasse, ein pappsüßes Nebenerzeugnis aus der Zuckerproduktion. Wissenschaftliche Studien (es gibt nicht viele) zum Thema EM legen nahe, dass die Melasse für den positiven Effekt auf Pflanzen verantwortlich ist.

nicht daran, die Hälfte des Jahres *on tour* zu sein, seine Lehrtätigkeit zugunsten seiner Mission hintanzustellen und ganz beiläufig alles zu vermarkten – von der »Urlösung« (EM1, derzeit 37,00 € pro Liter) bis hin zu Keramikprodukten (EM-Krug, derzeit 44,90 €), die vor dem Brennen in effektiven Mikroorganismen gebadet wurden und daher »eine qualitative Verbesserung (...) nicht nur der Keramik selbst, sondern auch der daraus genossenen Speisen und Getränke« versprechen.

Es ist offensichtlich, dass Mikroorganismen für das Wachstum der Pflanzen enorm wichtig sind. Ohne die Kommunikation nach außen, ohne die Kaffeekränzchen mit Bakterien, Hefen und Co. würde das Wurzelreich es wirklich schwer haben, und wir können unseren Pflänzchen dabei helfen, diese Gespräche mit dem Bodenleben am Laufen zu halten. Dennoch ist es irgendwie ironisch, dass wir eine wissenschaftliche, systematische Herangehensweise (wie bei den *SynComs*) befremdlich finden und eine »blind gemischte«, vermeintlich natürlichere, von pseudowissenschaftlichem Nonsens durchzogene, aber kommerziell erfolgreiche Variante (Effektive Mikroorganismen) bevorzugen. Als Biologe und Gärtner begrüße ich selbstverständlich die aktuell spürbare Beschäftigung mit dem Bodenleben, ich feiere, dass Privatleute nun ganz treffsicher mit Begriffen wie Humusaufbau, Erosionsschutz und Fermentation um sich schmeißen. Als Wissenschaftsvermittler vermisse ich hin und wieder ein gewisses Maß an Sachlichkeit und bin oft verblüfft und besorgt, wie leicht sich Desinformationen gerade in diesem Bereich mit einem »grünen Label« transportieren lassen. Deshalb an dieser Stelle nur kurz: Bleibt bitte in alle Richtungen skeptisch! Aber lasst diese Skepsis nicht selektiv werden, sie nicht nur das »Künstliche«, das Technologische betreffen, sondern wendet sie ebenso auf die vermeintlich »naturnahen« Ansätze an – ganz besonders dann, wenn sie uns die Weltrettung versprechen.

Vielleicht kommen wir dann, wenn wir uns fragen, was das

Bodenleben leisten kann, doch wieder zur gemeinsamen Evolution von Mensch und Pflanze. Noch können wir nicht voll und ganz erklären, wieso Stuhltransplantationen und Mikroben im Gießwasser funktionieren. Aber gerade bei so brandheißen Themen, in Zeiten, da die Wissenschaft sich auf völlig neue Erkenntnisse stürzt wie ein kleines Kind auf ein Katzenbaby, gerade da spürt man die Neugier und den Wissensdurst nach dem Verständnis der ganz großen Zusammenhänge. Pflanzen und Menschen arbeiten in der Landwirtschaft Hand in Hand – wir vermehren ihre Samen, sie geben uns Nahrung und Rohstoffe. Nun stehen mit Klimakrise und Artenschwund zwei fette Endgegner im Raum, die uns beide bedrohen. Na klar, die Pflanzen würden (anders als wir) eine Apokalypse wahrscheinlich überleben, wie sie es schon so oft getan haben. Es hat aber etwas Versöhnliches, dass wir – moderne Nutzpflanzen und moderne Menschen – auf unserer gemeinsamen Reise nun gemeinsam gefordert werden. Die Pointe ist doch: Im Lauf unserer Koevolution haben wir uns im Schulterschluss vom Naturzustand entfernt, wir bauen im besten Sinne »unnatürliche Pflanzen« (hier als Gegensatz zu Wildpflanzen gemeint) in einer unnatürlichen Umgebung (auf dem Acker) an. Das ist lange gut gegangen, oder zumindest hat es eine Weile gedauert, bis wir bemerkt haben, wie wir uns durch unsere Wirtschaftsweise langsam, aber sicher den sprichwörtlichen Ast absägen, auf dem wir ganz naturverbunden zu sitzen glaubten.

Nun, da wir uns hier und da in unserer Existenz bedroht fühlen (andernorts ist das leider nicht nur ein Gefühl, sondern bereits traurige Realität), suchen wir nach Lösungen für die Misere. Und vielleicht ist es nur menschlich, dass wir uns da auch dem Übernatürlichen nicht verschließen, uns eine magische Heilung herbeisehnen, uns in unserer Unwissenheit nach einer höheren Macht sehnen, die schon alles für uns geradebiegen wird. Vielleicht äußert sich die gemeinschaftliche Entfremdung von Mensch und Pflanze gegenüber der unbarmherzigen Natur gelegentlich in einer modernen Form der Naturverehrung? Wir wollen glauben, dass die Wunder der Natur ihre Zauberkräfte entfalten werden – auch auf unserem Acker, wenn wir ihn nur lassen! –, und da kann ein Gemisch aus Mikroorganismen doch sicherlich nicht schaden, oder? Na ja, diese Denkweise kann eben auch einen wirklichen Fortschritt, eine grundlegende Veränderung, eine progressive Agrarwende behindern. Durch unseren Hang zur Romantisierung zeigen wir einerseits, dass wir emotionale, fühlende Wesen sind. Andererseits helfen wir unseren Pflanzen aber nicht durch die Dürresaison, indem wir sie mit Zuckerwasser übergießen oder Kuhhörner in ihrer Nähe verbuddeln. Für mich lautet eine Lösung: Hören wir auf die Wissenschaft. Wie genau das gemeint ist, wird am Ende dieses Buches ausgeführt.

Bis dahin kann ein weiterer Lösungsansatz sein: Hören wir auf die Pflanzen. Nachdem wir so viel über ihre Kommunikation nach innen und außen gelernt haben, von elektrischen Blattsignalen über die viktorianische Blumensprache bis zu den unterirdischen Gesprächen mit dem Bodenleben, sollte uns die Existenz pflanzlicher Kampfparolen eigentlich nicht verwundern. Denn wenn's ernst wird, können die so unschuldig dreinblickenden Gewächse richtig schwere Geschütze auffahren. Und hier ist ein gewisses Maß an Verehrung wirklich angebracht: Durch genaue Beobachtung und akribisches Mitschreiben können wir von den so mühelosen Verteidigungsstrategien der Pflanzen einiges für unsere persönliche Krisenfestigkeit lernen.

# 5 | Gedeih und Verderb –

## *The lord of the weed*

Wuchern und überwuchert werden – das Leben der Pflanzen im selbst gebauten Dickicht ist ein ständiges Gerangel um einen Platz an der Sonne, um Nährstoffe und Wasser, um ein gleichgesinntes *Perfect Match* und um die bestmögliche Stellung für Bestäubung und Samenverbreitung. Konflikte und kleine Gefechte sind dabei manchmal unvermeidlich. Dazu haben Pflanzen ein ganzes Arsenal an Abwehr- und Angriffsmechanismen entwickelt, die von offensichtlichen physischen Burgmauern bis hin zu perfiden Giftstoffen in atomarer Größe reichen. Ihre Fähigkeit zur Kommunikation kommt ihnen auch in der Kriegsführung zugute. Wenn sich die eigene Munition dem Ende zuneigt, rufen sie Verbündete aus dem Tierreich auf den Plan. Doch eins haben wir auch hier mit den Gewächsen gemeinsam: Durch das moderne Leben haben wir uns diese naturgegebene Stärke teilweise selbst abtrainiert. Zeit, sie wiederzuentdecken.

### Holoparasiten und Zombie-Raupen-Apokalypse

Starten wir mit einer Alltagsbeobachtung, die ihr womöglich unterschreiben werdet: Die allermeisten Pflanzen sehen ziemlich gesund und saftig aus. Wenn wir durch den Park gehen, auf einer Wiese liegen oder dem »Waldbaden« frönen, genießen wir das satte Grün und die pralle, beinahe verschwenderische Vielfalt der Gewächse um uns herum, die nur so vor Vitalität strotzen. Kranke Pflanzen fallen uns dabei eher selten auf, obwohl sie natürlich auch in freier Wildbahn existieren. Dass diese aber eher selten sind, ist der staubtrockenen Logik der Evolution zu verdanken: Sesshafte Organismen *müssen* zwangsweise megaresistent sein, um überhaupt im artenreichen Miteinander überleben zu können. Leben an Land bedeutet (wir erinnern uns), dass ein nicht unerheblicher Teil der Kreativität und Energie in die Widerstandsfähigkeit fließen muss. Das ist der Grund, warum 99,9 Prozent der Pflanzen gegen 99,9 Prozent der Erreger, Insekten oder Wetterkapriolen bestehen können. Sie haben einen stets abrufbaren Schlachtplan und wehren diese Stressoren ganz beiläufig ab, so als würde ein Kaktus mit lauter Luftballons beworfen werden. Die Blattdornen dieser Wüstenpflanze gehören noch zu den offensichtlichsten Abwehrstrukturen.

Am Anfang des letzten Kapitels haben wir schon über die unsichtbaren Botenstoffe der Pflanzen gestaunt, die hin und wieder ihren Weg in menschliche Parfüms finden und so zu lustigen Missverständnissen führen können. Der entscheidende Stoff war hier das Methyljasmonat, das sowohl in kommerziellen Duftpräparaten als auch im Duft der kommunizierenden Pflanze enthalten ist. Dieses Beispiel zeigt sehr anschaulich, was eigentlich in einer Pflanze abgeht, wenn sie attackiert wird: Verletzungen (oder Knabbern) werden sofort bemerkt, führen in der Pflanze zu elektrischen Signalen, die wiederum Abwehrstoffe und Luftpost aktivieren, um sich selbst und andere zu schützen. Im erwähnten Tomatenexperiment wurden übrigens nicht nur elektrische Impulse nachgewiesen: Das verletzte Kraut produzierte verdauungshemmende Enzyme (sogenannte Protease-Inhibitoren), die wohl einem hypothetischen Knabberinsekt den Appetit verderben sollten. Dass die Tomate diese Reaktion auch komplett ohne Fraßfeind in der Umgebung eines Labors ausführen kann, zeigt ganz wunderbar, wie tief die Wehrhaftigkeit der Pflanzen in ihrer Genetik verankert ist.

Manchmal kommt es uns Hobbygärtnerinnen und Hobbygärtnern nicht so vor, aber: Eine kranke Pflanze ist nicht die Regel, sondern die Ausnahme. Die Anfälligkeit für bestimmte, dann doch sehr verheerende Pflanzenkrankheiten liegt einerseits in der landwirtschaftlichen Praxis begründet, andererseits ist sie das Ergebnis eines molekularen Kampfs, der eben auch mal zugunsten des Erregers ausgehen kann. In der Evolution gab es schon immer ein Wettrüsten von Keimen und ihren Wirten, in der Phytopathologie spricht man von einem *zig zag model,* einem Hin und Her, bei dem mal das Kraut, mal die Krankheit die Oberhand gewinnt. Eine neue Strategie des pflanzlichen (oder auch: des tierischen) Immunsystems wurde irgendwann von gewitzten Bösewichten überlistet, woraufhin eine neue Strategie entwickelt werden musste. Dieses evolutionäre Wettrüsten lässt sich in den Genen aller Organismen nachlesen wie in einem Geschichtsbuch. Darin steht unter anderem geschrieben: Es sind nicht nur mikroskopische Erreger, die den Pflanzen das Leben schwer machen können. Konkurrierende Gewächse lassen sich mindestens genauso durchtriebene Tricks einfallen, um sich gegenseitig zu übervorteilen und im allgemeinen Gewusel möglichst unauffällig Profit zu schlagen.

Sprechen wir zum Beispiel über *Cuscuta,* die auch Seide* oder Teufelszwirn genannt wird. Die über 200 Arten dieser Gattung sind weltweit verbreitet und ernähren sich quasi ausnahmslos parasitisch von anderen Pflanzenarten. Sie sind Holoparasiten, was auf Deutsch ungefähr so viel heißt wie »komplette Schmarotzer«. Nachdem der Teufelszwirn eine Wirtspflanze gefunden hat, windet er sich um sie herum und zapft ihr Gefäßsystem an. Die Versorgung mittels dieser vampirartigen Lebensweise läuft so gut, dass die eigenen Wurzeln

* Die Textilfaser Seide ist hingegen ein Tierprodukt aus den Kokons der Seidenraupe und hat mit der Pflanze nur den Namen gemeinsam.

absterben (sie werden ja nicht mehr benötigt) und noch nicht mal eine eigene Fotosynthese notwendig ist. *Cuscuta*-Arten haben ein riesiges Wirtsspektrum und befallen Wildpflanzen, aber auch Nutzpflanzen wie Kartoffeln, Petunien oder Luzerne. Und sie machen diese über den körpereigenen Duft ausfindig, den wir schon eingehend studiert haben: das Volatilom.

Eine Studie der Penn State University hat gezeigt, dass *Cuscuta pentagona*, die »fünfeckige Seide«, ihre Lieblingsopferpflanze anhand des »Geruchs« orten kann.[1] Ein Keimling der parasitischen Pflanze wurde in ein Gefäß mit Wasser gestellt und in einem bestimmten Abstand zu verschiedenen Testobjekten platziert: einem Topf mit Erde, einem mit einer künstlichen Tomatenpflanze und einem mit einer echten Tomatenpflanze. Das Ergebnis: Der Keimling des Teufelszwirns wuchs in achtzig Prozent der Versuche zielgerichtet in Richtung der echten Tomate. Da die Forschenden den Tomaten-VOCtail für die Anlockung im Verdacht hatten, extrahierten sie das Tomaten-Volatilom (ihr wisst schon, diese gelbe, toll riechende Schmiere, die nach einem Gang durch das Gewächshaus immer an den Fingern klebt) und tröpfelten die Essenz auf eine Art Schwamm. Jetzt stellten sie *Cuscuta* wieder vor die Wahl: Würde sie lieber zu dem Schwamm mit Tomatenduft wachsen oder zu einem, der nur das Lösemittel enthält?

Es ist keine Überraschung, dass immer noch 73 Prozent der Keimlinge zum ersten Schwamm wuchsen – und doch ist es erstaunlich. Denn eigentlich waren die »Motivationen« für Pflanzenwachstum in den Lehrbüchern in Stein gemeißelt: Spross und Blätter wachsen zum Licht, Wurzeln folgen der Schwerkraft und den Nährstoffen. Ja, okay, vielleicht gibt es noch den Effekt der »negativen Schwerkraft« (oberirdische Pflanzenteile wachsen der Gravitation entgegen) und so etwas wie eine Sensorik für Feuchtigkeit und physischen Kontakt mit Hindernissen, aber das war dann auch schon alles, was beim Wachstum die Richtung vorgibt. Die Schmarotzer unter den Gewächsen zeigen eindrücklich: Nö, auch im Winde verwehte Chemikalien können sagen, wo's langgeht, und sie helfen den besonders Raffinierten beim zielgenauen GPS-Tracking ihrer Wirte. Eine interessante und unerwartete Konvergenz mit der Tierwelt, die ihre pflanzliche Leibspeise auf ganz ähnliche Weise ortet.

Auch die einzelnen Substanzen im Tomatenparfüm wurden identifiziert, getrennt voneinander auf Schwämme getropft und den Parasitenpflanzen vorgesetzt. Hier war zwar eine Präferenz zu bestimmten Inhaltsstoffen zu erkennen (beispielsweise zu β-Phellandren, β-Myrcen und α-Pinen, die übrigens allesamt in der Parfüm- und Aromaproduktion verwendet werden), aber insgesamt war das Resultat weniger eindeutig. Die Autorinnen und Autoren spekulieren am Schluss der in *Science* publizierten Studie, dass ein Zusammenspiel verschiedener Substanzen eine komplexe Botschaft an die parasitische Pflanzenwelt aussende, die nur schwierig zu untersuchen sei. Außerdem hoffen sie, ihre gewonnenen Erkenntnisse mögen zu einer biologischen Bekämpfung von Beikräutern in der nachhaltigen Landwirtschaft beitragen: Je besser wir die Pflanzensprache verstünden, je mehr chemische Vokabeln und versteckte Botschaften wir durch solche Forschungsergebnisse aufdeckten, desto besser könnten wir sie für einen umweltverträglicheren (aber effektiven) Pflanzenschutz einsetzen. Hört, hört.

Manchmal ist die Sprache der Pflanzen buchstäblich Stoff für den nächsten großen Horrorfilm: Unter dem für wissenschaftliche Verhältnisse fast schon boulevardesken Titel *Plants turn caterpillars into cannibals*[2] (»Pflanzen verwandeln Raupen in Kannibalen«) berichtete die Forscherin und Journalistin Laura Castells für die Fachzeitschrift *Nature* von einem ganz besonderen Fall. Der Grund für die Aufregung war abermals die unscheinbare Tomate, die in einem Versuchsaufbau mit den Larven der Zuckerrübeneule konfrontiert wurde. Die Raupen dieses Nachtfalters waren bereits dafür bekannt, manchmal ihre eigenen Geschwister zu verdrücken, vor allem wenn der Konkurrenzdruck hoch war. Nun aber wurde die Raupe mit Tomatenblättern gefüttert, die zuvor mit einem uns bekannten Parfüm in Alarmbereitschaft versetzt worden waren: Methyljasmonat! Die Larven verspeisten die MeJA-behandelten Blätter genauso gern wie Blätter ohne jede Behandlung. Aber – und jetzt wird's gruselig – sie zeigten kurz nach dem Konsum der »vorgewarnten« Blätter deutliche Verhaltensänderungen: Sie richteten sich früher und mit größerem Appetit gegen ihre eigenen Artgenossen. Die Pflanzen hatten als Reaktion auf das Gefahrensignal (die Behandlung mit MeJA) ihre biochemische Hexenküche angepasst und produzierten nun psychoaktive Substanzen, die ebendiesen Hang zum Kannibalismus in den Raupen des Eulenfalters verstärkten. Das muss man sich mal auf der Zunge zergehen lassen – oder nein, besser nicht.

Wie eingangs in Kapitel 3 erwähnt, als wir über die Intelligenz der Pflanzen philosophierten, sollten wir Menschen uns nicht allzu übermächtig fühlen – von Koffein über Muskatnuss bis Schokolade empfangen wir tagtäglich die psychoaktiven Pflanzenstoffe mit offenen Armen. Und auch bei uns führt der Konsum von Nutz- und Heilpflanzen zu physiologischen Veränderungen im Gehirn und beeinflusst unser Verhalten. Das nur als kleiner Gänsehautmoment und als Inspiration für die nächste Zombie-Serie (Arbeitstitel: *Plants versus Humans*, das war sogar einmal der vorläufige Titel dieses Buches, den wir aber dann doch unpassend fanden und verworfen haben. Grüße an das wunderbare Droemer-Sachbuchlektorat! Gut, dass wir uns nicht mit den Pflanzen angelegt haben.)

Bevor wir weitere supergeheime, unsichtbare, fast mafiöse Nacht-und-Nebel-Tricks der Pflanzen aufspüren und in forensischer Detailarbeit nachvollziehen, kommen wir erst einmal zurück zu den gröberen Waffen. Denn Pflanzen sind von Natur aus bis an die Zähne bewaffnet, und das sieht man ihnen sogar schon von Weitem an. Werft doch mal einen Blick auf die nächste Pflanze in eurer Umgebung. Na, seht ihr die Waffen? Die Barrikaden? Die kugelsicheren Westen? Manchmal ist es so offensichtlich, aber wir Menschen haben halt hin und wieder ein Brett vor dem Kopf.

## Stachelröschen und Dornbeere

Und schon wieder hilft mir eine Metapher für eine mehr oder weniger gute Überleitung. Das Sprungbrett ins nächste Themenfeld ist das Brett selbst! Es besteht aus Holz, und Holz ist wohl die beste Rüstung, die die Pflanzenwelt zum Schutz ihrer empfindlichsten Teile erfunden hat. Hier soll es also um die Hardware gehen, um die makroskopischen, auch aus der Menschenperspektive sichtbaren Abwehrsysteme der Pflanzenwelt, mit denen wir alle bereits mehr oder weniger unfreiwillig in Kontakt gekommen sind.

Noch zu oft hören wir in den Nachrichten, wer den Kürzeren zog, wenn mal wieder jemand müde am Steuer saß und unfreiwillig gegen einen Baum fuhr. Holz ist wirklich ein bemerkenswertes Material, das vor allem durch den Holzstoff Lignin seine Festigkeit erhält. Lignin ist eigentlich ein Sammelbegriff für Moleküle und Biopolymere, die über denselben Syntheseweg entstehen wie viele Farb- und Duftstoffe der Pflanze: den Phenylpropan-Stoffwechselweg. Ohne hier zu sehr ins Detail zu gehen, ist es doch verblüffend, dass ein klitzekleiner, biochemischer Unterschied entscheidet, ob etwas Holz ist oder nach Vanille riecht (beide Substanzen sind Phenole und eng verwandt). Zusammen mit einer Wachsschicht auf den Blättern, der Cuticula, ist die Verholzung von Pflanzen der erste und wichtigste physische Schutzpanzer gegen Pflanzenfresser. Sie stellen die erste Verteidigungslinie dar, die es zu überwinden gilt, um an das saftige Innere zu kommen. Hinzu kommt, dass die Verholzung natürlich auch das Höhenwachstum an Land begünstigt hat, mit dem Pflanzen Abstand zwischen sich und dem Fußvolk schaffen und höher gelegene Lebensräume erschließen konnten. Die Stabilität eines hundert Meter hohen Mammutbaums, der Wassertransport über diese riesigen Distanzen, die Kommunikation von Wurzeln und Baumwipfel wäre ohne die erstaunliche Festigkeit des Biopolymers Lignin nicht denkbar. Der Holzstoff ist der primäre Schutzwall der Pflanze gegen verheerende äußere Widrigkeiten – vom Waldbrand bis zum Autounfall.

In einer Reihe mit der hölzernen Rüstung und der geölten Blattoberfläche muss die mechanische Abwehr mittels Dornen und Stacheln genannt werden. Und nein, Dornen und Stacheln sind nicht das Gleiche. Dornen sind umfunktionierte Organe (zum Beispiel Seitenäste oder Blätter), während Stacheln aufsitzende Strukturen der Rinde sind. Stacheln kann man deshalb ganz einfach abstreifen oder brechen, Dornen hingegen sind wie kleine Ästchen von Wasser- und Nährstoffgefäßen durchzogen und nur schwierig zu entfernen. Beide dienen der Abwehr von Herbivoren (das ist das schlaue Wort für Pflanzenfresser) und werden im allgemeinen Sprachgebrauch standardmäßig verwechselt: Eigentlich müsste es Stachelröschen und nicht Dornröschen heißen, und die Stachelbeere ist eigentlich eine Dornbeere. Auch die Brennhaare der Brennnesseln sind makroskopisch sichtbare Verteidigungsmechanismen, die wie Stacheln auf dem Pflanzenkörper aufsitzen. Allerdings bestehen die tückischen Nadeln aus einer einzigen, mit einem feurigen Cocktail gefüllten Zelle – sie sind streng genommen nicht Teil der mechanischen Abwehr von Pflanzenfressern, sondern setzen auf die guten alten Pflanzengifte, zu denen wir noch kommen.

In eine ähnliche Kerbe schlagen die sogenannten Raphiden, kleine zugespitzte Kristalle in den Zellen bestimmter Pflanzenarten, die sich beim Kauen in die Mundschleimhaut graben.

Raphiden sind im Verdacht, das irritierende Brennen von Ananas oder Kiwi auszulösen, und auch sie nutzen nicht selten Giftstoffe, um ihre Wirkung zu entfalten. Afrikanische Forschende haben gezeigt, dass die kristallinen Stacheln in jungen, unreifen Bananen häufiger vorkommen und möglicherweise Herbivoren davon abhalten sollen, die Früchte vor der Samenreife zu verzehren.* Andere Autoren vermuten die Funktion der Raphiden eher in der Einlagerung überschüssiger Kalziumionen, die zusammen mit der pflanzlichen Oxalsäure die Kristallstruktur ergeben. So oder so, die fiesen Nädelchen sind da und verursachen beim Essen winzig kleine Verletzungen im Mundraum. Sie funktionieren rein passiv, da der oder die Fressende sich durch den Kauvorgang selbst tausendfach die mikroskopisch kleinen Spritzen setzt. Da kann einem nichts Böses ahnenden Säugetier schnell der Appetit vergehen.

Eine Pflanzengattung geht mit der dornigen Wehrhaftigkeit noch einen Schritt weiter: Viele Arten der auf dem Cover dieses Buchs oben rechts abgebildeten Akazie *(Acacia spec.)* vermieten ihre Abwehrorgane gleichzeitig an Ameisen. Ihre hohlen Dornen werden von den sozialen Insekten bevölkert, die zudem mit Nektar und allerlei Leckereien versorgt werden. Im Gegenzug patrouillieren die Ameisen permanent im Blattwerk und halten der Pflanze kleine und große Angreifer vom Leib. Partnerschaften mit Ameisen – mit der wundervollen wissenschaftlichen Vokabel Myrmekophylaxis beschrieben – sind eine verbreitete Form der Symbiose. Sie halten sogar Krankheitserreger in Schach, wie eine Forschungsgruppe vom Max-

* Das Ironische ist, dass die Kulturbanane überhaupt keine Samen mehr ausbildet, die reifen müssten. Die in der Wildform sehr großen und steinharten Kerne wurden vom Menschen herausgezüchtet, sodass wir heute das kernlose Obst genießen. Bananen werden nun weltweit vegetativ (d. h. über Stecklinge) vermehrt. Gut für den Genuss, weniger gut für die Züchtung neuer, klimaangepasster Sorten. Schlagt gern noch mal in Kapitel 2 nach, wieso die vegetative Vermehrung auch die ein oder andere Schattenseite hat.

Planck-Institut für chemische Ökologie in Jena herausgefunden hat:[3] Die Anwesenheit der Sechsbeiner reduziert offenbar die Besiedlung der Blattoberfläche durch schädliche Bakterien. Oder anders gesagt: Durch die Untermieter und ihre mitgebrachten Duftstoffe, Sekrete und Mikroben hat sich die Akazie gleich auch ein gesundheitsförderndes Mittelchen ins Haus geholt. Die Forschenden vermuten, dass es vor allem die Mikroorganismen an den Beinchen der Ameisen sind, die auf der Oberfläche der Pflanze ihre Wirkung zeigen und ungeliebte Bakterien und Pilze bekämpfen. Sie extrahierten die Bakterienstämme, die an den Ameisenbeinen wohnen, und konnten tatsächlich eine hemmende Wirkung auf pflanzliche Krankheitserreger der Gattung *Pseudomonas* feststellen.

Es geschehen also schon auf der allerersten Ebene des Pflanzenkörpers, auf der Oberfläche von Blättern und Rinde, auf Stacheln und Dornen, wundersame Dinge. Theoretisch könnten wir sie von außen beobachten, wenn unsere Augen ein klein wenig besser wären: Ameisen, die in dornigen Höhlen wohnen und durch ihr Herumgetapse Mikroben auf der Pflanze verteilen, die wiederum eine Art natürliches Antibiotikum produzieren und das Gewächs dadurch gesund und munter halten. Manchmal kommt einem die Pflanzenforschung vor wie ein psychedelischer Trip, aber dann ist es doch wunderbare und pragmatische Realität.

Der äußere Schutzpanzer der Pflanzen kann durch mechanische Einwirkung durchbrochen werden. Und wenn die Tür einmal geöffnet ist, ist sie nicht selten eine Eintrittspforte für Krankheitserreger. Wenn die Hardware also nicht mehr ausreicht, kommt die Software ins Spiel, um den Schaden einzudämmen: Toxine, Enzyme und Sekundärmetaboliten, die nicht direkt aus der Fotosynthese stammen, übernehmen das Kriegsbeil und schützen die Pflanze auf ihre eigene Art. Rezeptoren in den Zellen registrieren schnell und präzise, welcher Angreifer gerade hereinmarschiert, und stellen in einem irrsinnigen Tempo die Weichen für eine passende biochemische Abwehr. Doch bevor wir uns diese zweite Verteidigungslinie genauer ansehen, bevor es um das pflanzeneigene Antivirenprogramm geht, bleiben wir zunächst in der Welt des Sichtbaren. Denn die Gewächse ziehen schon präventiv so einige Register, um der Konkurrenz immer eine Astlänge voraus zu sein.

## Brandstiftung und Teufelsgärten

Die Eroberung der Landfläche in der Erfolgsstory der Pflanzen hat mit unserer menschlichen Evolution einen gemeinsamen Nenner, der gleichzeitig ein Zielkonflikt ist: Effektive Überwucherung auf einem begrenzten Planeten führt unweigerlich zu einem Platzproblem. Heute merken wir das beim Streit um Ackerfläche, die der Natur abgerungen wird, oder bei der Renaturierung von Brachen, die auch für den sozialen Wohnungsbau hätten genutzt werden können. Die Pflanzen haben diese Konflikte schon lange vor uns ausgetragen und auf ihre eigene, pragmatische Art gelöst. Bei einem Spaziergang durch den Wald im Frühling ahnen wir, dass nicht alle aufkeimenden Bäumchen die Chance haben werden, sich im Gefüge des Blätterdachs einen Platz zu ergattern. Was wir oft nicht auf dem

Schirm haben: Viele Pflanzen haben so ihre Strategien, um die Wahrscheinlichkeit dafür zu ihren Gunsten zu verschieben.

Kiefern *(Pinus)* bilden eine weitverbreitete und artenreiche Gattung auf der Nordhalbkugel. Ihre verschiedenen Arten findet man in beinahe allen Ökosystemen von der Subarktis bis in tropische Gefilde. Kiefern stehen sowohl in dichten Wäldern als auch auf offenen Flächen und stellen häufig die dominierenden Baumarten ihrer jeweiligen Standorte. Die Vielfalt der Ökosysteme spiegelt sich nicht zuletzt in der Artenvielfalt der Kiefern wider: In Sibirien hat die zwergenhafte *Pinus pumila* ihre ökologische Nische gefunden, während die nordamerikanische Zucker-Kiefer *Pinus lambertiana* über sechzig Meter hoch wachsen kann und Zapfen so groß wie Kleinkinder abwirft. Und jetzt kommt's: Auch im Umgang mit (aus menschlicher Sicht) katastrophalen Ereignissen werden die Kiefern kreativ. Seit einigen Jahren werden sie zunehmend verdächtigt, mit wiederkehrenden Waldbränden nicht nur gut klarzukommen, sondern sie sogar für sich auszunutzen oder gar mitzuverursachen.[4] Zunächst einmal findet man viele *Pinus*-Arten in Gegenden, die oft von verheerenden Waldbränden geplagt werden. Wir alle verfolgen in den Nachrichten, dass unkontrollierbare Feuerinfernos in Kalifornien, Australien oder sonst wo im Zuge der globalen Erwärmung immer häufiger werden. Nun haben viele Bäume – neben der Kiefer ist die Korkeiche ein prominentes Beispiel – über Jahrhunderte und Jahrtausende ihre Schutzmechanismen ausgebaut, um auch in solchen Regionen überleben zu können. Die dicke, feuerfeste Borke ist zum Beispiel eine große Hilfe, aber auch der Kindergarten ist bereits pyromanisch unterwegs. Nach der Keimung gehen die Jungkiefern schnurstracks in die sogenannte Grasphase über, in der der empfindliche Spross (mitsamt der für das Höhenwachstum wichtigen Stammzellen) von einem Büschel langer, fester Nadeln umhüllt ist. Die Grasbüschelhülle schützt den Keimling effektiv vor den saisonalen Waldbränden und verschafft ihm die nötige Zeit, in aller Ruhe ein Wurzelsystem auszubilden, das tief genug in den isolierenden Boden reicht.

Erst wenn die Wurzeln einen bestimmten Durchmesser haben (was je nach Witterung zwischen zwei und fünfzehn Jahren dauern kann!), fangen die jungen Kiefern an, in die Höhe zu schießen. Sie wechseln von der Gras- in die Flaschenbürsten-Phase. (Nein, ich habe mir diese Begriffe nicht ausgedacht, *grass phase* und *bottlebrush phase* sind seriöse, pflanzenwissenschaftliche Vokabeln.) Nun geht's um Schnelligkeit: Bis zu neunzig Zentimeter pro Saison schießen die Bäume in die Höhe und schaffen es so, innerhalb weniger Jahre genug Abstand zur lodernden Glut zu gewinnen. Fast schon naiv, spielerisch und frei nach dem Motto »Der Boden ist Lava« wachsen die Bürstenköppe den tödlichen Flammen davon und sind nun aus dem Gröbsten raus. Von hier an wachsen sie mit unschlagbaren Vorteilen der Reife entgegen: Das Wurzelreich ist tief genug, das Blätterdach hoch genug, die feuerfesten Stämme halten einiges aus – und die hin und wieder grassierenden Waldbrände schaffen auch noch Platz für die Nachkommen, die bald aus der Höhe hinuntersegeln.

Das altersabhängige Umstyling der Kiefern-Youngsters ist eine morphologische Anpassung an die Ökosysteme, in denen Feuer eine entscheidende Rolle spielt. Weitere Add-ons sind die jahreszeitenlose Zapfenreifung und die Anlagen für Seitenknospen unterhalb der schützenden Borkenschicht. All diese Dinge erlauben es Kiefern auf verbrannter Erde, schnell und unkompliziert in den Alltag zurückzukehren. Das Feuer ist für sie keine Katastrophe – ganz im Gegenteil: Oftmals ist die evolutionäre Anpassung so weit fortgeschritten, dass die Pflanzen ohne regelmäßige Brände womöglich nicht überleben könnten. Und damit kommen wir zur Entflammbarkeit von »Kiefernabfällen« (für *pine litter* gibt es keine zufriedenstellende Übersetzung). Die Entflammbarkeit beschreibt, wie schnell herabfallende Äste, Nadeln und Zapfen Feuer fangen, und stellt gleichzeitig die interessante Frage, ob diese zum alljährlichen Waldbrandgeschehen beitragen (sollen).

Eine entlarvende Studie aus den USA hat bestätigt, was für andere Baumarten ebenfalls schon beobachtet wurde: Die Entflammbarkeit variiert zwar zwischen den Arten innerhalb der Gattung der Kiefern, aber generell findet man die leichter entzündlichen Baumabwürfe eher in waldbrandgefährdeten Gebieten. Auch durch historische Daten konnte die These untermauert werden, dass die Verteilung der brandstiftenden Spezies mit der Häufigkeit von Waldbränden korrelierte. Macht das die Kiefer also zum Serienkiller? Nun, wir können sie leider nicht fragen. Aber ein anerkennendes Nicken hat es mindestens verdient, dass sie mit ihren eigenen Reststoffen womöglich nicht nur die Häufigkeit von Feuerereignissen steuert, sondern auch die Details mit einplant: Trockene, lange Kiefernnadeln brennen kurz und heftig. Das reicht aus, um konkurrierende Pflänzchen zu grillen, ist aber weder für die eigenen Wurzeln noch für den kratzbürstigen Kindergarten gefährlich. Die Forschung an der Entflammbarkeit von Pflanzen hat noch nicht alle Fragen geklärt. Aber schon jetzt ist es erstaunlich, wie einzelne Arten ganz beiläufig ihre Umgebung mitgestalten und sich unter vermeintlich großen Aufopferungen ihre biologischen Nischen sichern.

Übrigens: Kiefern sind nicht die Einzigen, die sich selbst freiwillig in Brand stecken. Manche neu eingeschleppten Brandstifter, allen voran *Eucalyptus*-Arten, verschieben das »natürliche« Waldbrandgeschehen in eine bedrohliche Richtung. Gerade in Kalifornien, dem Land der Megafeuer, sind die vor hundert Jahren zur Zierde angebauten Eukalypten ein großes Problem. Auch sie werfen Äste und Teile ihrer Rinde »bewusst« ab, nur dass diese aufgrund der enthaltenen Öle nicht von Mikroorganismen zersetzt werden – und zudem erstklassig brennen. Die leicht entzündliche Schmiere sickert tief in den Boden, was die Waldbrandgefahr weiter erhöht. Fängt das

Eukalyptusstreu einmal Feuer, ist es verdammt schwer zu löschen. Laut Berechnungen, wie Markus Bennemann in seinem Buch *Böse Bäume* schreibt, ist das so zerstörerisch, »dass für alle drei Fingerhoch Streu ebenso ein Fingerhoch Benzin auf dem Boden stehen könnte«[5]. Da wir später noch eine Stippvisite bei den invasiven Arten machen, sei hiermit nur exemplarisch verdeutlicht, dass wir Menschen im Zuge der Globalisierung auch die »regional angepassten Waffen« der Pflanzen in der Welt verteilen. Wir reißen sie aus dem Kontext und machen sie somit potenziell erst wirklich gefährlich für die lokale Ökologie.

Der Abwurf von Pflanzenteilen muss nicht immer eine apokalyptische Feuerwand auslösen, er kann auch ganz still und heimlich morden. So handhabt es zumindest die Walnuss *(Juglans regia)*. Wer diesen Nussbaum im Garten hat, hat vielleicht schon festgestellt, dass unter seiner Krone nicht vieles wächst. Der Grund für die kümmerlichen Tomaten in der Nähe der Walnuss ist das Juglon. Diese Substanz ist für andere Pflanzen hochgiftig und befindet sich in Blättern, Früchten und den Wurzeln des Baums, die sie kontinuierlich abgeben. Fallen im Herbst die Blätter und Früchte des Nussbaums zu Boden, können sie auf lange Sicht noch mehr pflanzenhemmendes Juglon in den Boden bringen. Die einfache Lösung: Blätter zusammenkehren und entsorgen. Und wenn ihr unbedingt in der Nähe der Walnuss gärtnern wollt (oder müsst), setzt ein Hochbeet auf. Interessanterweise hat Juglon nicht auf alle Pflanzen eine wachstumshemmende Wirkung. Manche eng verwandten Arten reagieren komplett konträr auf den Stoff – Melonen finden ihn toll, Gurken rafft er dahin, beide gehören zur Familie der Kürbisgewächse.

Im speziellen Fall des Juglons aus der Walnuss ist die Forschung noch uneinig über die genaue Wirkweise, aber es gibt eine ganze Reihe dieser sogenannten Allelochemikalien in der Natur.[6] Ob über die Luft mittels flüchtiger VOCs, durch die

Wurzelsäfte oder durch herabfallende Pflanzenteile, die Gewächse haben ihre Mittel und Wege, um mitzuteilen: »Wachs doch woanders, hier wachse ich.« Und auch hier sind wir Menschen ein unvorhergesehener Parameter, der durch die Einführung neuer Arten die Pflanzensprache durcheinanderbringt: Der »Dialekt« invasiver Arten kann für die heimische Flora schon mal überfordernd sein, sodass die Invasion mit den Allelochemikalien als Sprachrohr deutlich schneller voranschreitet. Im Fall einer invasiven Flockenblumenart *(Centaurea maculosa)* scheint es so zu sein. Das unscheinbare Blümchen ist als Invasorin in Nordamerika sehr erfolgreich und hemmt andere Pflanzen durch ein im Wurzelsaft enthaltenes Toxin.

Da wir Biologinnen und Biologen den Krieg der Pflanzen in all seiner Dramatik studieren, musste für diese Form der Kriegsführung ein entsprechend dramatischer Name her. Die *Novel Weapons Hypothesis* (»Neue-Waffen-Hypothese«) besagt, dass innerhalb einer lokalen Pflanzengesellschaft ein ausgewogenes Verhältnis zwischen motivierenden und hemmenden Biochemikalien herrscht, das durch neuartige Allelostoffe umso schneller aus der Bahn geworfen werden kann. Mittlerweile gibt es immer mehr wissenschaftliche Evidenz dafür, dass die allelopathische Hemmung regionaler Konkurrenz maßgeblich am Erfolg eingeschleppter Arten beteiligt ist.

Ein besseres Verständnis dieser Zusammenhänge, ein offenes Ohr für die Absprachen zwischen Pflanzen, bereichert nicht nur unser Wissen um die ökoevolutionären Beziehungen, sondern hilft uns auch bei der Absprache mit unseren eigenen Kulturpflanzen. Ein Acker ist ein »gemanagtes Ökosystem«, das ebenso gern in Frieden lebt und möglichst wenig mit Waffen zu tun haben will. Bei der Einführung neuer Pflanzen müssen wir also ähnlich verantwortungsvoll und vorsichtig sein wie beim Ackerbau generell. Monotone Landschaften, Reinkulturen ohne Vielfalt, sind womöglich nicht gerade ein zukunftsfähiges Konzept. Auf der anderen Seite ist es für die Pflanze auch irgendwie praktisch, in direkter Nähe zu Fortpflanzungspartnern und ohne Konkurrenz dazustehen. Haben wir uns die monotone Feldwirtschaft also aus praktischen Gründen ausgedacht? Oder waren es doch wieder die Pflanzen selbst, die uns dazu gebracht haben? Ich komme ein wenig vom Thema ab, aber dann auch wieder nicht: Wir Menschen sind tatsächlich nicht die einzigen Tiere, die Pflanzen in Monokultur halten und mit Unkrautvernichtern besprühen.

Im Regenwald des Amazonas gibt es große Flecken, auf denen nur eine einzige Baumart wächst: *Duroia hirsuta.* Diese Pflanze gehört – wie die Akazie – zu den »Ameisenpflanzen«. Sie gewährt den Insekten Schutz in ihren hohlen Stämmen, und die Ameisen revanchieren sich wie gehabt in Form von Schädlingsbekämpfung und allgemeiner Haushaltsarbeit. Aber wieso wachsen in diesen sogenannten Teufelsgärten nirgends andere Pflanzen? Irgendwie gruselig. Lange hatte man auch hier Allelochemikalien (wie bei der Walnuss) im Verdacht, konnte dafür aber nicht genügend Beweise sichern. Dann führte Megan Frederickson mit ihrem Team von der Stanford-Universität 2005 den entscheidenden Versuch durch: Sie setzten einige Jungpflanzen von typischerweise in der Umgebung vorkommenden Bäumen mitten in den schummrigen Garten des Teufels. Einige von ihnen wurden ameisensicher umzäunt, alle anderen nicht. Die Pflanzen mit Zaun wuchsen normal und zeigten keinerlei Symptome, die auf unterirdische oder sonstige Vergiftung mit Pflanzensäften der benachbarten *Duroia* hindeuten würden. Bei den übrigen Pflanzen sah es anders aus: Kaum waren die Setzlinge in der Erde, schwärmten die Arbeiter des Ameisenvolks aus und attackierten die unbekannten Pflänzchen. Sie injizierten ihr Gift in die Blätter, was innerhalb von 24 Stunden zu nekrotischen Flecken führte. Kurz darauf waren alle Versuchspflanzen ohne Zaun dahin.

Im Labor analysierte Frederickson das Sekret der aggressiven Krabbeltiere und fand nicht wenig überraschend hoch konzentrierte Ameisensäure. Setzte sie eine Spritze an die Versuchspflanze an und injizierte eine vergleichbare Dosis des Ameisengifts, bildeten sich auch im Labor die Nekrosen, die die Forscherin im Regenwald beobachtet hatte. Fasziniert und verstört zugleich, berichtete sie kurz darauf in einem Fachmagazin: »Die Kultivierung von Teufelsgärten durch [Ameisen] ist ein Beispiel für Nischenbau. Durch die Tötung aller anderen Pflanzen sichert sich die Ameise mehr Niststellen in den Stämmen von *Duroia*.«[7] Die Wissenschaftlerin berechnete anhand der aktuellen Wachstumsrate des Waldstücks, dass der untersuchte Teufelsgarten über 800 Jahre alt und von einer einzigen Kolonie mit drei Millionen Arbeiterinnen und 15 000 Königinnen bewohnt sein könnte.

Mithilfe eines natureigenen Herbizids halten sich Ameisen im Regenwald eine Monokultur ihrer Lieblingspflanze – oder ist es andersherum? Die Pflanze verpflichtet eine Armee giftiger Kleintiere, um alle anderen krautigen Konkurrentinnen aus dem Weg zu räumen? Wie man es auch dreht und wendet, die Pflanzenwelt steht den fanatischen Feldherren unserer eigenen Spezies in nichts nach. Mit großformatigen Biowaffen geht sie skrupellos ins Gefecht, legt mit voller Absicht Waldbrände, tränkt den Boden mit Öl, verteilt lähmende Gifte durch ihr Wurzelsystem und hetzt sich gegenseitig die (in diesem Fall sechsbeinigen) Hunde auf den Hals. Immer wenn ich schreiben will, dass all dies im Verborgenen stattfindet, dass wir die Wehrhaftigkeit der Pflanzen nie direkt zu spüren bekommen würden, muss ich an meinen Kumpel Timo denken – der ist nämlich Pollenallergiker. Und wenn so etwas Kleines wie Pollen jemandem schon so doll den Tag (beziehungsweise den Sommer) vermiesen kann, dann bin ich, glaube ich, ganz froh, dass die Pflanzen ihre ganz großen Waffen nicht gegen uns richten.

Vielleicht ist es ein wenig friedlicher, wenn wir wieder nach Parallelen statt nach Unterschieden suchen. Auch wir Tiere haben unsere Partnerschaften, zwar nicht mit Ameisen, aber zum Beispiel mit Mikroorganismen auf unserer Haut. Ganz ähnlich wie die Ameisenbeinchen auf der Akazie verteilen wir durch Bewegung und Schweiß kleine Armeen von Bakterien und Pilzen auf unserer Hautoberfläche – und das ist etwas Gutes! Denn eine gesunde Hautflora ist wichtig, damit kein Bösewicht, kein Ausschlag, keine Trockenheit, kein UV-Licht uns schaden kann. Auch Menschen leben miteinander in einem Gleichgewicht aus Anziehung und Abstoßung, kommunizieren über Pheromone ihre Laune oder über Laute ihren Unmut. Über unsere Sprache können wir um Hilfe rufen, falls mal irgendein Problem auftauchen sollte, das wir allein nicht lösen können. Und das sollen uns die Pflanzen erst mal nachmachen. *Challenge accepted.*

## Drama im Wilden Westen

Zur Erinnerung: Pflanzen leben in einer *Chemical Landscape,* in einer Landschaft der Chemie, in der alle permanent irgendwelche komplizierten Verbindungen ausstoßen, die bei anderen Organismen zu Verhaltensänderungen führen. Direkt lebensnotwendig sind diese Verbindungen oft nicht. Deshalb gab man ihnen, diesen ganzen tollen Aromen, Farben, unsichtbaren Boten- und heilsamen Wirkstoffen, prompt den eingängigen Namen »Sekundärmetaboliten«. Als Abgrenzung zum »Primärstoffwechsel«, also allen Substanzen und chemischen Reaktionen, die für die Fotosynthese und das nackte Überleben gebraucht werden, bekamen die sekundären Pflanzenstoffe also den Aufkleber eines netten Zusatzgimmicks. *Nice to have.* Schön zu haben, aber nicht unbedingt notwendig.

Heute ist klar, dass ohne Farbstoffe zum Anlocken von Bestäuberinsekten, ohne VOCs zur Kommunikation mit der Tierwelt (und miteinander) und ohne Abwehrsubstanzen zur effektiven Verteidigung das Leben der Pflanzen doch sehr beschwerlich – oder vielmehr unmöglich – wäre. Lasst uns also so verbleiben, dass die Sekundärmetaboliten in einer menschgewordenen Pflanze zwar nicht für die Atmung oder den Herzschlag gebraucht werden, sehr wohl aber für ein funktionierendes Immunsystem oder erfolgreiche Reproduktion. Sie sind Naturstoffe, bei denen die biochemische Kreativität der Gewächse zum Ausdruck kommt, die vielfältig und bunt für Hunderttausende kleine Alltagslösungen des pflanzlichen Lebens entwickelt wurden. Es kostet die Pflanze zusätzliche Energie, diese Verbindungen herzustellen. Deshalb werden oft nur kleine Mengen produziert, die aber eine große Wirkung erzielen können. Die Investition lohnt sich also, da eine ungemeine Kraft in den kleinen Zusatzmittelchen liegt. Es verwundert daher nicht wirklich, dass ein und derselbe Pflanzenstoff je nach Dosierung völlig konträre Effekte haben kann (ihr erinnert euch an meine längst überfällige Tätowierung von Paracelsus' »Die Dosis macht das Gift«).

Wenn die erste Verteidigungslinie der Pflanzen durchbrochen wird, muss ein Strategiewechsel her. Ist einmal ein Loch in der Hardware, setzt die Pflanze alles daran, mithilfe ihrer chemischen Kreativität das Schlimmste zu verhindern. Viele Naturstoffe sind giftig und können je nach Dosis sogar tödlich für knabbernde Tiere sein. Einige Sekundärmetaboliten dienen eher der Abschreckung, wie die flüchtigen Aromen in den Kräuterküchen von Minze und Salbei, oder schmecken widerlich bitter, wie etwa das Alkaloid Chinin, das nach dem ersten Biss den Spaß verdirbt. Andere Alkaloide (selbe Wirkstofffamilie, etwas anderer Pinselstrich) setzen eher auf Überstimulation und Herzrasen; Koffein ist so ein Beispiel. Auch Opioide aus Schlafmohn und anderen Pflanzen zählen zur selben chemischen Palette, bewirken aber Lethargie und hochgradige Benebelung. Manche Verbindungen werden erst nach dem

Verspeisen gefährlich, wie die cyanogenen Glykoside aus einigen Manioksorten, die bei der Verdauung zu Zucker und Blausäure zerfallen (Cyanidvergiftung!). Und Fingerhüte (*Digitalis*-Arten) übertreiben es maßlos: Ihr Giftcocktail geht direkt aufs Herz und führt ziemlich schnell zu Schwindel, Halluzinationen und einem Stillstand der Pumpe. Aber – und damit schließt sich der Kreis – man kann eben auch ziemlich gute Herzmedikamente daraus machen.

Ob ein Pflanzenstoff toxisch ist, ist oft im wahrsten Sinne des Wortes Geschmackssache: Fehlen die Rezeptoren für den Giftstoff, gibt es keinen Grund zur Sorge (ähnlich wie bei den Hühnern, die ohne Ende Chilis fressen können). Die Koevolution von Pflanzen und Pflanzenkrankheiten ist ein wunderbares Wechselspiel von Erfindungen, die mal der einen, mal der anderen Seite zum Vorteil gereichen. Hier ist die Abwehrchemie nur ein Puzzleteil von vielen – so auch die mikroskopischen Barrikaden, die Pflanzenzellen ganz gezielt aufbauen, um den Schaden zu begrenzen.

Bevor es überhaupt Gifte oder Ähnliches braucht, können Pflanzenzellen auch mit reiner Muskelkraft auf Eindringlinge reagieren. Schafft es beispielsweise ein Pilzerreger durch eine offene Wunde an einem gerissenen Blatt, versucht er sofort, durch die Zellwand zu dringen und an das saftige Innere zu kommen. Das Kraut bemerkt das »Anklopfen« sofort und stemmt als Antwort auf den pilzigen Rammbock immer mehr Zellwandmaterial von innen dagegen.

Diese sogenannte Callose-Deposition (Ablagerung von Zuckermolekülen zur Verdickung der Zellwand) gehört seit Urzeiten zum Immunsystem der Pflanzen und ist einer von vielen Gründen, warum Pflanzen so selten krank werden. Dazu kommen weitere physische Mechanismen wie das Schließen der Stomata (Blattporen, durch die Pflanzen »atmen«). Diese Reaktionen sind »angeboren«, sie stecken tief verankert in der Genetik jeder Wild- und Ackerpflanze und bilden die Nachhut im Kampf um ein gesundes Pflanzenleben, wenn die äußere Hülle mal nicht ausreicht.

Zum selben Automatismus gehört der (recht dramatisch klingende) »programmierte Zelltod«: Wenn es ein Krankheitserreger trotz aller Bemühungen doch durch die Zellwand schafft, opfert sich die befallene Zelle (und ein paar drum herum gleich mit), damit dem Bösewicht schnell der Nährstoffhahn zugedreht wird. Ohne lebendige Zellen können die meisten Pilze und Bakterien nicht lange überleben und gehen zugrunde. Der kollektive Selbstmord einiger Pflanzenzellen zum Schutz der Allgemeinheit zeigt einmal mehr, wie viel Kraft in der Regenerationsfähigkeit der Pflanzen steckt. Wir erinnern uns an das bisher Gelesene: Sie können neunzig Prozent ihres Körpers verlieren, trotzdem weiterleben und die fehlenden Gewebe in kürzester Zeit nachbauen. Die Zellen haben zwar im Gewebe ihre spezifischen Funktionen, verhalten sich aber gelegentlich wie eine intelligente Herde, und wie beim Impfen schützt die Herde zuverlässig die (vergleichsweise wenigen) Sensiblen wie Stammzellen oder Samenanlagen.

Interne Signale agieren in der Pflanze wie ein Frühwarnsystem, das neue Kriegsmaschinerie auf den Plan ruft. Und tatsächlich gibt es auch viele Beispiele, in denen Pflanzen gleichzeitig die eigenen Waffen mobilisieren und Verstärkung von außen herbeirufen. Der Wilde Tabak *(Nicotiana attenuata)* wächst im ebenso wilden Westen des nordamerikanischen Kontinents, und seine Spezialisierung innerhalb seiner ökologischen Nische fasst nicht nur vieles von dem zusammen, was wir bis hierhin besprochen haben, sondern bietet auch Stoff für ein wunderbar dramatisches Theaterstück in drei Akten. Im ersten Teil geht es um das besondere Keimungsverhalten des Tabaks, der sich vor allem – wie passend! – nach Waldbränden massenhaft aus der Asche erhebt. Durch die Beobachtung im natürlichen Verbreitungsgebiet der Pflanze weiß man, dass sie typischerweise innerhalb von ein bis drei Jahren nach einem

Busch- oder Waldfeuer auftritt. Oft sind es Wacholder- oder Kiefernwälder (was uns jetzt nicht mehr wirklich überrascht), die Feuer fangen und *N. attenuata* aus ihrem Stachelröschenschlaf wecken.

In Laborversuchen konnte gezeigt werden, dass Verbrennungsprodukte von Cellulose die Keimung der Pflanze anregen, während nicht-verkohlte Pflanzenreste die Keimung eher hinauszögerten.[8] Das ist schon mal die erste Superkraft des Wilden Tabaks: Er kann schon als kleines Samenkorn unterscheiden, ob er im Waldboden unter »normalem« Totholz begraben liegt, oder ob es sich um verbranntes Holz handelt! Nachdem ein 150 Jahre alter Wacholderhain 1994 in Utah abfackelte, zählte man kurz darauf Zehntausende Tabakpflanzen auf dem 800 Hektar großen Areal. Die nächste Population stand kilometerweit entfernt, sodass davon ausgegangen werden muss, dass die Tabaksamen seit über einem Jahrhundert im Boden auf optimale Bedingungen gewartet haben. Ein sauber abgeflämmter Waldboden enthält weniger potenzielle Konkurrenz – außerdem weist er eine erhöhte Konzentration von Ammoniak auf, das für die Tabakpflanze ein günstiger Ausgangsstoff zur Herstellung von Nicotin ist.

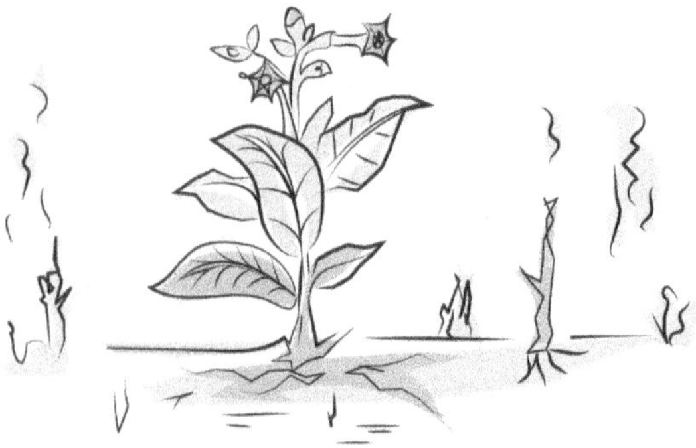

Und von diesem berühmt-berüchtigten Pflanzenstoff wird der zweite Akt beherrscht: Nicotin ist das mit am besten erforschte Naturgift in der molekularen Botanik. Man kann es kaum anders bezeichnen, denn die toxische Wirkung nimmt fast unabhängig von der Dosierung ihren Lauf. Als klassisches Nervengift bindet Nicotin ziemlich effektiv an die Acetylcholinrezeptoren tierischer Nervensysteme und kann von »Entspanntheit« über Übelkeit und Erbrechen bis hin zu Organversagen und Tod durch Lähmung der Atemwegsmuskulatur so ziemlich alles auslösen, was man nicht haben will. Die Tabakpflanze produziert den zur Gruppe der Alkaloide gehörenden Sekundärstoff in ihren Wurzeln und verteilt ihn von dort in die unterschiedlichen Organe.

Wir hatten beim Anlocken von Bestäuberinsekten kurz darüber gesprochen: Auch der Nektar der Tabakblüten enthält geringe Mengen an Nicotin. Der Sinn der Sache ist, dass vorbeischauende Insekten und Kolibris (denn auch die bestäuben *Nicotiana*-Arten) sich nicht allzu gierig am Nektar bedienen. Sie verlieren durch das latent enthaltene Gift schnell die Lust und wandern zur nächsten Pflanze. Dieses Verhalten ist von Vorteil für die Tabakpflanze, da so die Anzahl der Blütenbesuche durch verschiedene Individuen erhöht wird – höhere Durchmischung der Population und eine geringe Inzuchtrate sind die Folge.

Dabei muss die Pflanze wirklich ein Feingefühl für die richtige Dosierung aufbringen, da sie mit einer Insektenart ein ganz besonders inniges Verhältnis, eine Art Hassliebe, eingeht. Die Rede ist vom Tabakschwärmer, *Manduca sexta*. Der nachtaktive Schmetterling gehört zu den wichtigsten Bestäubern unseres Wilden Tabaks – aber seine Raupen sind gleichzeitig dessen ärgster Feind. Wenn die Bestäubung also getan ist, legt *Manduca* auf den Blättern der Pflanze winzige Eier ab, aus denen bald gefräßige Raupen schlüpfen. Und da die beiden eine so innige Beziehung haben, kommen die Larven des Nachtfalters mit der Standarddosis an Nicotin in den Blättern gut klar. Tatsächlich ertragen sie im Vergleich zu anderen Fressfeinden ein Vielfaches des Nervengifts. Auch das ist das Ergebnis einer langen Koevolution, in der ein balanciertes Spiel aus Anziehung und Abstoßung zur Ehe zweier Arten, zur gegenseitigen Abhängigkeit geführt hat. Wenn es der Tabakpflanze zu bunt wird, kurbelt sie die Nicotin-Produktion in ihren Wurzeln an. Ihr könnt ja mal raten, welcher Botenstoff da zwischen oberirdischen Blättern und Wurzelreich vermittelt. Natürlich ist es unser alter Bekannter, die Substanz, aus der duftende Pflanzenträume gemacht werden: die Jasmonsäure. Das Pflanzenhormon spielt (ebenso wie seine flüchtige Version MeJA) eine zentrale Rolle in der pflanzlichen Abwehr von Herbivoren.[9]

Angeregt durch die mechanische Verwundung der Blätter – aber auch durch bestimmte Substanzen im tierischen Speichel! –, rast die Jasmonsäure in der Tabakpflanze zwischen den über- und unterirdischen Organen hin und her. Bei *Nicotiana attenuata* bewirkt das eine Steigerung des Nicotingehalts um das Drei- bis Vierfache.

Und jetzt kommt's: Für die Raupen des Tabakschwärmers ist das zwar immer noch nicht problematisch, aber sie wachsen nun insgesamt langsamer! Die kleinen Nimmersatte werden einfach ein wenig heruntergedimmt, gleichzeitig pumpen sie sich mit gar nicht mehr so unerheblichen Mengen des Nervengifts voll, was sie wiederum davor schützt, von größeren Tieren gefressen zu werden.

Die Pflanze denkt aber noch einen Schritt weiter: Die kleinen Raupen werden nicht für immer klein sein. Es muss also irgendwann ein Machtwort gesprochen werden, und genau das tut der Tabak dann auch: Mithilfe der unsichtbaren Pflanzensprache – der flüchtigen Verbindungen – sendet er folgenreiche Kurznachrichten in seine Umgebung aus, die im Wilden Westen nicht lange unbeantwortet bleiben.

Der dritte Akt dieses Westerns handelt vom Auftritt eines Überraschungsgasts. Ich habe bei dieser Geschichte immer sofort die Titelmelodie von Sergio Leones *Zwei glorreiche Ha-*

*lunken** im Ohr. Und genau wie sich Clint Eastwood und seine beiden Gegner beim grandiosen Finale des Films gegenüberstehen, so gibt es auch im bewegten Leben der Tabakpflanze einen vollendeten Dreiklang.

Der Begriff »tritrophe Interaktion« beschreibt die ökologischen Auswirkungen dieser besonderen Dreiecksbeziehung zwischen Pflanze, Pflanzenfresser und deren natürlichen Feinden. Genau die werden nämlich auf den Plan gerufen, sobald die Larven des Tabakschwärmers mit dem Mampfen anfangen. Es ist das bekannte Spiel: Die Gesamtheit der versendeten Luftpost – das Volatilom der Pflanze – verändert sich, Gewächse und Tiere in der näheren und entfernteren Umgebung nehmen diese chemischen Änderungen wahr und passen ihr Verhalten an. Im Fall von *Nicotiana*, der Tabakpflanze in Nordamerika, konnten die wichtigsten volatilen Substanzen schon vor etwa zwanzig Jahren identifiziert werden: Linalool und Bergamotene. Gerade die Bergamotene sind äußerst spannend, da sie strukturell sehr ähnlich aufgebaut sind wie gewisse Pheromone, also Sexuallockstoffe aus dem Insektenreich. Dabei ist es entscheidend, wann genau diese Bergamotene versprüht werden: In der Nacht dienen sie der Tabakpflanze als betörendes Parfüm zum Anlocken des Tabakschwärmers – und am Tag rufen sie räuberische Insekten auf den Plan, um ebendiesen Bestäuber in seiner Population streng zu kontrollieren. *Geocoris pallens*, eine kleine, in Nordamerika weitverbreitete Raubwanze, erhört den Ruf der Pflanze bei Tag und findet durch die Lockstoffe zielgenau den Ort des Geschehens. Sie frisst für ihr Leben gern Insekteneier und ist dabei nicht unbedingt wählerisch (in der Biologie nennt man solche genügsamen Zeitgenossen »Generalisten«), also macht sie sich genüsslich über die noch nicht geschlüpften *Manduca*-Eier her.

* Und bei Sergio Leone denke ich als Biologe immer sofort an Sorgoleone, ein Sekundärmetabolit aus *Sorghum*-Hirsen, der das Mikrobiom im Wurzelreich des Getreides steuert. Aber das ist ein anderes Thema.

Studien in der wilden Natur von Utah, der natürlichen Kulisse dieses Theaterstücks, kommen zu einem spektakulären Fazit: Tabakpflanzen sind in der Lage, allein durch die Freisetzung von VOCs den Blattfraß um neunzig Prozent zu reduzieren.[10] Sie sind dabei autark, versorgen sich aus dem verbrannten Boden mit stickstoffhaltigen Verbindungen, bauen daraus ein Nervengift, das sie auf intelligente Weise einsetzen, um Bestäubung, Angriff und Verteidigung zu steuern, halten ihre schicksalhafte Verbindung mit *Manduca*-Faltern zum Fortbestand ihrer Art aufrecht – und falls es mal aus dem Ruder läuft, rufen sie nach Verstärkung. Für die Pflanze erweist sich die Kommunikation einmal mehr als äußerst »nützlich«, und uns Menschen inspiriert der Tabak damit zur Arbeit mit »Nützlingen«. Seien wir mal ehrlich: Das, was die Tabakpflanze da betreibt, ist nichts anderes als effektive, biologische Schädlingsbekämpfung. Und wenn wir eines von den tritrophen Interaktionen im Natursystem lernen können, dann ist es eine ganzheitliche Betrachtung von Pflanzengesundheit im Kontext unserer eigenen Agrarökologie.

Je mehr wir verstehen, desto mehr können wir besser machen. Es wird eine Weile dauern, aber die Landwirtschaft der Zukunft kann sich von den Angriffs- und Verteidigungsstrategien der Pflanzen noch so einiges abschauen und dabei gleichzeitig produktiver und nachhaltiger werden. *Nicotiana attenuata* macht es uns vor: Es muss gar nicht die »totale Vorherrschaft« sein, die zum größtmöglichen Erfolg führt. Eher steckt im Umgang mit Schädlingen und Nützlingen eine echte Flexibilität, eine Resilienz, die den Unwägbarkeiten von heute vielleicht angemessen scheint. Unser Umgang mit Nutzpflanzen – die ja irgendwann einmal Wildpflanzen waren – erscheint zuweilen plump und unterkomplex angesichts der unglaublichen »kognitiven« Fähigkeiten, die wir bei den Gewächsen immer tiefer ergründen.

Am Ende des Buches diskutieren wir die verschiedensten

Ansätze, wo wir von Pflanzen lernen und mit ihnen auf dem Feld zusammenarbeiten können. Die Anerkennung der über Artgrenzen hinausführenden Kommunikation, der umherschwirrenden *Infochemicals* und der Existenz einer eigenen Cybersicherheit im Pflanzen-Internet ist ein erster Schritt zur Neubetrachtung der Landwirtschaft. Bei mir fand diese Anerkennung, diese Wertschätzung für die Tricks der Pflanzenwelt, während meiner Doktorandenzeit ihren Höhepunkt.

## There's something in the Badewasser

Zu Recht fragt ihr euch mittlerweile wohl, wie diese Minivorgänge in Pflanzenzellen denn mit unserer Koevolution zusammenhängen. Für mich ist die komplexe Biologie der Pflanzen einfach der springende Punkt: Wir können die Gewächse nicht länger als »stumpfe Reaktionsmaschinen«, als roboterhafte Wesen auf dem Acker betrachten, die auf Umwelteinflüsse mit dem immer gleichen »Programm« antworten. Gleichzeitig können wir es uns nicht leisten, Kulturpflanzen zu romantisieren und sie uns in einen längst vergangenen Naturzustand zurückzuwünschen, der weder erreichbar noch erstrebenswert ist. Mit anderen Worten: Die moderne Pflanzenforschung verliert sich nur scheinbar im Klein-Klein, bei näherem Hinsehen ist jede neue Erkenntnis in ein größeres Bild eingebettet und hilft dabei, unseren Umgang mit der Ressource Natur schonender und gerechter zu gestalten.

Natur als »Ressource« ist hierbei keineswegs herablassend gemeint. Wir alle leben von der Natur und den Produkten, die sie erbringt, und intakte Ökosysteme versorgen uns zuverlässig mit sauberer Luft, frischem Trinkwasser, einem fruchtbaren Boden oder effektiver Bestäubung unserer Ackerpflanzen – und das alles zum Nulltarif! Bis jetzt. Seitdem die Politik die unsägliche Frage der »Kosten des Klimaschutzes« stellt, blicken nicht nur Umweltorganisationen, sondern auch Forschende wie ich selbst mit Sorge auf die Entwicklungen in der Landnutzung. Für mich persönlich war das ein Grund mehr, meine Studien der Pflanzengenetik zu vertiefen und eine Promotionsstelle zum Thema Resistenzzüchtung von Nutzpflanzen an der RWTH Aachen anzunehmen. Dort lernte ich die Tricks einer ganz besonders ikonischen Pflanze kennen, die gerade mit Blick auf die Herausforderungen der Klimakrise die eine oder andere Geheimwaffe bereithielt.

Das Projekt, zu dem ich 2018 stieß, begann im botanischen Garten in Bonn. Damals suchten meine Kolleginnen und Kollegen zusammen mit der ansässigen Gärtnerin gezielt nach Pflanzen, die besonders wüchsig und gesund waren. Erklärtes Ziel dieses (fast schon als halbe Feldforschung anmutenden) Ausflugs war es, natürlich auftretende Resistenzen zu identifizieren, die Pflanzen sicher durch die immer häufiger werdenden Dürrejahre tragen. Über sechzig Arten wurden auserwählt, Blattproben wurden gesammelt und mit ins Aachener Labor genommen. Dort führten wir unterschiedliche Tests durch, um die Widerstandsfähigkeit der Pflanzenarten zu kategorisieren. Für meine Doktorarbeit war die Resistenz gegen Pilzkrankheiten maßgeblich, weshalb wir die Blattproben aus Bonn mit Sporen verschiedener Schadpilze behandelten. Dabei fiel eine Pflanzengattung besonders positiv durch ihre Resistenz auf: die Gattung *Helianthus*, die allseits beliebten Sonnenblumen, zu denen die klassische *Helianthus annuus*, aber auch andere Kulturarten, wie etwa *Helianthus tuberosus* (Topinambur) gehören.

Die Ergebnisse der Pilzinfektionen auf diesen Arten waren wirklich erstaunlich. Um es kurz zu machen: Die Pilzsporen machten gar nichts. Sie lagen einfach nur reglos auf der Blattoberfläche und entwickelten sich nicht weiter, während auf allen anderen Proben des botanischen Gartens ein Pilzgeflecht entstand und einige Pflanzen erkrankten. Die Blätter von *Helianthus* schienen dem Pilz mal so gar nicht zu schmecken – ein Grund mehr für mich, die Gründe dafür zu erforschen. Einer ersten Hypothese folgend, nach der keimungshemmende Substanzen auf den Sonnenblumenblättern für den Effekt verantwortlich sein könnten, hieß meine erste Aufgabe: Blätter waschen! Wir erhofften uns, dass die Pilzsporen auf einer »gereinigten« Blattfläche weniger Probleme mit der Keimung haben würden. Und tatsächlich: Wenn ich die Sonnenblumen ordentlich abduschte, keimte der Pilz ein wenig bereitwilliger auf den Blättern. Wirklich weit kam er jedoch nicht. Es lag nahe, dass die Pflanze noch weitere Mechanismen zur Verteidigung hatte, oder auch, dass sie die Substanzen nachproduzierte, die ich ihr ein paar Tage zuvor heruntergespült hatte.

Als Nächstes zog ich eine größere Menge Sonnenblumen im Gewächshaus heran, spülte sie wie zuvor ab und sammelte fleißig das Duschwasser. Mich interessierte, ob sich in diesem Abwasser irgendwelche Substanzen nachweisen ließen, die mit der Hemmung des Erregers zu tun haben könnten. Wie schon besprochen, produzieren Pflanzen die fantasievollsten Verbindungen, aber sie gehen dabei energieschonend vor und pumpen davon nie mehr als nötig in ihre Blätter und Wurzeln. Deshalb benötigte ich eine ziemliche Menge an Badewasser, um überhaupt irgendwelche Stoffe nachweisen zu können. Als ich genug Material beisammenhatte, reduzierte ich das Flüssigkeitsvolumen in einer Art Rotationsverdampfer ein, um so die potenziell vorhandenen Pflanzenstoffe aufzukonzentrieren. Am Ende hielt ich ein kleines Gefäß mit vielleicht zwei Millilitern in der Hand, das die Essenz von über einem Liter Badewasser darstellte. Und jetzt kommt's: Das Zeug leuchtete im Dunkeln.

Man wusste bereits, dass Sonnenblumen (und viele andere Pflanzenarten) fluoreszierende Verbindungen aus der Gruppe der Cumarine produzieren können. Bisher waren die Cumarine (und im Speziellen jene, die ich in der Sonnenblume fand) jedoch eher aus dem Wurzelreich bekannt, wo sie die Aufnahme von Eisenionen aus dem Substrat erleichtern.[11] Nun aber fanden wir nach eingehender Analyse des Wasserextrakts dieselben Cumarine auf den Blättern der Sonnenblume. Zur Eisenaufnahme waren sie wohl eher nicht gedacht, das kommt in der Luft normalerweise nicht vor. Wir isolierten die einzelnen Verbindungen aus der Badewasserprobe und testeten, ob die Pilzsporen in den einzelnen Lösungen wachsen konnten (ganz ohne die Anwesenheit von Pflanzen, im Reagenzglas). In reinem Wasser keimten die Sporen ganz normal innerhalb von drei Stunden aus. In Wasser mit Cumarinen zeigte sich eine dosisabhängige Keimungshemmung.

Es schien also so, als würden die identischen Pflanzenstoffe, die in der Wurzel für den alltäglichen Nährstofftransport wichtig sind, an den Blättern die Aufgabe der Krankheitsbekämpfung übernehmen. Und es kam noch bunter: Die Fluoreszenz (das Leuchten) der Cumarine gründet in der UV-absorbierenden Eigenschaft der Naturchemikalien. Damit liegt nahe, dass eine weitere Funktion dieser Stoffe den Sonnenblumen dabei hilft, Sonnenblumen zu sein: Sie bringen einen gewissen Lichtschutzfaktor mit sich! Noch eine megainteressante Superfähigkeit meiner Versuchspflanze, die durchaus interessant für die Züchtung trockentoleranter Pflanzen sein könnte.

Kurz vor Ende meiner Doktorzeit war ich ganz aus dem Häuschen und gleichzeitig verwirrt. Wie schafft es die Pflanze, ein und dieselbe Substanz für so unterschiedliche Anwendungen zu erfinden? Wie entscheidet sie, an welcher Stelle gerade mehr oder weniger davon gebraucht wird? Welche biochemischen Prozesse regulieren die Konzentration von Cumarinen in den Zellen und auf der Blattoberfläche? Wie es bei Promotionen so üblich ist, ging ich wohl mit mehr Fragen als Antworten in die Prüfung. Aber der Einblick in die schlaue Biochemie von *Helianthus* aus dem Bonner Universitätsgarten hat mir einmal mehr verdeutlicht, wie viel es da draußen noch zu entdecken gibt.

Inzwischen ist übrigens bekannt, dass Cumarine auch auf die Zusammensetzung des Mikrobioms im Wurzelreich Einfluss nehmen. In einem Übersichtsartikel von 2019 mit dem klangvollen Namen *The Age of Coumarins in Plant-Microbe Interactions* schreiben die Autoren der Universität Utrecht in ihrem Fazit: »Die Geschichte der Cumarine zeigt eindrücklich, wie derart kleine, aber allgegenwärtige Verbindungen (...) das Wachstum und die Gesundheit von Pflanzen, Tieren und Menschen beeinflussen.«[12] Ich kann dem nach intensiver Diskussion mit meinen Gutachtern und nach bestandener Doktorprüfung nur zustimmen – und möchte doch, frei nach Boromir, ergänzen: »Es ist ein seltsames Schicksal, dass wir so viel Angst und Zweifel erdulden wegen eines so kleinen Dinges. So ein kleines Ding!«

Mit dem fortschreitenden Erkenntnisgewinn aus der Pflanzenforschung kommt es mir gelegentlich so vor, als würden nicht nur wir Menschen in einer Informationskrise stecken. Denn genauso wie wir uns zunehmend falsch verstehen, polarisieren, radikalisieren und mit Falschmeldungen und bewussten Desinformationen in den Medien ringen, sitzen auch die Pflanzen auf unseren Äckern hin und wieder *Fake News* auf. Sie sind ganz verwirrt, weil wir ihnen gewisse Kommunikationswege abgewöhnt haben und sie mit Substanzen überschütten, die ihnen zweideutige Signale senden, weil sie mit den *Novel Weapons,* den neuen Waffen nie gesehener Rivalen fertigwerden müssen. Gleichzeitig leiden sie an einer Form genetischer Demenz, die wir Menschen ein Stück weit mitzuverantworten haben. Es würde mir nicht in den Sinn kommen, den Züchtungsfortschritt bis hierher zu kritisieren, denn ich bin ein riesiger Fan der (essbaren) Sortenvielfalt, die wir in Teamarbeit mit der Pflanzenwelt geschaffen haben. Aber wie bereits erwähnt, fordern neue Zeiten neue Zuchtziele. Und damit wir die Gewächse auf unseren Feldern mit all dem ausrüsten können, was sie zum klimaangepassten Leben benötigen, braucht es wohl ein System-Update.

Züchtung ist heute wie ein Update der Antivirensoftware. Wir haben den Pflanzen über die Jahre der Koevolution einige wirkungsvolle Abwehrstoffe abtrainiert (etwa die Bitterstoffe der Kürbisgewächse, aus kulinarischen Gründen). Nun könnte es sinnvoll sein, sie für eine verbesserte Widerstandsfähigkeit wieder ins Boot zu holen. Nicht immer, nicht überall. Nur dort, wo sie gebraucht werden. Ganz punktuell, und fein dosiert, eben so, wie *Nicotiana attenuata* es in der amerikanischen Steppe vormacht. Meiner Überzeugung nach trauen wir den Gewächsen zu wenig Eigenverantwortung zu. Damit sie diese unter Beweis stellen können, müssen wir ihnen die in diesem Kapitel gehuldigte »Kriegstüchtigkeit« wieder gönnen. Durch Wehrhaftigkeit können unsere Pflanzen in Zeiten des Wandels im besten Sinne resilient sein. Jedes Jahr gibt es neue Herausforderungen, Schädlinge und Trockenheit sind besonders anschauliche Beispiele.

Die Informationskrise der Pflanzenwelt geht schon bei Artgenossen los, die aus völlig anderen Erdregionen zu uns kommen und versehentlich oder mit voller Absicht bei uns Wurzeln schlagen und sich ausbreiten. Die Warnungen vor einer Invasion durch gebietsfremde Arten klingen immer so reaktionär. Sie sollten aber ernst genommen werden, gehören invasive Pflanzenarten doch zu den maßgeblichen Treibern für den weltweiten Biodiversitätsverlust. Die wissenschaftliche Datenlage dazu ist eindeutig. Die Frage nach dem Umgang mit den Jetsettern unter den Pflanzen könnte wirklich zu einem Endgegner werden: Wer wird *The Lord of the Weed?* Wer entscheidet im Kampf um Gedeih und Verderb, was wo wachsen darf? Ob im humanen oder im pflanzlichen Kontext: Kolonialismus war irgendwie noch nie eine geile Idee.

## Neophyten: Das Imperium schlägt zurück

Als Pflanzenbiologe mit einem kleinen, aber feinen Freundes- und Bekanntenkreis gehört es zu meinen Aufgaben, neben Zimmerpflanzenferndiagnosen und Tipps zu lebensverlängernden Maßnahmen bei Küchenkräutern auch Tricks gegen lästige Unkräuter zum Besten zu geben.

Meine Mutter hat mir ein paar Jahre lang in den Ohren gelegen, dass ihr Garten nach und nach von *Aegopodium podagraria* gekapert wurde. Mittlerweile gehört der Gewöhnliche Giersch, als der die Pflanze besser bekannt ist, in jeden frühsommerlichen Salat beim Familienessen (und meine Mutter zu seinen größten Fressfeinden). Tatsächlich ist das Wildkraut essbar, es schmeckt ein wenig nach Petersilie und Karotte, die schließlich aus derselben Pflanzenfamilie kommen. Am delikatesten sind die ersten, zarten Blätter im Frühjahr. Der Giersch ist ziemlich vitaminreich und enthält gut verträgliche und wertvolle Mengen an Carotin, Magnesium, Kalzium und Eisen. Außerdem hat er eine bis ins Mittelalter zurückreichende Geschichte als Heilkraut, er gilt als entzündungshemmend, antirheumatisch und verdauungsfördernd.

Die Pflanze vermehrt sich jedoch über Ausläufer derart explosionsartig, dass selbst meine akribische, Wildkräuter sammelnde und Salben kochende Mama nicht hinterherkommen kann. Die bodennahen Pflanzenteile können problemlos überwintern, und wenn sich erst einmal die schöne, weiße Doldenblüte zeigt, ist es eh zu spät. Kurz darauf verbreiten sich Zigtausende Samen in der Umgebung und erobern neues Territorium. In ihrem *Zeit*-Artikel »Unkraut gewinnt« schreibt die Journalistin Susanne Wiborg gleichsam treffend und frustriert: »Im Kampf gegen Giersch zeigt sich die Vergeblichkeit des menschlichen Tuns«[13].

Für mich ist die Unbeirrbarkeit von *Aegopodium* in erster Linie faszinierend. Die Pflanze hat eine bemerkenswerte Regenerationskraft, ist gegen Hacken, Herausreißen und sogar gegen die meisten kommerziell erhältlichen Herbizide gefeit. Wenn man darauf Bock hat, kann man den Boden für zwei Jahre mit einer dicken Kunststoffplane abdecken, dann stirbt die Pflanze ab. Das gilt allerdings nicht für ihre Samen, die (ähnlich wie beim Tabak im Waldboden von Utah) gut etwas länger abwarten können und dann von Neuem austreiben. Die Superkraft des Gewöhnlichen Giersch ist in seinem Wurzelreich begründet. Bis zu einem halben Meter tief bildet er ein engmaschiges Netzwerk aus senkrechten und horizontal verlaufenden Verbindungen, greift mit tief liegenden Ausläufern in die hintersten Winkel des Gartens und schaut dort im nächsten Frühjahr wieder ganz unschuldig aus der Erde.

Meine Empfehlung lautet meist, dass man die Pflanze einfach hinnehmen und sich an ihren Vorzügen erfreuen soll. Immerhin hat man eine krautige Superheldin im Garten und kann zu passender Gelegenheit (nach der Lektüre dieses Buches) mit umfangreichem Wissen über das Kraut glänzen. Wer sich hingegen auf den ungleichen Kampf gegen den Giersch einlassen will, dem sei ein Trick aus den Untiefen des Internets empfohlen (ich habe ihn noch nicht selbst getestet, bin aber begeistert von der Idee): Auf der Seite des *Gartenjournals* heißt es, man könne den Giersch durch das Anpflanzen von Kartoffeln besiegen.[14] Dazu solle man das wuchernde Kraut, so gut es geht, mitsamt seiner fettesten Wurzel entfernen, die Erde etwas auflockern und dann Saatkartoffeln auslegen. In der Theorie nehme die Kartoffelpflanze dem Giersch Licht und Nährstoffe weg, da sie schneller und kräftiger wachse. Mir gefällt die Idee, das aus menschlicher Sicht unlösbare »Problem« durch die pflanzliche Brille zu betrachten und die Okkupierer mit ihren eigenen, wurzeligen Waffen zu schlagen. Die Kartoffel ist tatsächlich sehr wüchsig und könnte auf Dauer gegen den Giersch bestehen – ein Grund mehr für die weitere Ergründung des Potenzials von sinnvollen Mischkulturen.

Obwohl es sich so anfühlt, gehört der Gewöhnliche Giersch bei uns nicht zu den invasiven Arten. Im Wald erfüllt er wichtige Funktionen, seine Blüten und Blätter dienen einer Vielzahl von Insektenlarven als Nahrungsquelle. In Nordamerika sieht die Lage etwas anders aus. Dort wurde Giersch als Zierpflanze eingeführt und stellt nun eine mittlere Bedrohung für endemische Pflanzenarten dar. Es ist also Zeit, ein paar Begrifflichkeiten zu klären. Gebietsfremde Pflanzen, die sich im heimischen Pflanzenreich angesiedelt haben, bezeichnet man als Neophyten, bei Tieren spricht man von Neozoen; insgesamt heißen neu eingeführte Lebewesen Neobiota. Zu invasive Arten sind Neobiota, die der Mensch – absichtlich oder nicht – in andere Lebensräume verschleppt hat und die dort ökologischen oder ökonomischen Schaden anrichten.

Es ist also mal wieder ein bisschen wie bei Paracelsus: Auf die Menge kommt es an. Damit ein Neophyt zur invasiven Art wird, muss sich irgendein Wettbewerbsvorteil gegenüber den alteingesessenen Pflanzen herauskristallisieren. Die Gründe hierfür können so divers sein wie die Arten selbst: Eine kluge Vermehrungsstrategie, eine kurze Vegetationszeit, das Fehlen natürlicher Feinde oder die chemische Hemmung von Nachbarpflanzen sind einige. Ein Klassiker ist auch, dass sich der Neophyt einfach besser an rasche Umweltveränderungen wie den Klimawandel anpassen kann und sich deshalb besser schlägt. Nicht zuletzt schaffen wir Menschen die Leitplanken für ein müheloses Breitmachen neuer Pflanzen in unserer Mitte: Veränderte Landnutzung, monotone Bewirtschaftung und vermeintlich »insektenfreundliche« Exoten* befeuern das Problem mit den invasiven Arten.

* Ein falscher Freund ist beispielsweise der Schmetterlingsflieder (*Buddleja)*, der massenhaft generalistische Insekten anzieht, aber längst nicht alle einheimischen Arten ernähren kann. Der immergrüne Neophyt verwildert sehr schnell, verdrängt die heimische Vegetation, und seine Samen sind über Jahrzehnte keimfähig. Bitte nicht anpflanzen!

Früher gab es natürliche, unüberwindbare Barrieren, heute ist nur der Himmel die Grenze. Etwa seit dem 15. Jahrhundert überbrückt der globale Handel Ozeane, Gebirge, Wüsten und Flüsse, was den Weg für kosmopolitische Pflanzenarten frei gemacht hat. Meist fallen außer Kontrolle geratene Neophyten erst dann auf, wenn sie schon eine Weile da sind, so wie der Japanische Staudenknöterich *(Fallopia japonica)*. Er wurde vor etwa 200 Jahren in der europäischen Forstwirtschaft eingeführt und sollte einerseits Wildtieren wie Rothirschen als Nahrung dienen und andererseits in der Imkerei als Bienenweide herhalten. Er vermehrt sich über Kriechsprosse und »ziert« mittlerweile in kilometerlangen Populationen die Randbereiche von Fließgewässern und Autobahnen. Haltet auf der nächsten längeren Fahrt einmal Ausschau nach den dichten, palisadenartigen Knöterichbeständen mit herzförmigen Blättern, weißen Blütenpuscheln und gezackten Ästen und werft ihnen bei der Gelegenheit Todesblicke zu. Vielleicht hilft es ja.

Laut dem neusten Bericht des Weltbiodiversitätsrats IPBES gehört die Ausbreitung invasiver Arten zu den wichtigsten Treibern des globalen Artensterbens.[15] Damit wird wildernden Pflanzenarten eine ähnlich zerstörerische Kraft zugeschrieben wie dem Klimawandel, der Umweltverschmutzung oder der Ausbeutung natürlicher Ressourcen. Das ist eine ernste Sache. Und seit etwa fünfzig Jahren geht der Trend neu auftretender invasiver Arten nach oben, ohne Anzeichen einer Verlangsamung. Es gibt also auch Imperialismus unter Pflanzen, mit all seiner uns bekannten Brutalität, nur mit dem feinen Unterschied: Wir Menschen tragen auch hierbei sowohl Schuld als auch Verantwortung. Der Biodiversitätsrat fordert dringende Handlungen zur Eindämmung dieser Krise innerhalb der Krise, zum Beispiel durch die Einführung nationaler Strategien zum Schutz von Land-, Süßwasser- und Meeresökosystemen mit gesetzlich bindenden Maßnahmen und Ahndungen.

Ironischerweise sind es die produktionsstärksten Industrieländer, die am häufigsten neue Pflanzenarten in der Welt verteilen und dadurch selbst unter Druck geraten: Eine Studie von 2016 kommt zu dem Ergebnis, dass die USA und die Volksrepublik China einerseits den größten wirtschaftlichen Schaden durch invasive Pflanzen (und mit ihnen neu auftretende Pflanzenkrankheiten) zu befürchten haben, andererseits durch den Handel selbst die potenziell größten Neophyten-Schleudern für den Rest der Welt sind.[16] Im Verhältnis zur Wirtschaftsstärke sind aber laut den Autorinnen und Autoren die Entwicklungsländer Subsahara-Afrikas besonders bedroht, deren lokale Landwirtschaft in höchstem Maße empfindlich für die Invasion gebietsfremder Arten sei.

Der ökonomische Schaden in den ärmsten Ländern und die persönliche Frustration im mütterlichen Garten ist das eine, die Gefährdung ganzer Ökosysteme auf unserem blauen Planeten das andere. Invasive Arten fallen zunehmend negativ auf, wie ungehorsame Schulkinder, die keinen Bock mehr auf unser ächzendes und hinkendes Schulsystem haben. Genau wie diese jungen Menschen sind die Neopflanzen gewissermaßen Opfer des Systems, in dem wir versuchen, menschliche Umgangs- und Handlungsweisen pauschal dem ganzen Leben überzustülpen. Anstatt in Reih und Glied zu stehen, tun sie das, was sie am besten können, und werden kreativ – nur eben nicht mit Kritzeleien oder Kaugummi unterm Pult, sondern mit Pflanzenchemie: Sekundäre Pflanzenstoffe invasiver Pflanzenarten können über das Wurzelreich in den Boden gelangen, transportiert werden, andere Pflanzen hemmen, unsere Ernte- und Artenvielfalt reduzieren. Das Extrakt einer einzelnen invasiven Art (Kanadische Goldrute, *Solidago canadensis*) hat im Laborversuch verheerende Auswirkungen auf die Keimung, das Wachstum und die Fotosyntheseleistung von Wild- und Nutzpflanzen.[17] Und da die Aufrüstung in Form von chemisch-synthetischen Waffen auf unserer Seite nicht zu helfen scheint (im Gegenteil, sie verschärft die Probleme mit den meuternden

Pflanzen nur), ist es wohl Zeit für einen wohlüberlegten Neustart. Vielleicht gibt es (keine Mittel, sondern) Wege, die gleichzeitig einen schonenden und wirkungsvollen Umgang mit invasiven Pflanzenarten ermöglichen – so wie das Einpflanzen von Kartoffeln mitten im Giersch-Gebiet.

Mit einer kleinen Anekdote zum Abschluss dieses Kapitels wiederholen wir gleichzeitig drei neu gelernte Vokabeln: Es kommen Cumarine, Allelochemikalien und Neophyten darin vor. All diese Dinge spielen nämlich eine Rolle im Leben einer furchtbar-faszinierenden Pflanze, die mich seit Jahren begeistert. Bei einer Wanderung entlang des Eifelsteigs, jener wundervollen Strecke von Aachen nach Trier durch Vulkanlandschaft, Hochmoore und Mischwälder, begegnete ich ihr zum ersten Mal. Sie war über zweieinhalb Meter hoch, hatte einen armdicken Stängel und ausladende weiße Blütendolden. Betrachtet habe ich die Pflanze nur aus respektvollem Sicherheitsabstand, denn mir war bewusst: Dieses reinweiß blühende Kraut ist bis an die Zähne bewaffnet. Die Rede ist von *Heracleum mantegazzianum,* dem Riesen-Bärenklau, auch Herkulesstaude oder Bärenkralle genannt.

Genau wie Giersch gehört der Riesen-Bärenklau zur Familie der Doldengewächse, kann irre schnell wachsen und ist vollgepumpt mit natürlicher Pflanzenchemie. Nur dass es diesmal nicht die Pflanzenchemie der guten Art ist. Von einem Verzehr ist dringend abzuraten – zumal man schon vor dem ersten Biss wahrscheinlich zunächst ein komisches Jucken spürt, später dann Höllenqualen erleiden müsste. Der Riesen-Bärenklau hat nämlich seinen Doktortitel in der Hexenküche erworben und produziert sogenannte fotosensibilisierende Substanzen, die zu den Cumarinen gehören.

Wenn wir uns an die Cumarine der Sonnenblume erinnern, so haben wir denen auch eine gewisse Reaktivität mit Sonnenlicht zugeschrieben, die die Pflanze möglicherweise vor intensiver UV-Strahlung schützt. Bei den Herkules-Stoffen ist die

Lichtreaktion ungleich fataler: Bei Berührung in Verbindung mit Tageslicht können diese Cumarine bei Mensch und Tier schmerzhafte Blasen und »Verbrennungen« hervorrufen, die schwer verheilen und Narben hinterlassen. Die fototoxische Reaktion kann auch erst Stunden oder Tage verzögert auftreten, wenn die betroffene Hautstelle ans Licht kommt. Und auch das noch: An heißen Tagen werden die Substanzen von der Pflanze in ihre Umgebung abgegeben, können bei längerem Aufenthalt in der Nähe des Krauts inhaliert werden und zu Atemnot führen und bis zu drei Wochen anhaltende Bronchitis verursachen. Heiliger Strohsack! Warum schmiedet der Riesen-Bärenklau derart bestialische Waffen, die ihm sämtliche Kooperation mit Tieren vermiest?

Nun, Insekten bleiben von den Pflanzengiften unbehelligt und besuchen in großer Zahl die tellergroßen Blütenstände. Und auch zur Samenverbreitung braucht die Pflanze uns nicht: Ihr Saatgut kann sowohl fliegen als auch schwimmen (Wind- und Schwimmausbreitung) und erobert so nach und nach das von großen Flüssen durchzogene Mitteleuropa. Und damit wären wir bei der nächsten Vokabel: *Heracleum mantegazzianum* ist – wer hätte es gedacht – ein invasiver Neophyt. Einst aus dem Kaukasus bei uns eingeführt, verdrängt er heimische Arten wie den etwas kleineren und weniger teuflischen Wiesen-Bärenklau. (Nicht nur in der Genetik kann ein einziger Buchstabenaustausch einen großen Unterschied machen. Ich sehe schon die Pappschilder mit der Aufschrift: »Rechtschreibung kann Leben retten!«)

Neben gesundheitlichen Risiken hat der Riesen-Bärenklau zudem eine negative Auswirkung auf die Stabilität der Uferbereiche, an denen er oft zu finden ist: Seine Pfahlwurzeln stabilisieren die Böschung kaum, und da in seinem Schatten nur selten ein anderes Kraut wächst, neigt das gesamte Ufer zur Erosion. Bei Hochwasser werden Erdschichten abgetragen, es bilden sich Abbruchkanten, und die Samen des Neophyten schwimmen auf den Wassermengen frohen Mutes davon, Chaos und Verwüstung hinter sich lassend. Zur Bekämpfung des Riesen-Bärenklaus wird vielerorts auf ehrenamtliche Grüppchen gesetzt, die mit Stecheisen und Herbiziden, mit großen Werkzeugen und in voller Schutzkleidung ausrücken und der Pflanze zu Leibe rücken. Ob diese Razzien auf lange Sicht wirklich etwas bringen, bleibt abzuwarten. Was vielleicht Abhilfe schaffen könnte, sind erneut die eigenen Waffen der Pflanzenwelt: Zum Zeitpunkt der Recherche arbeiten mehrere Forschungsteams aus meinem Dunstkreis an einer neuartigen Allelosubstanz, die auf Naturstoffen basiert und vielversprechende Hemmwirkung auf die eingewanderte Pöbelpflanze zeigt.

Unsere gemeinsame Evolution mit den Pflanzen und ihren kreativen Abwehr- und Angriffsmechanismen ist ein hoch spannendes Feld, das kulturhistorisch mit dem Schierlingsbecher bei der Hinrichtung Sokrates' anfängt und ausreichend Stoff (!) für ein ganzes Buch liefern würde. (Arbeitstitel: *Die Geschichte der Welt in 100 Naturstoffen.*) Ebenso ließe sich ein ganzes Buch über invasive Neophyten schreiben. An dieser Stelle überspringen wir die gleichsam genialen wie folgenreichen Verbreitungsstrategien des Drüsigen Springkrauts, der Späten Traubenkirsche und der Schmalblättrigen Wasserpest jedoch und belassen es bei einem Aufruf für mutigeren, evidenzbasierten Artenschutz. Indem wir die Ökosysteme studieren, die uns täglich und kostenlos mit Luft zum Atmen und Wasser zum Trinken versorgen, können wir auch wirksame Maßnahmen zu ihrem Schutz – unserem Schutz! – herausarbeiten. Dabei können wir uns von der Pflanzenwelt zumindest inspirieren lassen, die sich gewissermaßen unablässig im Kriegszustand befindet, makroskopisch wie mikroskopisch an allen Fronten kämpft und vom Waldbrand bis zum Giftstoff alle verfügbaren Register zieht. Und da ist keine Idee zu absurd: Experimentieren heißt Probieren geht über Studieren. Wenn wir auf dem wissenschaftlichen Holzweg sind, werden Hypothesen verworfen, hingegen werden gute Ansätze und Ideen weiterverfolgt. Und wir können weiterhin und jederzeit kreative, junge Köpfe in der Forschung gebrauchen, die frische Ideen jenseits der »flächendeckenden Dampfwalze« mitbringen, die allzu oft Ultima Ratio für drohende Naturkatastrophen war. Ich bin sicher, dass wir heute schlauer sind.

Die Biologin Katia Hougaard zum Beispiel zauberte mir ein hoffnungsvolles Lächeln aufs Gesicht, als sie (inspiriert von einer Studie zum molekularen Krieg zwischen Gemüsepflanzen und der Weißen Fliege)[18] in einem Podcast verkündete, dass sie Räucherstäbchen in ihr Gewächshaus steckte, um die Schädlinge zu verwirren. Nach Katias persönlicher Beobachtung – sie sagt selbst, dass ihr (noch) die wissenschaftliche Grundlage in Form von kontrollierten, randomisierten Stichproben fehle – zeigten vor allem die Glimmstäbchen mit Aromen von Zitronengras und Patschuli eine gute Wirkung gegen die lästigen Plagegeister. Sie hat seitdem nicht nur einen nach Flower-Power riechenden Garten, sondern eben auch deutlich weniger Fliegeneier auf ihrem Gemüse – allein durch den klugen Einsatz pflanzlicher Duftstoffe. Es zeigt sich also am Ende doch noch: Gemeinsam sind wir stark. Bündeln wir also unsere inneren Räucherstäbchen und propagieren ein wenig *Peace & Love.* Trotz all der Aufrüstung, all der kriegerischen Sprache und biologischen Schädlingsbekämpfung ist die Pflanze am Ende des Tages doch ein Gesellschaftstier.

# 6 | Blütezeit – *Fifty shades of hay*

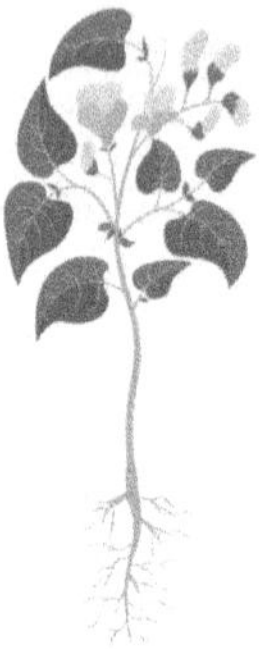

Genau wie wir Menschen leben Pflanzen in Gesellschaften, sowohl in der wilden Natur als auch auf dem Acker. Sie wachsen zusammen auf, stehen miteinander in Kontakt und synchronisieren ihre Blütezeit zur effektiveren gegenseitigen Befruchtung. Zusammen formten Pflanzengruppen unsere Welt, wie wir sie heute kennen. Dabei sind sie jeweils auf sich allein gestellt, aber doch in der Gemeinschaft stärker. Vielleicht gehört es am Ende zu einer dieser Weisheiten, dieser Lehren einer florierenden Hochkultur, dass echte Stärke nicht auf der Kraft Einzelner aufbaut – sondern vielmehr auf der unerschütterlichen Kraft der Vielfalt.

## Der Schatz am Ende des Regenbogens

Schon ganz zu Anfang ihres Landlebens waren Pflanzen auf andere angewiesen. Bei der Besiedelung der Erdoberfläche haben sie die Hilfe von Pilzen angenommen, die ihnen bis heute bei der effizienten Förderung von Nährstoffen im Wurzelreich zur Seite stehen. Ebenfalls im Schutz des Bodens gehen Pflanzen Partnerschaften mit Bakterien ein, um Luftstickstoff zu fixieren und sich so selbst zu düngen. Oberhalb der Erdoberfläche bilden sie Teams miteinander, aber auch mit Tieren unterschiedlichster Art, um ihren Fortbestand per Pollen- und Samentransport zu sichern. Die Bestäubung ist dabei nicht nur für Pflanzen von unschätzbarem Wert. Für die Ernährung der

Menschheit ist sie, ebenso wie die Filtration von Niederschlägen zur Bereitstellung von Trinkwasser oder die Aufarbeitung von sauberer Luft, essenziell für ein entspanntes Leben auf unserer Erde. Übrigens gehört die Entspannung in Form von Erholung und Genuss ebenfalls in diese Aufzählung von Dingen, die uns ein intaktes Natursystem kostenfrei zur Verfügung stellt. Zusammengefasst werden diese Vorteile (engl. *benefits*), die Menschen aus der guten Teamarbeit mit der Biologie da draußen ziehen, unter dem etwas sperrigen Begriff »Ökosystemdienstleistungen«.

Eine französische Forschungsgruppe am renommierten Agronomie-Institut INRA hat mal einen Versuch gewagt, den wirtschaftlichen Wert der weltweiten Bestäubungsleistung für unser Essen zu berechnen: Sie kamen auf 153 000 000 000 Euro. Dabei verwiesen die Wissenschaftlerinnen und Wissenschaftler in der entsprechenden Publikation darauf,[1] dass diese 153 Milliarden natürlich mit einigen Unsicherheiten belegt sind. Zum Beispiel sei etwa der Effekt des Insektensterbens auf die Ökologie außerhalb von Äckern und Feldern schlicht nicht zu kalkulieren, ebenso das Anpassungsverhalten der Landwirtschaft, die mit ihren Anbaustrategien bis zu einem gewissen Grad auf windbestäubte Kulturen umsatteln könne. Erklärtes Ziel der Studie sei es nicht, einen exakten Marktwert der Bestäubungsarbeit wiederzugeben, sondern vor allem die Anfälligkeit, die Sensibilität der globalen Ernährungssicherheit angesichts des Insektensterbens zu beleuchten, so die Forschungsgruppe. Für einige wird das keine neue Information sein, und die Kostenkalkulation für ein Szenario ohne funktionierende Ökosysteme scheint ähnlich absurd wie die Wirrungen der Klimapolitik, wenn sie die Münzen für die Einhaltung der planetaren Grenzen zählt. Es schadet aber sicherlich nicht, diese Zahlen zu haben, um auch für die Diskussion mit den letzten Turbokapitalisten ein Argument mehr in der Tasche zu haben.

Ohne Ökosystemdienstleistungen wäre menschliches Leben auf der Erde wohl nicht möglich. Die versammelte Wissenschaft, unter anderem der Weltbiodiversitätsrat, schlägt schon eine Weile Alarm und zeichnet ein düsteres Bild für den Erhalt der nutzenstiftenden Naturfunktionen. Dennoch besteht die Hoffnung, durch entsprechend geschlossene Zusammenarbeit das Ruder noch herumreißen zu können. Für die Nahrungsproduktion lautet das Zauberwort: Diversifizierung von Agrarsystemen. In der Pflanzenwelt würde man sagen: Je bunter die Vielfalt, desto besser. Wie eine geordnete, produktive Landwirtschaft mit einem farben- und formenreichen Pflanzendasein zusammenpasst, das soll uns in diesem Kapitel beschäftigen. Und wir können direkt von denen lernen, die ebendiesen vermeintlichen Zielkonflikt von Vielfalt und Produktivität seit Jahrtausenden praktizieren: Pflanzen haben auch einen evolutionären Druck, möglichst zahlreich Früchte zu produzieren, sich zu mehren und zu verbreiten und gleichzeitig ihre Umwelt nicht zu sehr auszubeuten, sprich, ihre ganz eigenen Ökosystemleistungen nicht zu gefährden.

Wir sind auf verschiedenen Ebenen unterwegs, aber uns Menschen verbindet dieser Kompromiss (am Ende schlicht: Das Leben auf der Erde?) mit dem pflanzlichen Dasein und zeigt einmal mehr, dass wir noch immer auf dem Pfad der Koevolution unterwegs sind. Wir sind nur etwas ausgeschert auf der gemeinsamen Reise und haben durch zu dolle Wirtschaftsformen den Blick von der Straße genommen. Das kann gefährlich sein. Aber zum Glück sitzt die Pflanzenwelt auf dem Beifahrersitz und hilft uns, den Fokus wiederzufinden, den Anschnallgurt anzulegen und uns sicher durch den dichten Verkehr der Zielkonflikte zu navigieren.

## Diversifizierung des Portfolios

Der Begriff »Biodiversität« wird vielfach und inflationär genutzt und beschreibt ein wissenschaftliches Konzept, das sich aus (mindestens) drei Ebenen zusammensetzt:

1. Vielfalt der Genetik
2. Vielfalt der Arten
3. Vielfalt der Ökosysteme

In Polit-Talkshows und Insta-Reels geht es bei dem Thema in den allermeisten Fällen ausschließlich um die zweite Ebene. Das ist insofern erwartbar, als Fuchsbabys, Koalabären und Fischotter halt einfach süß sind und damit das Thema Vielfalt, beziehungsweise die Schutzwürdigkeit derselben, auf emotionaler Ebene zugänglicher wird. Auch in der Pflanzenvielfalt denken wir oft an die Artenpalette des Regenwalds oder an eine Blühmischung für den Garten, ungeachtet dessen, ob Letztere vielleicht invasive Neophyten enthält.

Es ist längst im kollektiven Bauchgefühl angekommen: Viele, verschiedene Arten auf einem Haufen sind erst mal eine gute Sache. Je mehr, desto besser. Dass »viele Gene« oder »viele Ökosysteme« auch wichtig sind, ist abstrakter und etwas schwieriger in einem Social-Media-Beitrag zu veranschaulichen. Dabei winkt uns die genetische Diversität bei jedem Einkauf mit dem Zaunpfahl zu, wenn wir beispielsweise beim Frischobst stehen: Dort liegen (im besten Fall viele verschiedene) Apfelsorten in Reih und Glied, von grün bis tiefrot, mehlig, sauer, süß, knackig, mit altbekannten Namen wie Elstar, Braeburn oder Granny Smith.

Mit Artenvielfalt hat das nicht viel zu tun. Sie alle sind Früchte der Spezies Kulturapfel *(Malus domestica)* und unterscheiden sich einzig und allein – Achtung! – in ihren Genen. Die Diversität der Erbinformation spiegelt sich in der Fruchtvielfalt ebenso wider wie in der Farbe des Weizenmehls nach dem Backvorgang, im formenreichen Kohlgemüse oder in den Unterschieden der Kartoffelverarbeitung (für Chips, Pommes und Wodka braucht man Sorten mit je ganz verschiedenen Eigenschaften). Auch Mangold, Spinat und Rote Bete gehören botanisch zur selben Art, sind sichtbar unterschiedlich, aber von der Genetik her beinahe identisch.

Achtet mal darauf, wann ihr im Alltag dieser feinen Verwechslung von »Art« und »Sorte« unterliegt – es ist durchaus relevant für die Biodiversität, dass ihr den Unterschied kennt. Es ist nämlich so: Mit Sorten kann man züchten (und damit Vielfalt erzeugen). Mit Arten eher nicht. Zwei Arten lassen sich nur in den seltensten Fällen kreuzen, zwei Sorten hingegen sehr wohl, und genau darin liegt die Kraft der »unsichtbaren Biodiversität« für unser Essen: Durch Kombination von Grünkohl und Rosenkohl können wir etwas gänzlich Neues hervorbringen, das nicht nur die Kohlvielfalt bereichert, sondern vielleicht sogar einen echten Mehrwert bieten kann.

In der Evolution äußert sich genetische Variation über einen ewig langen Prozess, der zu Artenbildung und Besetzung ökologischer Nischen beiträgt. Anpassung eben. In unserer menschlichen Dimension darf es etwas schneller gehen, wenn wir die Ökosysteme bald entlasten und unsere eigene Nahrungsgrundlage erhalten wollen. Dazu kann die »Evolution im Schnelldurchlauf«, also der Einsatz von Gehirnschmalz für die kluge Kombination von Pflanzengenetik, einen großen Beitrag leisten.

Nehmen wir mal das Beispiel der sogenannten Alten Sorten. Irgendwie hat die Öko-Bubble es geschafft, dass alte Gemüse- und Obstsorten einen besonders guten Ruf genießen, obwohl sie oft nicht ohne Grund »veraltet« sind. In Erhaltungsvereinen und gärtnerischen Initiativen gibt es die Ambitionen, genau diese »verlorene Vielfalt« zu konservieren, samenfestes Saatgut solidarisch zu teilen und ein wie auch immer geartetes »altes

Wissen« kommenden Generationen mitzugeben, als wären in die Jahre gekommene Traditionen irgendwie ein Qualitätsmerkmal.

Wenn das jetzt leicht abschätzig klang, dann nur, weil ich dem Thema Saatgutvielfalt selbst sehr eng verbunden bin und mich gelegentlich über die symptomatische Verklärung innerhalb dieser Szene (die ich heiß und innig liebe) ärgern muss. Wieso gibt es in der ökologischen Welt diesen Hang zu Traditionalismus und Anthroposophie? Schließen Pragmatismus und Ökologie sich gegenseitig aus? Gibt es denn keinen nachhaltigen Fortschritt ohne den Blick nach hinten nach dem Motto: »Früher war alles besser«?

Na ja, das ist ein Thema für später. Zurück zu den alten Gemüsesorten: Oft sind diese optisch vielfältigen Sorten für den Handel nicht von Interesse, da sie nicht einheitlich wachsen oder sich aufgrund einer dünnen Schale nicht lange lagern oder nicht in einheitlichen Gurkenkisten mit einheitlichen Gurkenlastern ins örtliche Gurkengeschäft transportieren lassen. Es gibt aber auch offensichtlichere Mängel, wie ein kümmerliches Wachstum im sich aufheizenden Klima oder eine hohe Krankheitsanfälligkeit. Viele ältere Nutzpflanzensorten sind gerade deshalb (fast) ausgestorben, weil sie von einem Pilz, einem Virus oder einem Insekt derart befallen wurden, dass sich die erzeugenden Betriebe schleunigst nach neuen Sorten umgesehen haben.

Das »fast« in Klammern bedeutet, dass trotzdem Saatgut eingelagert wird (zum Beispiel in einer der zahlreichen Genbanken). Ein berühmtes Beispiel ist die Bananensorte *Gros Michel*, die bis Anfang des 20. Jahrhunderts die erfolgreichste Marktsorte stellte und dann innerhalb weniger Jahre von einem Pilz namens *Fusarium oxysporum* dahingerafft wurde. Seitdem wurde der große Michel systematisch von der uns allen bekannten Cavendish-Banane ersetzt. Die neue Sorte besitzt mit über neunzig Prozent Marktanteil nunmehr das

Monopol.* Oder nehmen wir die traditionsreiche Rebsorte Müller-Thurgau. Wein gehört sowieso zu den akut gefährdeten Kulturpflanzen, denn extreme Wetterereignisse wie Hagel oder späte Fröste werden immer häufiger und haben bereits große Teile der Ernte zunichtegemacht. Eine große Hilfe ist es da nicht, dass wir diese alte Sorte in großen Monokulturen entlang der Mosel »erhalten«, zumal sie zu allem Überfluss sehr anfällig für Pilzerkrankungen ist und mit beachtlichen Mengen an Fungiziden gespritzt werden muss. Das passiert im Übrigen sowohl im konventionellen Anbau als auch beim Öko-Wein. Hier kommt einmal mehr ein ganz urmenschliches Kriterium zum Tragen und verhindert die nötigen, großen Schritte für einen nachhaltigeren Weinbau: der Geschmack!

Wie gesagt, Tradition in der Pflanzenzüchtung äußert sich einerseits in der Erhaltung und Überlieferung von Wissen, hat aber den bitteren Beigeschmack einer sturen Ablehnung jeder Innovation. Wo einige schreiben: »Im Bouquet des Müller-Thurgau ist ein Muskatton typisch«, lese ich: »Das haben wir schon immer so gemacht – bitte kaufe mich, um bloß nichts Neues ausprobieren zu müssen.« Insofern hat das krampfhafte Festhalten an älteren Gemüse- und Obstsorten oft etwas mit unserer Kultur, unserer Koevolution mit unseren Haus- und Hofpflanzen zu tun. Das kann im kritischsten Fall jede Ambition eines evidenzbasierten Umweltschutzes verhindern, sodass wir lebenserhaltende Maßnahmen in Form von Spritzmitteln einer Umgewöhnung unserer Ess- und Trinkkultur an neue, resistentere Sorten vorziehen. Allzu oft spielt meiner Ansicht nach die Nostalgie von tradierten Pflanzensorten eine zu große Rolle und steht einem ernst gemeinten Schutz der Ökosysteme im Weg. Ich möchte aber nicht unterschlagen, dass wir

* Und auch Cavendish wird von einer neuen Variante der pilzigen »Panamakrankheit« bedroht. Hier zeigt sich: Neue Sorten sind zwar toll, aber auch hier ist mangelnde Diversität fatal. Die Konzentrierung des Markts auf einige, wenige Sorten macht ihn umso anfälliger für neue Herausforderungen.

die Alten Sorten trotzdem brauchen – zumal sie in all ihrer Vielfalt einen wertvollen Schatz bereithalten.

Noch einmal zur Sicherheit: Die genetische Vielfalt ist die Grundlage für jede Art von Züchtung. Alte und neue, wilde und gezähmte, große und kleine Pflanzensorten sind bis zum Rand gefüllt mit jener fantastischen Pflanzenchemie, die wir bei den Themen Geschmack, Resistenz und Kommunikation eingehend besprochen haben. Mit jeder alten Sorte, die in Vergessenheit gerät, verschwindet ein potenzielles Aroma, eine Note, ein Abwehr- oder ein Botenstoff in der Versenkung. Diese Dinge sind aber gerade in schwer planbaren Zeiten von unschätzbarem Wert. Man weiß nie, wann man sie doch noch einmal brauchen könnte.

Daher sollten wir die Informationen, die Genetik, die Vorzüge der Sortenvielfalt horten und hüten wie einen Schatz. Und ich meine nicht diese Art von horten, nach der mein Schwiegerpapa zum Leidwesen seiner Frau den Keller mit allerlei Antiquitäten, Figurensammlungen und Fundstücken vollstellt (bei meinem letzten Besuch in jenem Keller lächelte mich gar ein Haifischgebiss von der Seitenwand an). Nein, das Abspeichern der genetischen Diversität sichert unsere Anpassungsfähigkeit in der Zukunft, sie ist das Rohmaterial kommender Pflanzenzüchter*innen, sie bringt uns Wendigkeit und Flexibilität in turbulenten Zeiten. Die Erhaltung und Einlagerung der Saatenvielfalt ist wie ein Back-up der wichtigsten Dateien auf einem externen Speicher.

Und genau so, wie wir die größte emotionale Bindung zu Urlaubsfotos, Kindheitsaufnahmen und Briefverkehr aufgebaut haben, so ist es auch mit dem Saatgut. In ihm schlummert unsere Kulturgeschichte, ein umfassender Reisebericht der beiden Partner Mensch und Pflanze, inklusive aller Höhen und Tiefen. Allein schon für ein *Revival,* eine Diashow und die Rückbesinnung auf das Wesentliche lohnt sich von Zeit zu Zeit eine Sichtung des gesammelten Materials. Und ganz gewiss findet sich auf der Festplatte der Menschheit auch Inspiration für die Sortenvielfalt von morgen. Denn mit dem Einwecken und Konservieren der bunten Gemüseschätze ist es nicht getan: Wir müssen sie auch anbauen.

Saatgut kann sein Potenzial nur im lebenden System zeigen – in einem staubigen Glas verwahrt bringt es niemandem etwas. Dazu müssen wir im Pflanzenbau mutiger und kreativer werden, mal etwas Neues ausprobieren, alte und neue Sorten zusammenbringen. Eine Steigerung der Vielfalt muss heutzutage nicht unbedingt Mehraufwand oder Ertragsverluste nach sich ziehen, denn dank neuer Landtechnik ist heute vieles einfacher. Dazu gleich mehr.

Leider lässt sich die Vielfalt der Lebensräume nicht für schlechte Zeiten einlagern. Ökosystemdiversität ist zwar etwas leichter zu bebildern als die Genetik, doch sie entzieht sich unserer Vorstellungskraft allein schon durch die inhärente Komplexität. Bei dieser Form von Biodiversität werden die unterschiedlichen Typen von Lebensräumen pro Fläche betrachtet, die nebeneinander vorkommen. Manchmal spricht man auch von »Strukturvielfalt«, wenn es um optisch offensichtlich unterschiedliche Vegetationsarten wie Wiesen, Hecken, Wälder oder Ähnliches geht. Einleuchtend erscheint: Je mehr Lebensräume (Biotope), desto mehr ökologische Nischen und umso höher die Artenvielfalt. Es kann auch durchaus relevant sein, welche zwei (oder mehr) Lebensraumtypen in direkter Nachbarschaft zueinander liegen. Beispielsweise brauchen Amphibien sowohl Wasser- als auch Landökosysteme, Fledermäuse benötigen Jagdgründe und ebenso Höhlen als Quartiere.

Daraus ergibt sich spannenderweise, dass auch der Grenzbereich zwischen verschiedenen Lebensräumen (das Fachwort lautet Ökoton) eine eigene Dynamik entwickeln und selbst zum linienförmigen Ökosystem werden kann. Klingt komisch, aber bei näherem Hinsehen haben es viele dieser Ökotone in unseren täglichen Sprachgebrauch geschafft: Uferbereiche, Waldränder und Lichtungen kommen uns beinahe instinktiv in den Sinn, wenn wir in der Natur nach Tieren suchen wollen. Tatsächlich ist die Artenvielfalt in diesen Randbiotopen sehr hoch und oft spezialisiert auf das Vorhandensein mehrerer Ökosystemtypen. Auch die Kulturlandschaft kann solche Übergangsbereiche bieten: Durch kleinbäuerliche Landnutzung entstanden vielerorts auf der Welt quasi automatisch (aufgrund der unterschiedlichen Bewirtschaftung) kleinteilige Mosaike aus Äckern und Obstwiesen, Weideland und Hecken, die wiederum Lebensräume für typische Feldbewohner bieten. Die Fusion von kleineren Betrieben zu immer größeren, einheitlich bepflanzten Flächen wirkt leider dieser Artenvielfalt entgegen – Grund dafür ist die vorgelagerte, reduzierte Ökosystemdiversität.

Eine produktive, moderne Landwirtschaft einerseits und der Erhalt der Ökosysteme mit ihren so wertvollen Funktionen andererseits müssen sich aber nicht ausschließen. Eine Meta-Analyse* aus dem Jahr 2020, in der die Daten Tausender Studien aufgearbeitet wurden, hat gezeigt: Im Schnitt fördert die

* Meta-Analysen sind statistische Aufarbeitungen von Einzelstudien für eine größere, kombinierte Stichprobenmenge. Die Daten sind dadurch belastbarer, da sie anhand unabhängiger Quellen zusammengeführt und ausgewertet werden. Man könnte auch sagen: Sie bieten einen guten Einblick in die Studiendiversität. ;)

Diversifizierung der Landwirtschaft die Ökosystemdienstleistungen – und das sogar ohne Abstriche beim Ertrag.[2] Insgesamt konnte durch verschiedene Ansätze zur Erhöhung der Biodiversität auf dem Acker eine Steigerung der Bestäubungsleistung, der Schädlingseindämmung, der Nährstoffkreisläufe, der Bodenfruchtbarkeit und der Wasserregulation bei gleich bleibender Erntemenge festgestellt werden. Dabei waren Maßnahmen zur Förderung der *oberirdischen* Vielfalt (wie etwa eine artenreiche Fruchtfolge und die Einrichtung von Randlebensräumen) besonders vorteilhaft für die Schädlingsbekämpfung und den Wasserhaushalt, während die *unterirdische* Vielfalt (beispielsweise durch schonendere Bodenbearbeitung) vor allem nährstoffliche Pluspunkte mit sich brachte.

Die Verfasserinnen und Verfasser der Meta-Analyse schließen aus ihren Ergebnissen, dass mehr *Diversity* in der Landwirtschaft eine vielversprechende Strategie zum Erreichen der Nachhaltigkeitsziele sei. Dabei sei eine Transformation der Agrarlandschaft notwendig, bei der Politik und Gesellschaft den Betrieben durch entsprechende monetäre, technologische und mentale Unterstützung unter die Arme greifen sollten. Die Marktbedingungen müssten sich zugunsten eines zunehmend unter Druck stehenden Berufsstandes wandeln, damit den Erzeugern unserer tagtäglichen Lebensmittel die Möglichkeiten zur Umsetzung von mehr Vielfalt auf dem Acker gegeben werden – ohne dabei bankrottzugehen.

Falls es für euch da draußen noch nicht genug um das große Geld ging, stellt euch einfach vor, es handele sich beim Ackerbau um ein gut gepflegtes ETF-Portfolio. Auch bei der Investition in Aktienfonds ist Diversifizierung das Zauberwort: Je mehr verschiedene Aktien im Portfolio, desto besser werden wirtschaftliche Flauten abgefedert. Wenn ein Unternehmen mal pleitegeht (analog: eine Sorte, eine Kultur erntemäßig »mies performt«), fangen die übrigen den Schaden auf, sodass der Portfoliowert insgesamt nicht leidet. Vielfalt schafft echte

Resilienz, einfach nur dadurch, dass sie vielfältig ist. Falls ihr in eurer Familie ein paar junge, etwas zu engagierte FDP-Enthusiasten habt, wisst ihr jetzt, wie man denen am einfachsten den Nutzen von Biodiversität erklärt.

Es wird also mittlerweile mit waschechter Wissenschaft belegt: Der Schutz der Biodiversität ist nicht nur außerhalb der Äcker möglich! Es lohnt sich – und zwar auch finanziell –, vielfaltsfördernde Maßnahmen weiter voranzubringen. Wir Hobbygemüsemenschen können übrigens auch im Kleingarten manche dieser Prinzipien anwenden, und mir persönlich macht es außerdem Spaß, solche Studienergebnisse nachzukochen und zu schauen, ob es auch im Kleinen bei mir hinterm Haus funktioniert.

## Nieder mit der deutschen Kartoffel!

Eine hohe Vielfalt im Gemüsebeet ist gut für die Produktivität, diese Hypothese wurde schon oft bestätigt. Es ist allerdings noch nicht ganz klar, woran das liegt. Ein Erklärungsansatz könnte sein, dass sich die Nährstoffprofile der Pflanzen gegenseitig ergänzen, aber eindeutige Belege dafür fehlen bislang (Möhren brauchen einen etwas anderen Bodencocktail als Zwiebeln und können deshalb gut nebeneinander wachsen). Eine weitere Idee besagt, dass das Vorkommen bestimmter Krankheitserreger auf einer biodiversen Fläche »verdünnt« wird, einfach weil es dann zu wenige Wirtspflanzen einer spezifischen Art gibt, die sie befallen könnten. Eine Studie von 2023 hat genau diesen »Effekt der Pathogenverdünnung« einmal genauer untersucht und kam zu dem Ergebnis: Wenn mehrere Pflanzenarten auf einem Feld wachsen, wird es für spezialisierte Krankheitskeime eng, und die Erträge steigen![3] Was genau die Spezialisierung der Bazillen damit zu tun hat, klären wir gleich. Werfen wir zunächst einen Blick auf den Versuchsaufbau des Experiments.

Ein umfangreicher Feldversuch wurde ausgerechnet im US-Bundesstaat Kansas aufgesetzt (an diesem Fleckchen Erde wurden wir ja schon zu Beginn von Kapitel 2 Zeugen der Superkräfte von Pflanzen). Achtzehn verschiedene Arten pflanzten die Forschenden in die Prärie unweit der Universität aus: je sechs aus den botanischen Familien der Korbblütler, der Süßgräser und der Hülsenfrüchtler. Auf einzelnen Parzellen wuchsen die Versuchspflanzen entweder als Reinkulturen oder als Mischkulturen mit unterschiedlicher Zusammensetzung. Etwa vier Monate nach der Pflanzung wurden Bodenproben genommen, um einen Schnappschuss des Bodenlebens im Labor zu untersuchen.

Nachdem ein Jahr vergangen war, dokumentierte das Forschungsteam die oberirdische Biomasse (den Ertrag) der Pflanzen. Erwartungsgemäß (und doch immer wieder toll) stellten sie fest, dass der Ertrag mit der Zahl der Arten in einer Mischkultur zunahm. Allerdings fanden sie keine Anhaltspunkte dafür, dass die Hülsenfrüchtler durch ihre Fähigkeit, Stickstoff aus der Luft zu fixieren, grundsätzlich andere Pflanzen um sich herum mitversorgen würden. Spannend waren auch die Ergebnisse der Bodenanalysen: Das Vorkommen »böser« Bodenbakterien, die Pflanzenkrankheiten auslösen können, hatte sich schon während der ersten Monate deutlich verändert. Gerade in den Bodenproben, die Mischkulturen entnommen wurden, hatten sich die fiesen Mikroben größtenteils verdünnisiert. Eine Ausnahme bildeten einige Vertreter der Hülsenfrüchtler, die nicht so gut in der Vertreibung der bösen Kerlchen waren. Als Grund hierfür vermuteten die Wissenschaftlerinnen und Wissenschaftler die geringe Spezialisierung der Pathogene: Die Hülsenfamilie wird oft von Krankheiten erwischt, die bei mehreren Arten auftreten können. Die Keime sind bei dieser Pflanzengruppe nicht so wählerisch. Für alle anderen war die pure

Anwesenheit eines gemischten Haufens (und eben auch der Hülsen in direkter Nachbarschaft) ein guter Schutz gegen Plagegeister.

Spezialisierung bedeutet also in diesem konkreten Fall: Ein evolutionäres Wettrüsten von Pflanze und Mikrobe, die die beiden so eng miteinander verheiratet, dass es wirklich genau diese Kombination braucht, damit es zum Befall kommt. Anders gesagt: Der Effekt der Pathogenverdünnung ist umso stärker, je spezialisierter ein Krankheitserreger ist – hier zeigt der Anbau in Mischkultur seine größte Wirkung. Als Folge des geringeren Schadens steigt der Ertrag der Pflanzen, die in der »perfekten Mischung« stehen. Die Ergebnisse der Kansas-Studie zeigen eindrücklich, dass der bisherige Anbau von Nutzpflanzen in Mono- und Reinkulturen nicht optimal ist.

Kultivierung von Mischkulturen gibt es theoretisch schon seit Jahrtausenden, wie der Anbau der »drei Schwestern« Mais, Bohnen und Kürbis zeigt, der bereits bei den Maya in Lateinamerika dokumentiert wurde. Bisher findet sie aber wenig Einsatz in der modernen Landwirtschaft – hauptsächlich wegen der maschinellen Ernte, die in Reinkulturen nun mal einfacher ist. Dazu kommt, und das merken die Forschenden in ihrem Bericht selbstkritisch an, dass das Bodenleben auf dem Versuchsfeld nicht unbedingt repräsentativ für einen typischen Ackerboden sei. Obendrein geben sie zu bedenken, dass Erderwärmung, veränderter Niederschlag und Düngungsverhalten das natürliche Gleichgewicht im Boden zugunsten der Pathogene verschieben – und so jeden Vorteil von Pflanzenmischungen untergraben könnten. Dennoch sind solche Leuchtturmprojekte wichtig für die Außenwirkung von Wissenschaft, die in der realen Welt wirklich etwas verändern kann, wenn man sie nur machen lässt.

Für unsere Beetplanung im Hobbygarten hält diese aktuelle Forschung ebenso konkrete Tipps bereit: Wer bunte, gesunde und ertragreiche Gemüsepflanzen will, sollte sich die Prinzipien der Mischkultur genauer anschauen. Es lohnt sich, einen botanischen Blick auf die Herkunft von Zucchini, Tomate und Kartoffel zu werfen. Schnell werdet ihr feststellen, dass die letzten beiden zur Familie der Nachtschattengewächse *(Solanaceae)* gehören und damit potenziell ähnliche Krankheiten kriegen können. Das Kürbisgewächs Zucchini wäre also eine geeignete Nachbarin, um Tomate und Kartoffel räumlich voneinander zu trennen – und die Mischkultur wird umso besser, je mehr Pflanzen aus unterschiedlichen Familien die Party aufmischen. Wie wäre es zum Beispiel mit ein paar Karotten (Doldengewächs), etwas Mangold (Fuchsschwanzgewächs) oder proteinreichen Kichererbsen (Hülsen)? In einem Garten können diese Dinge noch eher umgesetzt werden als auf großen Feldern, und wir haben schließlich die Zeit. Und dazu kann es riesigen Spaß machen, sich im Winter mit gespitztem Bleistift und Kästchenpapier hinzusetzen und den eigenen kleinen Versuchsacker für die nächste Saison zu designen.

Pflanzenmischungen sind einfach – *excuse my french* – der heiße Scheiß, sonst würden die Wildpflanzen wohl auch nicht freiwillig in Diversität leben. Da Pflanzen sich in der Natur selbst aussäen und keiner winterlichen Beetplanung folgen, spricht man bei Wildpflanzen nicht von Mischkultur, sondern von Pflanzengesellschaften. Die wissenschaftliche Erforschung dieser Gruppierungen wird im spannenden Feld der Pflanzensoziologie untersucht, die wiederum in den Bereich der Geobotanik fällt. Einfach gesagt: Man schaut sich die Vegetation an, schreibt alle Arten tabellarisch auf, stellt fest, dass wiederkehrende Muster von krautigen Freundinnen zu finden sind, gibt ihnen abgefahrene Namen* und freut sich darüber. Neben der Freude geben sie uns aber noch etwas viel Wertvolleres: Die

* Bei der Namensgebung der Pflanzengesellschaften orientiert man sich oft an den wichtigsten Arten. Sie klingen wie eine Mischung aus Zauberspruch und schlagender Studentenverbindung – oder welche Assoziationen lösen *Querco-Fagetea, Cirsio-brachypodion* oder *Xerobromion* in euch aus?

Pflanzengesellschaften verraten uns erstaunlich viel über den Standort, die lokale Ökologie, in der wir sie vorfinden.

Sogenannte Zeigerpflanzen stehen oft zusammen und transportieren damit Informationen aus dem Wurzelreich an die (für uns sichtbare) Erdoberfläche. Wenn ihr also wilde Heidelbeeren, Adlerfarn und Nadelbäume zusammenstehen seht, könnt ihr davon ausgehen, dass der Waldboden an dieser Stelle eher sauer ist. Hingegen deuten Eichen und Buchen in der Pflanzengesellschaft *Querco-Fagetea* (Eurosibirischer Falllaubwald) vor allem auf einen nährstoffarmen Boden hin. Viel Stickstoff wird angezeigt durch Ackerwinde, Brennnessel und Löwenzahn (und dürfte ich dieser wilden Mischkultur einen Namen geben, würde ich sie Pipi-Kakalion nennen). Die Vegetation teilt uns auf diese Art ganz nebenbei mit, wo wir nach essbaren Pilzen suchen sollten. Wer sich näher mit den Pflanzengesellschaften und ihrer Flüsterpost im Wald beschäftigen will, dem sei der Kanal meiner YouTube-Kollegen von Buschfunkistan[4] ans Herz gelegt.

Auch auf dem Acker sprechen die Pflanzen zu uns. Allerdings konnten wir ihnen ihre Wünsche lange Zeit nicht von den Blättern ablesen, da die Wissenschaft schlicht noch nicht so weit war. Heute haben wir Messwerkzeuge und Innovationen zur Verfügung, um die Vorzüge von Pflanzengemeinschaften vielleicht ein Stück weit zurück in die Kulturlandschaft zu holen. Denn die Ackergesellschaft ist zwar durch uns Menschen künstlich zusammengestellt, nutzt aber trotzdem ihre bekannten Kommunikationswege, um uns ihre Launen mitzuteilen. Der Ökologe Jack Schultz, der übrigens auch in Michael Pollans wunderbarem Artikel in der *New York Times* zum Thema Pflanzenintelligenz gewürdigt wird (siehe Kapitel 3), wollte als einer der Ersten ein mechanisches Stethoskop zum Abhören des Ackers entwerfen. Er nannte es zwar *mechanical nose* (»mechanische Nase«), aber ich finde beides zusammen ganz passend. Die Idee war, Kulturpflanzen anhand ihrer chemischen Ausdünstungen zu »beschnuppern« und so – dank unseres heutigen Wissens über die molekulare Pflanzensprache – zielgenaue Diagnosen zu stellen.

Heute werden diese Überlegungen in der Entwicklung der Präzisionslandwirtschaft Realität. Mithilfe von Technik sollen Pflanzen eine Art Eins-zu-eins-Betreuung erhalten: weg von der Gleichschaltung eines ganzen Feldes hin zu einer bedarfsgerechten und individuellen Behandlung am jeweiligen Standort. Traktoren und Landmaschinen, schon vor Jahrzehnten mit modernster Technologie (Spurrillenautomatik, GPS-Steuerung) ausgestattet, sind bis heute die Versuchskaninchen für eine Digitalisierung der Landwirtschaft. Dabei werden einige vielversprechende Verfahren aus dem Hut gezogen: minimalinvasive Bodensonden, Roboter mit passgenauer Düngerspritze, Drohnen mit einem Adlerauge für aufgehende Verunkrautung – all das gibt es schon. Oftmals warten diese Erfindungen nur darauf, von ihrem Dasein in Agrarmessehallen und Start-up-Pitches endlich den Weg in die Anwendung zu finden. Der Ball liegt bei der Politik, die eine kreative Nutzung digitaler Lösungen für unsere Nahrungsproduktion mit entsprechenden Förderungen und Bürokratieabbau voranbringen könnte.

Worauf ich aber eigentlich hinauswill: Diese Dinge können uns helfen, die Vorzüge von Mischkulturen irgendwann auch in einer produktiven Landwirtschaft zu verwirklichen. Früher waren wir ehrlicherweise einfach zu beschränkt in unseren Möglichkeiten, und so haben wir überall großformatige Schachbrettacker angelegt, über die man nur einmal mit einer monstergroßen Maschine fahren muss, und alles ist erledigt. Heute sehen wir die negativen Seiten dieser überdimensionalen Bewirtschaftung, die im Dreiklang mit chemischem Pflanzenschutz und mangelnder Vielfalt zu globalen Konsequenzen führt. Moderne Technologien, die eine feinere Naturbeobachtung erlauben und gleichzeitig bei der Nachahmung genialer Naturkonzepte auf dem Acker helfen können, sind mehr denn je erforderlich. Im Fall artenreicher Agrarsysteme könnte das konkret so aussehen, dass Felder kleinteilige Mosaike aus bunten, standortangepassten Kulturen bilden, die mit digitaler Hilfe belauscht und am Ende auch geerntet werden. Mit den heutigen Möglichkeiten könnten wir uns aus dem Vereinheitlichungsstrudel befreien und uns von nicht nachhaltigen Konzepten emanzipieren. Fortschritt muss nicht unbedingt zu »immer mehr, immer größer« führen – es darf auch mal klein und smart sein.

Damit wir echte Vielfalt (er)leben und ihre Vorzüge spürbar machen können, erfordert es Mut und Einfallsreichtum – das gilt für die Welt der Kulturpflanzen genauso wie für unsere Menschenwelt. Auch wir merken die Nachteile, die eine Abschottung nach außen, eine Überhöhung der einen Gesellschaft mit gleichzeitigem Ausschluss von Andersdenkenden zur Folge hat.

Wir leben selbst mitten in einer Mischkultur im besten Sinne, und wie dumm wären wir, sie selbst aufzulösen. Gewissermaßen sind wir gerade dabei, einen ähnlich dramatischen Fehler bei der Vereinheitlichung unserer Gesellschaft zu begehen, wie wir ihn damals bei der industriellen Landwirtschaft gemacht haben. Die so wichtigen Arbeitskräfte in systemrelevanten Bereichen, die uns dabei verloren gehen, schaffen genau dieselbe Resilienz in unserer Kultur wie die Pflanzenmischungen auf dem Kansas-Acker. Und das soll auch schon mein politischer Appell für die anstehenden Bundestagswahlen gewesen sein. Okay, eine Parole noch: Schluss mit der deutschen Kartoffel! Es lebe die Kartoffel-Diversity!

Apropos Kartoffeln: Wart ihr schon mal in den Anden unterwegs? Ich erinnere mich gern an die Marktstände in Boliviens Hauptstadt La Paz, die gefühlt Hunderte Gemüse- und Obstsorten feilboten, die ich nie zuvor gesehen hatte. Inmitten hupender Minibusse ließ ich mir von einer Verkäuferin mit langen, geflochtenen Zöpfen und rundem Hut erklären, dass ihr buntes Angebot ausschließlich aus Kartoffeln bestünde. Tatsächlich gibt es in ihrem ursprünglichen Verbreitungsgebiet, das von Venezuela bis ins südliche Chile reicht, Tausende Sorten der berühmten Knolle. Viele südamerikanische Kartoffelsorten sind endemisch, können also nur im andinen Hochland wirklich gut gedeihen, an dessen klimatische Bedingungen und Tag- und Nachtzyklus sie angepasst sind. Ich staunte jedenfalls nicht schlecht über die knolligen Produkte, die von Tiefviolett über leuchtend Rot bis hin zu fast Schneeweiß ein breites Farbspektrum abdeckten und sich zudem außerordentlich formenreich zeigten. Manche sahen aus wie kleine Würstchen, andere hatten stachelige »Augen«, und wieder andere waren wie zur Tarnung in eine gefleckte, camouflierende Schale gehüllt.

Ein Stückchen weiter die Straße hinauf folgte auch schon die Verarbeitung: Die Diversität der Kartoffeln erhält in quasi allen landestypischen Rezepten Einzug, von der sonntäglichen *Sopa de maní* über das deftige *Sajta de pollo* bis zum kulinarischen Herzstück der Hauptstadt, dem herrlich herzhaften Tellergericht *Plato paceño*. Dabei gibt es klare Vorgaben, welche der bunten Knollen zu welchem Gericht gehört, und glaubt mir: Die Kochkunst geht hier weit über unser simpel anmutendes »fest- oder mehlig kochend« hinaus. Es wurde frittiert, gebraten, gekocht und gedämpft, und je nach Zubereitungsart setzten die Kartoffeln auf dem reizüberflutenden Markttreiben auf 3800 Metern über dem Meeresspiegel andere Aromen frei. Eine lilafarbene, ingwerförmige Sorte war nach langer Garzeit immer noch knackig, aber wunderbar nussig im Geschmack, andere zerflossen förmlich im Mund und erinnerten an Karotten mit einem Hauch von Schokolade. Gewürzt wurde wenig, eventuell mit etwas Chili für den Pep und ein wenig grobem Meersalz.

Diese beinahe überfordernde Vielfalt hat mich zum Kartoffelliebhaber gemacht – und seit jeher ist die Reise von *Solanum tuberosum* als Urgemüse vom Markt in den Anden zum identitätsstiftenden Gemüse der Deutschen für mich sinnbildlich für die Vielschichtigkeit der Beziehung zwischen Pflanzen und den Menschen, die sie kultivieren. Wir brauchen auch in unseren Supermärkten mehr Vielfalt, ja.

Aber wir müssen ebenso anerkennen, dass die Pflanzenvielfalt immer auch als Ausdruck von menschlicher Kultur im zeitlichen und räumlichen Kontext zu verstehen ist: Südamerikanische Sorten wachsen bei uns schlecht – das heißt nicht, dass sie »schlechter« sind als unsere modernen Sorten, sondern eben angepasst an ihren Standort. Südamerikanische Kleinbäuerinnen und Kleinbauern geben die Sortenvielfalt automatisch an die nächste Generation weiter – das heißt nicht, dass unsere Landwirtschaft mit einer Rückkehr zu Sukzession und eigenem Nachbau all ihre Probleme lösen wird. Nicht zuletzt ist der Markt bei uns an die Nachfrage von Verbrauchenden angepasst. Für die typisch deutschen Gerichte braucht man eben vor allem fette, gelbe Knollen, und für die Pommes der unsäglichen Fast-Food-Kette mit großem M werden eigens weißfleischige, längliche Kartoffelsorten gezüchtet und vertrieben.

Das alles ist nicht allein die Schuld von »denen da oben«, die Industrie bedient die Nachfrage von uns Konsumierenden. Na klar, liebe Leserinnen und Leser, wir wollen bunte Vielfalt, wir haben es verstanden, wir sind bereit dafür. Dennoch befinden wir uns in einer *Bubble*, in einer Blase der vermeintlich ökologisierten Besserwissenden, so viel müssen wir eingestehen. Und wir dürfen uns auch fragen, ob wir wirklich so viel verstanden haben, wenn wir alle Herausforderungen eines modernen Lebens nicht anders zu behandeln wissen als durch eine Flucht nach hinten, sprich: Ent-Modernisierung*. Der Weg zurück erscheint uns oft plausibel, weil wir Angst vor dem Un-

* Wieso sehe ich bei diesem Wort jetzt wieder ein sprechendes Baumwesen aus *Herr der Ringe* mit einem Handy in der knorrigen Hand?

bekannten haben. Aber es ist eben für die allermeisten unter uns nicht (mehr) Teil der Lebensrealität, bei lokalen Betrieben aus einem bunten Sortiment zu wählen – oder dieses zu einem erschwinglichen Preis anzubieten. Wir haben die Subsistenzwirtschaft vor langer Zeit verlassen, und obwohl es nun ein wenig mehr Autonomie sein darf, hat uns dieser Schritt mit aus der Armut und dem Hunger geholt. Nun wollen wir unabhängiger sein und Vielfalt in allen Bereichen fördern. Aber die »deutsche Kartoffel« ist eine Couch-Potato, die Politik verschanzt sich allzu oft hoch oben in ihrem Kartoffelturm, zu weit weg, um den enormen gesellschaftlichen Druck mitzubekommen, der auf den Kartoffelbauern lastet.

So wünschenswert eine Ausweitung ökologischer Prinzipien für unsere Lebensmittelwirtschaft auch wäre: Ein erzwungenes Zurück wäre für alle von Nachteil und für die allermeisten mit unzumutbaren Lebensmittelpreisen verbunden. Wir brauchen – um im Bild zu bleiben – eine Kartoffel-*Diversity* in allen Lebensbereichen, aber es muss einen anderen Weg geben als eine kollektive *Retour á la nature*. Wir können nicht zurück zu einem fiktiven Naturzustand, in dem wir mit Kartoffeln auf dem Markt sitzen, die hier ja wie gesagt ursprünglich gar nicht vorkamen. Vielmehr könnten wir uns darin üben, unseren *Kultur*zustand auf den Prüfstand zu stellen, und uns an die Arbeit machen, diesen als Teil der belebten Welt zu verstehen. Und dann können wir vielleicht da ansetzen, wo wir unsere Stärken sehen. Etwa beim Vervielfältigen von Praktiken, die nachweislich die Umwelt schützen und trotzdem ein progressives Wirtschaften ermöglichen.

Es gibt also neben den drei Ebenen der Biodiversität, die wir zu Anfang des Kapitels besprochen haben, noch einen kulturellen Aspekt, ein Paralleluniversum, in dem diese Dreifaltigkeit auch für die landwirtschaftliche Produktion bedeutsam wird:

**1. Vielfalt der Genetik → Vielfalt der Sorten**

**2. Vielfalt der Arten → Vielfalt der Kulturpflanzen**

**3. Vielfalt der Ökosysteme → Vielfalt der Agrarsysteme**

Da wir die Fläche für unsere Lebensmittelerzeugung der Natur entnehmen, erscheint es nur logisch, dass das Konzept der »Biodiversität auf mehreren Ebenen« auch für den Acker gelten muss. Die Vielfalt der Genetik wird in der Sortenpalette abgebildet, die uns den nötigen Handlungsspielraum für Anpassung und Resistenzen gibt. Die Vielfalt der Kulturpflanzenarten ist ein ganz eigenes Thema, das uns technisch fordert, aber auch eine soziokulturelle Ebene hat, da es eine Öffnung gegenüber neuen Gerichten und Geschmäckern erfordert. Die Vielfalt der Agrarsysteme geht damit einher: Indem wir Diversität als Schlüssel sehen – als eine Art natürliche Stärke der Pflanzenwelt, die wir lange vernachlässigt haben –, ermöglichen wir die Erschließung gänzlich neuer Anbauverfahren und die Nutzung ungeahnter Standorte. Agrarsysteme könnten in Zukunft in Küstennähe oder inmitten von Großstädten, als Waldacker oder essbare Fassadenbegrünung entstehen.

Die Wissenschaft gibt uns mit der Erforschung von Salzpflanzen und Fermentation, mit der Erprobung von Agroforst und *Vertical Farming* das nötige Wissen mit auf den Weg. Die gemeinsame Evolution mit der Pflanzenwelt endet nicht mit einer Ausweitung der modernen Landwirtschaft – es ist vielmehr so, dass wir gerade erst loslegen, jetzt, da wir die Pflanzen zu verstehen beginnen.

## Im Wald vor lauter Bäumen säen

Die Stärke und Resilienz von Pflanzengesellschaften können wir in Mischkulturen nachempfinden. Was können wir noch von Ökosystemen für unsere Agrarlandschaft (oder unseren Balkonkasten) lernen? Haltet einfach mal beim Waldspaziergang die Augen offen und schärft eure Sinne für die Prinzipien, mit denen die Natur ihren Fortbestand sichert. Beispiele gefällig? Okay, drei Beobachtungen: Erstens, der Boden ist nie nackt. Das muss irgendeinen Vorteil haben. Zweitens, Nadelbäume stehen gern auf saurem Boden, sie säuern ihn sogar durch Nadelfall und unterirdische Wurzelchemie an. Und drittens, der Wald ist irgendwie immer angenehm kühl, sogar im Hochsommer, als hätte er eine gut eingestellte Klimaanlage. Aus diesen simplen Feststellungen können wir Erkenntnisse ableiten, die uns im »Ökosystem Acker« weiterhelfen (nicht immer, aber manchmal).

Zu Nummer eins: Eine Bedeckung des Bodens schützt ihn vor Austrocknung, schafft ein buntes Nahrungsangebot für Bodenlebewesen und sorgt außerdem dafür, dass das Wurzelreich immer gut belüftet und erosionsgeschützt ist. Diese Logik kommt auf dem Acker in Form von Mulchsystemen, Fruchtfolgen sowie der Aussaat von Zwischenfrüchten und Untersaaten zum Einsatz.

Zu Nummer zwei: Pflanzen suchen sich ihren optimalen Standort anhand der vorherrschenden Bedingungen aus (Nährstoffgehalt, Lichtverfügbarkeit, pH-Wert …) und modulieren diese Bedingungen zum Erhalt des Ökosystems. Übersetzt in den Kontext des Gemüse- und Getreideanbaus, könnte das bedeuten: Vielleicht wäre es klug, den Pflanzen nicht mehr einen Standort aufzuzwingen, sondern andersherum geeignete Nutzpflanzen für designierte (Mikro-)Standorte zu finden und sie genau dort anzubauen, wo sie sich wohlfühlen. Das wird beispielsweise im *Spot Farming*[5] gemacht: Mit der Hilfe von Bodenanalysen und digitaler Technik wird der Acker nicht mehr als monotones Rechteck gesehen, sondern in Mikrozonen unterteilt, für die jeweils passende Kulturen (zum Beispiel sogenannte Schwach-, Mittel- und Starkzehrer) geplant werden. Damit wird das Mosaik der Landwirtschaft kleinteiliger und insgesamt vielfältiger.

Und zur dritten Beobachtung: Die Vegetationsebenen im Wald wirken tatsächlich wie eine Klimaanlage! Das ist nicht nur relevant für den Anbau in einer sich aufheizenden Atmosphäre; es dient auch der Resilienz, weshalb es bereits seit Jahrzehnten in der regenerativen Landwirtschaft erforscht und praktiziert wird.

Felix Riecken, der auf dem Hof seiner Familie in Schleswig-Holstein seit einigen Jahren verschiedene Agroforstsysteme etabliert, saß kürzlich mit mir auf einem Podium zur Zukunft der Landwirtschaft und berichtete von seinem Aha-Erlebnis im Dürrejahr 2018. Es sei ein traumatisches Jahr gewesen, sechs Monate am Stück fiel kein Tropfen Wasser vom Himmel. Der Familienbetrieb war aufgrund der Futterknappheit schon im August gezwungen, seine Wintersilos anzubrechen, um die Rinder ernähren zu können. Zwölf Tiere mussten an den Schlachter verkauft werden, ein weiteres starb auf der Weide an Überhitzung.

Kurz nach der Umstellung auf biologische Bewirtschaftung war dieses Katastrophenjahr wie ein Schlag ins Gesicht, und der Junglandwirt (er bezeichnet sich inzwischen als Ökosystemwirt) erkannte, dass der Klimawandel vor allem Bäuerinnen und Bauern treffen würde. Das größte Problem in seinen Augen: die Unbeständigkeit der Wasserversorgung. In der Kombination von Gehölzen und Ackerpflanzen (beziehungsweise Nutztieren) sieht Felix einen zukunftsweisenden Ausweg, denn eine enorme Stärke der Agroforstsysteme ist die effiziente Nutzung der Ressource Wasser.

Wissenschaftliche Pilotprojekte in Deutschland[6] und der Schweiz[7] bestätigen es bereits: Bäume bremsen einerseits den Wind und beschatten andererseits zumindest teilweise die Ackerflächen, sodass Feuchtigkeit länger im Boden verbleibt. Schnell wachsende Weiden, ebenso Wertgehölze wie Wildbirne, Baumhasel oder Roteiche führen im Agroforst nachweislich zu einer verringerten Austrocknung und darüber hinaus zu einer erhöhten Bodenfruchtbarkeit, zu weniger Winderosion und einem Kühlungseffekt, für den die meisten Ackerpflanzen echt dankbar sind. Auch das Landschaftsbild wird durch den Waldacker aufgehübscht, und das Holz der Bäume kann zusätzlich in Form von Hackschnitzeln oder als Rohstoff für nachhaltiges Bauen verwendet werden. Insgesamt weisen Agroforstsysteme zudem eine ziemlich gute Produktivität pro Hektar auf. Ihr erinnert euch an die Pathogenverdünnung? Die spielt sicherlich auch eine Rolle dabei. Dazu kommt, dass in einem dreidimensionalem System aus Ackerpflanzen und Gehölzen eine effektivere Fotosynthese auf verschiedenen Ebenen stattfindet. Obendrein bieten sie diversere Lebensräume und damit reichhaltige Ökosystemleistungen. Und trotzdem werden Agroforste in Deutschland von offizieller Seite (noch) nicht nennenswert gefördert, sodass Landwirtinnen und Landwirte nur zögerlich Bäume auf ihre Felder setzen. Damit sich das ändert, dürfen Modellprojekte aus der Forschung und mutige

Vorreiter wie Felix Riecken ruhig mehr Aufmerksamkeit erfahren. Vielleicht kommen messbar nachhaltige Agrarsysteme dann auch irgendwann oben im Kartoffelturm der Entscheidungsträgerinnen und Entscheidungsträger an.

Im Vergleich zum Dürrejahr 2018 hatten wir 2024 eher ein »Matschjahr«. Betriebe suchten verzweifelt nach Lücken in der Wolkendecke, bei denen eine schnelle Fahrt zur Aussaat oder Ernte überhaupt möglich war, ohne im Schlamm stecken zu bleiben. Das Wetter ist einfach verdammt unvorhersehbar geworden – das habt ihr im Privaten sicherlich auch schon bemerkt, oder? Und egal, wie das Wetter dann tatsächlich wird: Irgendwie gibt es fast nur noch Extreme. Und der Agroforst hilft dabei, den so wertvollen Ackerboden an Ort und Stelle zu halten, sodass er nicht wegschwimmt (ja, das kann tatsächlich passieren). Er kann bis zu einem gewissen Maß sowohl Hitze als auch sintflutartige Regenfälle abpuffern. Aber ganz allein kann er es nicht mit dem Klimawandel aufnehmen. Wie in jeder guten Superheldensaga braucht es ein buntes Arsenal an übermenschlichen Fähigkeiten, um den Endgegner besiegen zu können. Die *Avengers* heißen hier nur nicht Iron Man, Thor oder Hulk, sondern eben *Spot Farming*, Agroforst oder Genom-Editierung.

Keine dieser Techniken kann alle Probleme lösen – und sollte das irgendwo behauptet werden, dürft ihr gern kritisch nachfragen. Zur Rettung der Kartoffel (als deutscheste aller garnicht-deutschen Gemüsearten), aller anderen Kulturen und der letzten verbliebenen natürlichen Ökosysteme sollten wir alle an einem Strang ziehen. Es lohnt sich einfach nicht, irgendwelche tollen Ideen gegeneinander auszuspielen. Verwenden wir Energie und Hirnschmalz lieber dafür, in der Vielfalt der Agrarsysteme nach Inspiration zu suchen, nach dem, was uns vereint, und nicht nach dem, was uns unterscheidet. Nehmen wir uns ein Beispiel an der Bodenbearbeitung der regenerativen Landwirtschaft, an der Produktivität der konventionellen

Betriebsführung, an Terrassenbewässerung und Mischkulturen, an Aquafarmen und Wüstenpflanzen, an Gewächshauslandschaften, an Nassmoorbewirtschaftung und vertikalen Anbausystemen. Nachhaltige Intensivierung trägt zum Erhalt von Lebensräumen außerhalb der Landwirtschaft bei, während extensives Grünland sie kurzerhand als Teil der Fläche integriert. Und die Vielfalt der Anbausysteme erfordert nun mal Integration im besten Sinne: Mensch, es geht um unsere Lebensgrundlage!

Hört auf, euch um die bahnbrechendste Idee zu kloppen. Denn wenn wir mal auf den Boden der Tatsachen zurückkommen, lebt bis heute etwa jeder siebte Mensch ohne die Garantie für das Grundrecht auf Nahrung. Etwa ein Drittel der produzierten Nahrung landet auf dem Müll, in Deutschland waren es 2021 etwa elf Millionen Tonnen.[8] Keine Pflanzenzüchtung und kein Waldacker kann dagegen etwas tun, dass aufgrund unsachgemäßer Lagerung oder aus kosmetischen Gründen diese ungeheuerlichen Mengen an Lebensmittelabfällen entstehen. Und die unangenehme Wahrheit ist: Allzu oft sind es unsere persönlichen Befindlichkeiten, unser Konsum, unsere panische Angst vor dem MHD – dem Mindesthaltbarkeitsdatum –, die uns zu Mitschuldigen machen. Sechzig Prozent der Lebensmittelverschwendung in Deutschland passiert erwiesenermaßen in privaten Haushalten. Nicht bei den Erzeugern (zwei Prozent), nicht im Handel (sieben Prozent), auch nicht in Kantinen und Außer-Haus-Verpflegungseinrichtungen (immerhin siebzehn Prozent) – nein, sechzig Prozent des Müllhaufens aus kostbaren Lebensmitteln produzieren wir selbst.

Wir sind einen langen Weg gegangen, um gemeinsam mit den Pflanzen diesen Planeten zu bevölkern und zu formen – was ein Rückschritt, wenn wir auch nur einen weiteren Tag so viel wertvolle Pflanzenkost für die Tonne produzierten! Im Kampf gegen die Verschwendung von Essen können wir uns einmal mehr von alternativen Agrarsystemen inspirieren lassen, nur dass sie diesmal nicht in der Zukunft spielen, sondern im Hier und Jetzt, in uns fremden Esskulturen. Und noch einmal üben wir uns darin, keine Angst mehr vor »dem Fremden« zu haben, Integration nicht als Bedrohung, Vermischung nicht als Identitätsverlust zu sehen, sondern als Bereicherung. Wenn wir diese Bereitschaft in uns aktivieren, dann finden wir zu einem längst überfälligen Umdenken in unserem Konsumverhalten.

## Saure Zungen und süße Träume

Essen ist Geschmackssache. Und Geschmäcker sind bekanntermaßen unterschiedlich, obwohl es erstaunliche Ähnlichkeiten darin gibt, wie wir Tiere mit Geschmackssignalen umgehen. Wenn wir hier kurz über Fermentation als wirklich nachhaltige Form der Herstellung und Haltbarmachung von Lebensmitteln reden wollen, hilft vielleicht ein wenig Kontext: Warum ist sauer eingelegte Kost für uns gleichzeitig richtig lecker und seltsam fremd? Zunächst einmal könnte man Säure in die Schublade der Botenstoffe aus Kapitel 4 einsortieren. Pflanzen (und eigentlich die gesamte belebte Welt) senden ohne Unterlass chemische Signale aus, um uns irgendetwas mitzuteilen. Je nachdem, ob wir auf diese Signale eingehen, wachsen wir mehr oder weniger eng mit dem Kraut zusammen, evolvieren eine gemeinsame Sprache, basierend auf einer fein dosierten Kommunikation auf molekularer Ebene. Oder: Wir finden es einfach nur lecker oder abstoßend.

Ganz so einfach scheint die Geschichte der Geschmacksrichtung »sauer« aber nicht zu sein. Nach aktuellen Forschungen gibt es unter den Wirbeltieren einige Beispiele dafür, dass bestimmte Geschmacksknospen als Folge evolutionärer Anpassung verloren gingen. Katzen etwa ernähren sich fleischlastig und haben die Fähigkeit, Süßes zu schmecken, über Bord geworfen. Pandas sind reine Vegetarier geworden und schmecken kein umami* mehr. Bitterstoffe warnen uns ganz generell vor möglicherweise toxischen Substanzen, weshalb ihre Wahrnehmung weit verbreitet ist. Aber auch da gibt es Ausnahmen. Nicht so bei der Wahrnehmung von Säure.

Amerikanische Forschende haben genetische Stammbäume durchforstet und festgestellt, dass ausnahmslos alle Wirbeltiere ihre sauren Zungen behalten haben – und das musste einen Grund haben.[9] Zunächst sei anzunehmen, dass ein so weitverbreiteter und konservierter Universalgeschmack auf einen gemeinsamen Nenner zurückgehen müsse: Ein gemeinsamer Urahn aller Wirbeltiere könne die Wahrnehmung von Säure in seiner Umgebung bereits in der Ursuppe des Lebens ausgebildet haben. Die große Frage ist: Wozu brauchte er/sie/es diesen Sinn? Auch dazu liefern die Forschenden eine Theorie. Fische und andere Wassertiere sind besonders gefährdet, wenn es um die chemische Zusammensetzung ihrer Umgebung geht. Im Wasser sind sowohl Sauerstoff ($O_2$) als auch Kohlenstoffdioxid ($CO_2$) gelöst, und aquatische Organismen nutzen Kiemen und andere Filteranlagen, um vor allem an den ersten Stoff zu kommen. Sollte sich aber das Gleichgewicht aus $O_2$ und $CO_2$ unter der Wasseroberfläche einmal ändern, was etwa bei schlechter Durchmischung oder mikrobieller Aktivität passieren kann, ist das eine lebenswichtige Information. Für die Urfische, von denen die heutigen Wassertiere, aber auch Katzen, Wellensittiche und wir Menschen abstammen, war die Wahrnehmung von (Kohlen-)Säure also durchaus eine *Survival*-Strategie. Es sei nach den genetischen Analysen zudem wahrscheinlich, dass andere Geschmacksqualitäten wie salzig oder süß erst später

* Umami (»herzhaft«) ist neben sauer, salzig, bitter und süß die fünfte sogenannte Geschmacksqualität, für die wir eigene Rezeptoren auf der Zunge haben. Die Sinneswahrnehmung von umami hilft bei der Suche nach proteinreicher Nahrung.

dazukamen, als die zielgenaue Erschnüffelung von Fleisch, Früchten oder Dosenfutter wichtiger wurde. Na gut, das mit dem Dosenfutter habe ich dazugedichtet – habt ihr auch das Gefühl, dass Katzen nicht nur sensorische, sondern auch akustische und verhaltensbiologische Reize zur Ortung von Futter nutzen? Das Geräusch beim Öffnen der Konserve scheint jedenfalls so manchen Stubentiger aus dem tiefsten Schlaf zu wecken.

Interessant wird es, wenn wir uns die heutige Beliebtheit von sauren Lebensmitteln in unserer Wirbeltiersippe anschauen. Während die meisten unserer entfernten Verwandten (etwa die meisten Vögel, Hamster oder Lemuren) immer noch saures Essen meiden, gibt es vor allem in der Gruppe der Hominiden (Menschenaffen) große Einigkeit darüber, dass sauer eigentlich ganz geil sein kann. Es wird vermutet, dass wir gelernt haben, gute und schlechte Fermentation voneinander zu unterscheiden – sprich, »Vergammeltes« von »Gegorenem« zu trennen. Das kann beim Absuchen des Bodens durchaus von Vorteil sein, gerade wenn man auf der Suche nach Aas oder Fallobst ist. Wenn etwas Essbares zu Boden fällt – sei es eine reife Frucht oder ein betagtes Tier –, konkurrieren nämlich drei große Lager von Mikroben darum, wer bei der Sinfonie der Verrottung den Dirigierstab übernehmen darf: einzellige Hefepilze, fadenartige Schimmelpilze und Milchsäurebakterien. Hefen tendieren dazu, organisches Material in Alkohol umzuwandeln, während Schimmelpilze mit ihren Toxinen die Nahrungsaufnahme bekanntermaßen zu einem gefährlichen Unterfangen machen.

Aber jetzt kommt's: Verwesende Früchte, die von Hefen und Bakterien gekapert werden, sind aus kulinarischer Sicht oft hochwertiger! Die Verfügbarkeit von Kalorien, freien Aminosäuren und Vitaminen steigt mit der Zersetzung, und sogar Pflanzenfasern und Gifte werden fein säuberlich in ihre Einzelteile zerlegt, sodass das »Produkt« deutlich bekömmlicher wird. Die Milchsäurebakterien säuern mit ihrem namensgebenden Lactat (Milchsäure) alles so weit an, dass das Wachstum von schädlichen Mikroorganismen gehemmt wird. Daher liegt die Hypothese nahe, dass Tiere mit einem Sinn für Saures in ihrer Evolution einen entscheidenden Vorteil hatten: Sie waren in der Lage, die Konservendosen der Natur zu finden und in ihren Ernährungsplan aufzunehmen. Ein weiteres, einleuchtendes Argument für eine saure Kost ist das Vitamin C. Affen und Menschen haben schon damals, in Form eines gemeinsamen Vorfahren, die Fähigkeit zur Eigenproduktion des Vitamins drangegeben. Es ist also durchaus von Vorteil, wenn man Vitamin C in der Nahrung erschmecken kann (Vitamin C ist Ascorbinsäure, die nach »sauer« schmeckt, und nach sonst nichts).

Es gibt zudem Hinweise darauf, dass bereits der letzte gemeinsame Vorgänger von Gorillas, Schimpansen und Menschen fermentierte Früchte auf seinem Speiseplan großgeschrieben hat. Vor allem in Kombination mit herzhafter Kost haben die Geschmacksknospen des frühen Menschen für ein entspanntes Leben als Allesfressende gesorgt. Dies könnte den Weg für eine bewusste, mit voller Absicht eingeleitete und kontrollierte Fermentation von Nahrung geebnet haben.[10] Mit anderen Worten: Schon früh in unserer Menschheitsgeschichte nahmen wir die saure Seite des Lebens nicht mehr als Gefahr, sondern als Chance wahr und sicherten uns bald die Fermentation als ziemlich kluge Methode zum Aufbereiten und Haltbarmachen von Essen.

Es ist also ganz und gar kein neumodischer Kram, der uns da in Form von Kimchi und Tofu in angesagten Restaurants angeboten wird. Die Forschung geht heute davon aus, dass die Fermentation unsere menschliche Evolution, unsere Interaktionen mit der Natur und unsere eigene Biologie maßgeblich beeinflusst hat. Mit anderen Methoden der Haltbarmachung, die im Zuge der Industrialisierung aufkamen (Einfrieren, Pasteurisieren, Ultrahocherhitzen), rückte die kontrollierte Gärung ein wenig in den Hintergrund des kollektiven Bewusstseins – und doch umgibt sie uns ständig und überall: Joghurt und Bier, Käse und Wein, Sauerkraut, Sojasoße, Tafelessig und Brot sind allseits bekannte Produkte, bei denen wir die Zersetzung durch mikroskopisch kleine Einzeller bereitwillig zulassen und lieben gelernt haben.

Und genau wie die Pflanzen da draußen die Gruppenarbeit mit Bodenbakterien ernst nehmen, um sich selbst zu ernähren, standortgerechte Bedingungen zu schaffen oder die Vielfalt zu erhalten, so können auch wir unseren biologischen Teamgeist beim Fermentieren wiederaufleben lassen. Der Prozess macht Lebensmittel leichter verdaulich, das ist gut für unsere Darmgesundheit und kaut unsere Kost vor wie eine fürsorgliche Affenmami, sodass wir auch wirklich alle tollen und bunten Nährstoffe aufnehmen können. Die Mikroben im Darm freuen sich über die Vorarbeit der Milchsäurebakterien genauso sehr wie das Wurzelreich über einen lebendigen und humusreichen Ackerboden.

Lasst uns den seltsamen Aufkleber »exotisch« von fermentierten Lebensmitteln abreißen, der sowieso nie richtig zu ihnen gepasst hat, und eine neue Positivität gegenüber dem prickelnden Geschmackserlebnis etablieren. Wir brauchen die Fermentation für eine nachhaltige Nahrungsproduktion genauso wie für eine energiearme Konservierung. Sie ist somit eine uralte und gleichzeitig hochmoderne Schlüsseltechnologie zur Abmilderung bierernster geopolitischer Herausforderungen. Die ungeahnten Fähigkeiten der biodiversen Mikroorganismen können zweifellos eine wichtige Rolle bei der Transformation unseres Ernährungssystems spielen, wenn wir beim Fortschritt zur Abwechslung mal nicht durch Teleskope, sondern durch Mikroskope schauten. Oder, wie der Biologe Martin Reich in seinem wunderbaren Buch *Revolution aus dem Mikrokosmos* schreibt: »Wenn man also auf der Suche nach einer Revolution ist, dann ist der Mikrokosmos dafür die perfekte Adresse.«[11]

Kulinarische Vorlieben gehen weit über das hinaus, was wir als »Geschmackssache« abtun, und sind tief in der Vielfalt der menschlichen Kultur verwurzelt. Na klar, auch Kulturpflanzen haben so ihren Lieblingsgeschmack, manche bevorzugen kalkreichen Boden, andere gedeihen auf Kompost am besten, und wieder andere haben sich ihre ökologischen Nischen in schwermetallbelasteten Wiesen gesucht und gefunden, wo sie wenig Konkurrenz zu erwarten haben. Aber eines können wir uns von den Gewächsen abschauen: den Mut, einfach mal etwas Neues auszuprobieren, neue Gefilde zu erschließen, den veränderlichen Zeiten mit ein wenig Abenteuerlust zu begegnen. Allzu oft bleiben wir geschmacklich bei dem, was wir gewohnt sind, was wir seit unserer Kindheit kennen. Fremdes und Neuartiges verschmähen wir häufig, ohne dass wir genaue Gründe nennen könnten. Hefepilze zur Bierproduktion finden wir okay – zur Gärung von Kefir erscheinen sie uns eher fragwürdig. Schimmliger, blauer Käse auf dem Teller ist für uns völlig normal – aber der Einsatz von *Aspergillus*-Flauschpilzen zur Herstellung von Sojasauce ist uns suspekt. Auch in der makroskopischen, sichtbaren Welt ziehen wir diese Masche durch: Wir verspeisen liebend gern das Menstruationsprodukt von Dino-Nachfahren*, aber rümpfen beim Anblick eines Insektenburgers oder getrockneter Quallen die Nase. Sonderlich logisch ist das nicht. Vielmehr kommen wir am Ende des kurzen Ausflugs zum Thema Fermentation wieder dort an, wo wir schon einmal waren: Essen ist eine emotionale Angelegenheit.

Es tut sicher nicht weh, unsere eigenen Gefühle zu ergründen und hin und wieder infrage zu stellen. Einer gesünderen Natur zuliebe, zugunsten eines besseren Klimas, für die Biodiversität der Ökosysteme, könnten wir da nicht unsere Ge-

* Nur zur Sicherheit: Gemeint ist das Hühnerei. :)

wohnheiten ein wenig anpassen und Vielfalt in unsere Esskultur einziehen lassen? Der Pflanzenwelt hat diese Bereitschaft zur Anpassung schon einige Male geholfen, Krisenzeiten durchzustehen. Indem wir einsehen, dass wir Teil des Teams Natur sind, entdecken wir früher oder später auch bei uns die Courage zum radikalen Umkrempeln unserer Lebensweise. Wäre nur schade, wenn es dafür erst zur Katastrophe kommen müsste.

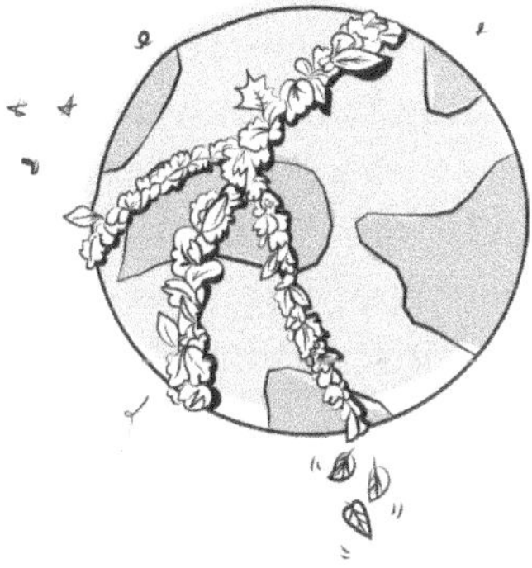

Wir erlauben uns einfach mal zu träumen. In einer Welt, in der Biodiversität auf allen Ebenen gefördert wird – von der kleinsten Ebene der Gene bis hin zur Lebensraumvielfalt, von den bunten Sämereien bis zu einem sich ergänzenden, produktiven Markt der Nahrungsproduktion –, ist nichts unmöglich. Wir bauen Gemüse an Hauswänden an, züchten Pilze in Kellern, gießen essbare Salzkräuter mit Meerwasser und zapfen gesunde Cocktails aus modernen Fermentern, in denen dressierte Mikroorganismen Stoffe umsetzen, die wir sonst aus dem Amazonas herbeischiffen müssten. Das alles hat die »naturnahe« Bewirtschaftung keineswegs ersetzt: Wir betreiben immer noch Ackerbau im ländlichen Raum, aber er sieht irgendwie anders aus: Eine Kultur geht in die andere über, an die Stelle von Reinkulturen sind farbenfrohe Pflanzenmischungen gerückt, die sich gegenseitig guttun und kaum Zuwendung brauchen. Bäume stehen inmitten der Felder, die von kleinen und großen Tieren bevölkert werden. Die Versorgung mit guten Lebensmitteln in der Stadt und auf dem Land komplementiert sich, und die Wege werden im Sinne einer regionalen Direktvermarktung kurz gehalten. Mit einer vielfältigen Fruchtfolge und klimaangepassten Sorten ist die Landwirtschaft wieder stabil – nicht zuletzt dank entsprechender Finanzierung seitens der Regierungen, die die Systemrelevanz der Branche endlich ernst genommen haben. Verbraucherinnen und Verbraucher zahlen gern etwas mehr, da die Wertschätzung für Essen zuletzt durch Aufklärungskampagnen und Schulunterricht gestiegen ist. Urbaner Gemüse- und Obstbau stärkt das soziale Miteinander, trainiert das Verantwortungsbewusstsein und trägt signifikant zur Versorgung in den Städten bei. Nicht zuletzt steigert die intensive Auseinandersetzung mit dem Thema Ernährung das Interesse junger Menschen an einer pflanzenbaulichen Laufbahn – die Ausbildungs- und Studienplätze sind so beliebt wie nie.

Auch der Stellenwert der wilden Natur hat sich verändert: Die Beschäftigung mit Pflanzen und ihren lang unterschätzten Fähigkeiten hat eine Form von Neoökologie hervorgebracht, eine Strömung, die wissenschaftsbasierte Nachhaltigkeit lebt und weiterdenkt, ohne dabei vergangenen Zeiten nachzuhängen. Wir haben unseren individuellen Einfluss auf die planetaren Grenzen verinnerlicht, unsere Konsumweisen angepasst, ohne dass es sich je nach Verzicht angefühlt hat. Neue und unerprobte *Food Trends* erwecken unsere Neugierde, wir forschen und experimentieren, statt aus Angst vor dem Unbekannten zu verharren. Und gerade weil wir die Diversität der Wild- und Nutzpflanzen mit offenen Armen empfangen, sie schützen und nachhaltig nutzen, sind wir unfassbar resilient geworden. Kaum eine Krise, kein Konflikt, keine Pandemie kann uns zurückwerfen, weil wir immer schon die passende Antwort parat haben.

Das alles sind süße Träume, die uns einerseits helfen, beim anstehenden Umbruch nicht den Kopf zu verlieren. Andererseits motiviert dieses Wunschdenken (zumindest mich), den Fokus auf die Zukunft zu richten. Es ist eigentlich klar, was zu tun ist, damit die gemeinsame Evolution von Pflanze und Mensch weiter voranschreiten kann. Es gibt gute Gründe, optimistisch auf das zu schauen, was auf uns zukommt, und das sollten wir mit all der Kraft unserer wunderbaren Partnerschaft vorantreiben. Unser heutiges Wissen wird zum überlieferten Wissen zukünftiger Generationen. Und vielleicht denken diese in ein paar Jahrzehnten zwar auch nicht, dass früher alles besser gewesen sei, aber lasst uns daran arbeiten, dass sie wenigstens sagen, »früher war alles schon ziemlich *nice*« – oder was immer dann das Jugendwort des Jahres sein wird.

Damit das gelingt, müssen wir reden. Um solche Träume davor zu retten, dass sie in der Versenkung verschwinden, um sie gegen populistische und fatalisierende Strömungen zu verteidigen, um sie jeden Tag ein wenig mehr zu Wirklichkeit werden zu lassen, müssen wir ganz, ganz viel reden. Ganz nach dem Vorbild der Pflanzenwelt können wir neue Kommunikationswege ausprobieren, um uns gegenseitig zu erreichen. Dafür ist wirksame Wissenschaftskommunikation unverzichtbar. Denn erst, wenn wir eine gemeinsame Sprache gefunden haben, können wirklich alle mitreden. Gefordert ist nicht nur ein interdisziplinäres Arbeiten auf der Ebene der Denkwerkstätten, sondern ein Teamwork, das über akademische Mauern hinausgeht! Diese unsichtbaren Mauern sind allzu oft spürbar, in Form unterschiedlicher Bildungsniveaus, verschiedener Lebensläufe, anderer Spezialisierung und Herkunft.

Wenn Wissenschaft aber wirklich der Gesellschaft dienen soll, na dann herrje, lasst sie uns leicht verständlich gestalten und nicht klingen lassen wie einen kryptischen Brief vom Finanzamt. Wie können wir einen echten Wandel erwarten, solange abstrakte Worte wie »Renaturierung« oder »Nachhaltige

Intensivierung« oder »Bioökonomie« im Alltag so wenig erfahrbar sind?

Das Herunterbrechen wissenschaftlicher Zusammenhänge bedeutet nicht automatisch einen Verlust von Genauigkeit, Richtigkeit oder Relevanz. Manchmal ist es natürlich notwendig, sich etwas mehr in ein Thema reinzufuchsen, um es in seiner Gänze zu durchdringen und für sich eine Meinung destillieren zu können. Aber dazu muss erst einmal ein Interesse, ein Augenbrauenzucken, eine Disruption des allgemeinen Grundrauschens erzeugt werden. Denn auch das ist Anpassung an ein sich veränderndes (Informations-)Klima: Durch einen guten Umgang mit der allgemein begrenzten Aufmerksamkeitsspanne kann Wissenschaft auch in Zeiten sozialer Medien und knapper Schlagzeilen vermittelt werden. Nie kann dabei ein verkürzter Titel die gesamte Information enthalten (aber mal ehrlich, gilt das nicht eigentlich für alle Themen?), sondern muss als Einladung zum temporären Tunnelblick verstanden werden. Und dabei hat die Wissenschaft es keinesfalls nötig, möglichst laut zu schreien. Im Gegenteil: Ein Ansprechen der urmenschlichen Neugier, ein Leuchten im Dunkeln der Unwissenheit, ein leichtes Kitzeln unserer nie ganz erloschenen, kindlichen Faszination für die Naturzusammenhänge – das reicht schon aus, damit trockene Forschung zum spannenden Blockbuster wird.

# 7 | Saat setzen –

## *Gardeners of the galaxy*

Wir Menschen täten gut daran, wie die Pflanzen Symbiosen einzugehen, Erfahrungen zu teilen und an die nächste Generation weiterzugeben. Ganz egal, ob wir uns für Pflanzen oder für Steine interessieren, ob wir uns für Städtebau oder mittelalterliche Geschichte begeistern können, für Informationstechnik oder soziale Arbeit brennen: Von unserem Wissen könnten alle profitieren. Wenn wir von unserer Leidenschaft berichten, mehren wir die Saat für ein buntes und aufgeklärtes Miteinander. So unterschiedlich die Ausdrucksformen sein mögen: Der konstruktive Dialog hat Lebewesen schon seit jeher miteinander verbunden und gemeinsam weitergebracht. Und das gilt auch für die geteilte Evolutionsgeschichte von Pflanzen und Menschen.

### Öffentlich-rechtlicher Buschfunk

Wir haben prinzipiell dieselben existenziellen Herausforderungen: Sowohl Pflanzen als auch Menschen brauchen Nahrung und Wasser, sie müssen sich verteidigen und interagieren können, sie pflanzen sich fort und vergehen. Das ist das Leben, wie es schon immer war und wie es wohl für immer sein wird. Ein reges Treiben, bei dem einige dank ihrer Anpassungsfähigkeit überdauern und andere zurückbleiben. Wieder andere, bei denen der evolutionäre Druck zur Bildung eines ungewöhnlich großen Gehirns geführt hat, fragen sich nun, was der Sinn hinter alldem ist. Wir Menschen mögen die einzige Lebensform sein, die zur Entscheidungsfindung anhand von Kriterien wie Ethik und Moral in der Lage ist. Wir könnten die Einzigen sein, die sich über einen »antrainierten«, biologischen Instinkt hinwegsetzen und unser Verhalten eben nicht nur von Trieben kontrollieren lassen. Aber macht uns diese Errungenschaft zu intelligenten Wesen? Haben wir dadurch einen evolutionären Vorteil? Ist es dieser vermeintlich »freie Wille«, den wir als menschliches Alleinstellungsmerkmal postulieren, der uns vom organischen Rauschen abhebt? Auf dessen Basis wir unseren Grundgesetz-Ohrwurm der Menschenwürde komponieren und politische Entscheidungen treffen?

Freies Leben, Presse- und Meinungsfreiheit sind hart erarbeitete, wunderbare Säulen unserer Demokratie. Damit eine freie Entscheidung getroffen werden kann, muss der Zugang zu ordentlichen Informationen gewährleistet sein. Auch das Recht auf Information ist in unserem Grundgesetz zu finden (und schimpft sich »Rezipientenfreiheit«). Artikel 5 des Grundgesetzes der Bundesrepublik Deutschland besagt: »Jeder hat das Recht (...) sich aus allgemein zugänglichen Quellen ungehindert zu unterrichten.« Damit reagierten wir vor gar nicht allzu langer Zeit auf die Abschottung, die im dunkelsten Kapitel unserer Geschichte vorangetrieben wurde. Die Nationalsozialisten kündigten mit ihrer »Verordnung über außerordentliche Rundfunkmaßnahmen« harte Strafen für die Verbreitung von Nachrichten aus dem Ausland an. Unter bestimmten Bedingungen stand auf das »Rundfunkverbrechen« sogar die Todesstrafe. Unvorstellbar scheint es heute, dass der Zugang zu den Bausteinen unserer freien Meinungsbildung derart kontrolliert wurde.

Aber auch ganz ohne Zensur können Informationen zurückgehalten, beschnitten, verfälscht oder zweckentfremdet werden. An dieser Stelle würde ich gern schreiben, dass *Fake News* eine rein menschliche Erfindung sind, aber na ja, was soll ich sagen, sie wurden schon lange vor uns patentiert. Damit wir bewusste Täuschung erkennen können und die Informationsfreiheit nicht im Sumpf der Informationskrise verunkrautet, lohnt es, sich ein paar Mechanismen der Desinformation anzueignen. Das Entlarven gezielter Falschinformation kann nämlich großen Spaß machen, wenn man das »Handwerk« und seine »Werkzeuge« einmal durchblickt hat. Für mich hat die Beschäftigung mit den üblichen Techniken von Populisten und größenwahnsinnigen Anführern (die nun wirklich nicht gegendert werden müssen) zu einer Art Entzauberungseffekt geführt. Es beeindruckt nicht mehr, wenn ein hitziger Redenschwinger dreiundzwanzig (Schein-)Argumente dafür anführt, warum dieses oder jenes Verbot eingeführt werden soll. Eher noch ist es belustigend, fast schon bemitleidenswert, dass die lautesten Schreihälse mangels richtiger Argumente nur noch den Weg des *Whataboutism* und der gezielten Lügen gehen können. (Gerade, als ich diese Zeilen schrieb, verkündete der damalige US-amerikanische Vizepräsidentschaftskandidat der Republikaner J. D. Vance live auf CNN: »Wenn ich Geschichten erfinden muss, damit die amerikanischen Medien dem Leid der Bevölkerung tatsächlich Aufmerksamkeit schenken, dann werde ich das tun.«[1] Der schier unglaubliche Kontext war die Falschaussage, nach der Menschen mit Migrationshintergrund in einer Kleinstadt in Ohio Haustiere essen würden.)

Bei der Verbreitung von Information – ob wahr oder falsch – ist es wie in der »Landschaft der Chemie«: Alle Organismen senden fortwährend Signale aus, die durch andere wahrgenommen werden und zu realen Veränderungen führen, etwa zur Anpassung des Verhaltens. Auch da gibt es Missverständnisse und Fehlinformation. Die Kunst unserer Zeit ist es nun, in der Fülle der Eindrücke noch durchzublicken. Wie fatal wäre es, wenn wir aufgrund falsch verstandener Signale oder gar absichtlicher Manipulation unser Verhalten in eine Richtung anpassten, die anderen schadet. Es gilt also, Strategien der Aussendung zu erkennen und im besten Fall zugunsten der allgemeinen Informiertheit zu nutzen. Wenn wir beim Bild aus der Pflanzenwelt bleiben wollen, dann gibt es neben der Ausdünstung biochemischer Botenstoffe noch eine weitere Verbreitungsebene, in der wir nach Inspiration suchen können – und das ist die Verteilung genetischer Information durch Samen.

## Information, die hängen bleibt

Pflanzen haben verschiedene Strategien zur Verteilung ihrer Saat entwickelt. Eine der gebräuchlichsten Formen ist die Anemochorie (von griechisch *ánemos,* »Wind«, und *chōreín,* »sich fortbewegen«, »wandern«), also die Reise von Samen über den Luftweg. Dabei können entweder die einzelnen Samen mit entsprechenden Fallschirmen ausgestattet werden, wie beim Löwenzahn, oder ganze Früchte durch die Luft segeln, so wie es bei Linden *(Tilia spec.)* der Fall ist. Achtet mal bei diesem beliebten Stadtbaum darauf: Kurz nach der wunderbaren Lindenblüte kommt die etwas nervige Lindenfrucht, die im Spätsommer zu Hunderten auf den Gehwegen liegt und den Spaziergang zu einer klebrigen Angelegenheit macht. Wenn ihr eine solche Frucht einmal aufhebt und näher betrachtet, erkennt ihr eine kleine Beere mit einem Stiel, an dessen oberen Ende ein flügeliges Hochblatt angewachsen ist. Dieses Hochblatt (oder noch passender: Flugblatt!) macht die Lindenfrucht zu einem kleinen Helikopter, der mit Windkraft neue Gebiete erschließen kann. Je weiter weg von der Mutterpflanze, desto geringer die Konkurrenz um Licht und Nährstoffe. Bei Früchten und Samen ist im Fall der Anemochorie also entweder eine solche Flugvorrichtung verbaut, oder sie sind sehr leicht – die Hänge-Birke *Betula pendula* kombiniert sogar beides: Die Nussfrüchte sind nur etwa drei Millimeter lang und mit dünnhäutigen

Flügeln versehen. Oft wird bei dieser Strategie eine beachtliche Menge an Samen produziert, um die Wahrscheinlichkeit einer Landung auf neuem, fruchtbarem Territorium weiter zu erhöhen. Windausbreitung ist deshalb bei sogenannten Pionierpflanzen populär, die auch unwirtliche Gebiete besiedeln können. Wenn ihr mal einen kleinen Baum in einer Dachrinne, auf den Mauern einer Ruine oder aus einem Schornstein schauen seht, dann ist das sehr häufig eine keimende Birke.

Die nächste Vokabel aus der Schulstunde der pflanzlichen Verbreitungstechniken* ist die Zoochorie (griechisch zōon, »Tier«), die sich noch weiter in Endo- und Epizoochorie unterteilen lässt: in innerhalb oder außerhalb tierischer Körper stattfindend. Beide Arten der Samenverbreitung werden von Tier und Mensch tatkräftig unterstützt. Die interne Zoochorie passiert natürlicherweise immer dann, wenn wir Früchte essen und die unverdaulichen Kerne an anderer Stelle wieder ausscheiden.

Dieser Mechanismus ist so unfassbar erfolgreich im Pflanzenreich, dass er gleich mehrfach unabhängig mit der gemeinsamen Evolution gewachsen ist: Allein das äußere Design mancher Samen, etwa bei Dattel- oder Olivenkernen, hat sich »darmschnittig« entwickelt. Die Konsistenz der Samenschale ist oft verholzt, damit der schlummernde Pflanzenembryo vor Magensäure und Verdauungsenzymen geschützt ist. Gleichzeitig dienen die Magensäfte nicht selten einer Vorbereitung auf die Keimung. Für einige Pflanzen, wie unsere allseits beliebte Himbeere *(Rubus idaeus)*, ist die Darmpassage sogar eine Voraussetzung für die spätere Keimung. Und bei der Ausscheidung sehen die Pflanzensamen nach einer merkwürdigen Reise durch den Tierkörper buchstäblich Licht am Ende des Tunnels: Das Tageslicht regt zum Wachstum an, und der mitgelieferte Kot ist zu-

* Sollte dieses Buch je in englischer Sprache erscheinen, würde das Wort *dissemination* die Analogie hier wohl am besten unterstreichen: Es lässt sich sowohl mit »Verteilung« als auch mit »Veröffentlichung« und »Aussaat« übersetzen.

gleich Dünger und Substrat für den Keimling, der nun in neuen Gefilden der Sonne entgegenwachsen kann. Die mit Abstand wichtigste Tiergruppe für die endozoochore Verbreitung von Pflanzen ist die Vogelwelt. Oftmals kann man den Früchten und Samen schon ansehen, wer genau sie finden und herumbugsieren soll.

Diese Koevolution findet gelegentlich ein geisterhaftes Ende, wenn das entsprechende Tiertaxi in einer Region nicht mehr vorkommt oder gar komplett ausstirbt: In *The Ghosts of Evolution* berichtet Connie Barlow von nordamerikanischen Baumarten wie der Gleditschie oder dem Milchorangenbaum, deren teilweise sehr große Früchte zu Boden fallen und verfaulen.[2] Die Theorie: Ursprünglich haben Mammuts und Riesenfaultiere diese überdimensionierten Portionen verdrückt und so den Fortbestand der Pflanzen gesichert. Da die amerikanische Megafauna aber seit der letzten Kaltzeit (vor ungefähr 14000 Jahren) ausgestorben ist, fällt die endochore Verbreitung der Bäume aus. Dadurch kann auch erklärt werden, dass diese speziellen Arten nur noch an wenigen und sehr weit auseinanderliegenden Standorten vorkommen.

Im Gegensatz zum öffentlichen Nahverkehr der Tierdärme nutzen einige Pflanzen die Fähigkeit zu mehr oder weniger unbemerkter Anhaftung. Auch bei der Epizoochorie sind Pflanzen kreativ geworden, haben sie doch ihre Früchte und Samen so modelliert, dass sie möglichst lange per Anhalter reisen können. Jede und jeder von euch kennt *Galium aparine,* das Kletten-Labkraut, das wir uns kichernd gegenseitig ans T-Shirt klatschen. Die Pflanze ist an allen Organen mit kleinen Stachelborsten ausgestattet, die auf den kleinen Früchten besonders hakenförmig (»klebrig«) ausgebildet sind. Das Zeug haftet ähnlich gut wie ein Klettverschluss und dient dem Kraut natürlich zur kostenlosen Mitfahrgelegenheit bei tierischen Passanten. Kleiner Auffrischer, Klammer auf: In der Pflanzensoziologie ist das Kletten-Labkraut übrigens eine Charakterart für stickstoffreiche Saumgesellschaften (Galio-Urticetea) und als Kulturfolger auf dem Getreideacker hin und wieder ein ernstes Problem. Klammer zu. Andere Pflanzenarten lassen ihre federleichten Samen auf feuchten Oberflächen treiben, wo sie dann an Wasservögeln kleben bleiben. Zu diesen »Adhäsionshaftern« gehört zum Beispiel die Wasserlinse, die manchmal als kleinste Blühpflanze der Welt bezeichnet wird. Sie wird aufgrund ihrer geringen Größe gleich als gesamte Pflanze davongetragen, um sich in anderen Gewässern zu etablieren. Und das tut sie mit ziemlich großem Erfolg: Im allgemeinen Sprachgebrauch hat sie es immerhin schon zu dem schmeichelhaften Titel »Entengrütze« gebracht.

Egal, für welche Art des »Rundfunks« Pflanzen sich zur Aussendung ihrer nächsten Generation entscheiden, eine kleine Gebühr fällt dabei immer an: Während die einen kleine Schirmchen, Flügel oder Widerhaken basteln müssen, wenden die anderen einen Teil ihrer wertvollen Energie zur Produktion aromatischer, ansprechender Früchte auf. Dabei kommt es wie so oft sehr auf den Kontext an, welche Strategie die erfolgreichste sein wird. Langstreckentransport über Anemochorie und Zoochorie – Wind- und Tierverbreitung – wurden lange als Hauptfaktoren für die Kolonisierung von Neuland angesehen. Im Fall der Azoren scheint es so, als wäre die Verteilung der Pflanzenarten nicht allein dadurch erklärbar. Ein portugiesisches Forscherteam hat vor Kurzem die Pflanzenvielfalt der Inselgruppe untersucht und kam zu dem Ergebnis, dass viele Arten keinerlei spezielle Strategien verfolgen und hauptsächlich durch »Treibenlassen« der Samen auf der Meeresoberfläche zwischen den Inseln neues Land erobern.[3] Ozeanströmungen und andere, bisher unerforschte Highways könnten für die Bepflanzung unseres Planeten also eine größere Bedeutung gespielt haben als bisher angenommen.

Auch die Symbiose mit Pilzen im Wurzelreich spielt nach neuesten Forschungsergebnissen eine Rolle. Je nach unterirdischer Partnerschaft scheint sich die Pflanze für die eine oder die andere Strategie zu entscheiden! Oder anders formuliert: Es gibt Hinweise darauf, dass der Modus von Bestäubung und Samenverbreitung mit der Art der Mykorrhiza zusammenhängt (ihr erinnert euch? Das war das schicksalhafte Wurzel-Pilz-Geflecht, das uns schon in Kapitel 1 beim Landgang der Pflanzen begegnet ist). Konkret wurden Verwandtschaften bestimmter Baumarten untersucht und dabei ein Zusammenhang zwischen der Wahl der Bodensymbionten und der oberirdischen Verbreitungsart festgestellt. Pflanzen, die ihre Pilzpartner in ihre Wurzelzellen »eintreten« lassen (man nennt das auch Endomykorrhiza), setzen laut dieser Studie[4] oft auf tierische Bestäubung und Samenverbreitung und erschließen eher große Verbreitungsgebiete. Auf der anderen Seite seien Pflanzen, die mit der oberflächlicheren Ektomykorrhiza evolvierten (die Pilzfäden sitzen dabei nur auf der Wurzelspitze auf), den Weg der Windbestäubung gegangen. Sie verbreiteten sich in kleineren Gebieten auf eine eher kleinschrittige Weise. Diese Ergebnisse liefern – wie so oft in der Forschung – mehr Fragen als Antworten. Aber sie zeigen uns auch, dass wir in der Ergründung der tierischen und pflanzlichen Koevolution noch ziemlich am Anfang stehen. Die Wahl der Teammitglieder über und unter der Erde scheint jedoch nach allem, was wir derzeit wissen, maßgeblich zur heutigen Biodiversität von Wald-Ökosystemen beigetragen zu haben.

Was genau können wir daraus für unsere eigenen Bündnisse und Entscheidungen mitnehmen? Nun, es scheint ganz so, als würde in der Natur der »Informationsgehalt«, die Qualität einer Beziehung, mit steigender Vielfalt immer hochwertiger. Ordentliche Information kann im Wald ganz beiläufig durch den Wind verbreitet werden oder dank Widerhaken im besten Sinne des Wortes hängen bleiben. Lizenzierte Transportunternehmen bringen die Info auch gelegentlich an Orte, die bisher nicht erreicht wurden. Zudem gibt es bisher unbeachtete Kanäle, die ebenfalls einen Einfluss auf das allgemeine Zusammenleben und die bunte Farbpalette der Gemeinschaft haben.

Kurzum: Dieser Vergleich soll an dieser Stelle dem Zweck dienen, dass wir vielleicht ganz generell nicht »den einen«, universell richtigen Weg suchen sollten, sondern uns mit der Vielfalt der Lösungen anfreunden. Ob wir über Wissenschaft oder etwas anderes, Alltägliches sprechen, ob über Kunst oder Politik, niemand hat die Weisheit mit Löffeln gefressen, und wir tun der Sache mit drastischen Vereinfachungen und dem Streben nach der weltbesten Lösung nur unrecht. Viel aufregender wäre es doch, wenn wir ähnlich mysteriöse Sprachkanäle, wie die zwischen Pflanzen und Tieren beim Formen unserer Umwelt, auch bei uns selbst suchen würden. Auf welche verbalen und nonverbalen Kommunikationswege würden wir wohl stoßen, wenn wir unser Treiben, unsere Gesundheit und unser Zusammenleben mal im Kontext des Miteinanders der Organismen beleuchteten?

Es ist heutzutage wirklich nicht leicht, an verlässliche Informationen zu kommen. Gerade, wenn wir wissenschaftliche Daten als Grundlage für gesellschaftspolitische Entscheidungen heranziehen wollen, ist es umso wichtiger, dass diese nicht am Ziel vorbeikommuniziert werden. Dazu lohnt es sich, ruhig und besonnen die Lage zu sondieren und auftretende Schwächen und Ungewissheiten zu ergänzen. Am Ende des Tages soll Wissenschaft möglichst objektiv und robust sein – trotz allem wird sie noch von Menschen gemacht. Und das ist etwas Wunderbares. So lässt sich nämlich niemals leugnen, dass die systematische Naturbeobachtung nach wie vor auf unserer menschlichen Neugier fußt. Seit jeher formulieren wir Hypothesen, die uns subjektiv logisch erscheinen, überprüfen diese experimentell, verwerfen sie wieder und stellen neue Ideen auf. Wenn wir genügend Versuche gemacht haben, wird aus einer Hypothese vielleicht eine Theorie, diese wiederum kann zum wissenschaftlichen Konsens werden, wenn immer mehr Forschende an verschiedenen Enden des Themas mit der anfänglichen Vermutung einverstanden sind. Aber ihren Ursprung hat jede Forschungsfrage in menschlichem Interesse und einer subjektiven Deutung der Natur (oder wie mein Kollege Jens Foell in seinem neuen Buch titelt: *Fakten sind auch nur Meinungen*[5]).

Trotzdem gibt es natürlich unumstößliche Wahrheiten, die wir uns auf dem Weg von der Vermutung zur Tatsache hart erarbeitet haben. Sowohl Erfolge als auch Rückschläge gehören zum wissenschaftlichen Arbeiten einfach dazu, genau wie in anderen Lebenslagen. Beides sollte zuliebe eines Vertrauens zwischen Forschung und Öffentlichkeit kommuniziert werden. Denn ansonsten setzen wir das aufs Spiel, wofür etwa eine evidenzbasierte Umweltpolitik stehen sollte: eine ehrliche, belastbare und unabhängige Bestandsaufnahme unseres Ökosystems Erde, der es derzeit messbar dreckig geht. Viele verkennen das oder behaupten absichtlich das Gegenteil. Der Weg zur Wahrheit kann lang und steinig sein, und nicht selten biegen wir auf der Suche nach ihr irgendwo falsch ab. Einige nutzen das aus, um in der allgemeinen Verwirrung unlautere Interessen durchzudrücken. Die Beweggründe und Motive dieser Meinungsmacher haben in einem Pflanzenbuch nicht viel verloren, aber zumindest möchte ich euch die nötigen Sensoren für das Aufspüren von Falschinformation mitgeben. Die Pflanzenforschung ist nämlich einerseits recht voll von Mythen und Missverständnissen, andererseits hält sie direkt einige gute Beispiele parat, wie wir im Umgang mit vermeintlichen Wahrheiten besser werden können.

## Von Spiderman und unerfüllbaren Erwartungen

Am Fallbeispiel von Orchideen, die das Aussehen, die Textur und sogar den Duft von Bienenweibchen nachahmen, haben wir es bereits gesehen: Auch Pflanzen sind beim Thema Täuschung und Übervorteilung nicht von schlechten Eltern. Auf kluge Weise modellieren sie die Natur, um sich hier und da Vorteile zu verschaffen und sich eine höhere Wahrscheinlichkeit zur Fortpflanzung zu sichern. Die größte Blüte der Welt, *Rafflesia arnoldii*, ahmt den Geruch von verwesendem Fleisch nach, um möglichst viele Tiere zur Bestäubung und Samenausbreitung anzulocken. Und nicht nur das, die aus Südostasien stammende Pflanze macht sich auch sonst das Leben einfach: Als Vollschmarotzer lebt sie parasitisch im Gewebe ihrer Wirtspflanzen – meist Lianenarten – und bildet weder Wurzeln, Triebe noch Blätter aus.[6]

Die Kombination aus floralem Größenwahn (die Blüten werden bis zu einem Meter groß und können elf Kilogramm wiegen) und der parasitischen Lebensweise kann nach menschlichen Maßstäben abstoßend, aber auch bewundernswert sein. Egal, wie wir es bewerten, die Rafflesie hängt in ihrer sehr besonderen Lebensweise stark von funktionierenden Ökosystemen ab, in denen ihre müffelnde Information auch gehört wird. Mit anderen Worten: Täuschung und Schmarotzertum gehen zulasten der Anpassungsfähigkeit. Verlassen bestimmte Nagetiere, die normalerweise ihre Samen herumtragen, das Territorium, hat die Rafflesie ein Problem. Betreiben Menschen Rodungs- oder Aufräumarbeiten im Wald, gibt es weniger Wirtspflanzen, die sie infiltrieren kann. Ist es gerade zu warm oder zu trocken, verwelkt die Blüte schneller und kann zudem ihre stinkigen Stoffe nicht optimal in der Umgebung verteilen. Zusammengenommen ist die Pflanze vor dem Hintergrund der aktuellen Krisen wenig flexibel und gilt als gefährdet.

Ob das nun die Strafe für eine hinterlistige Lebensweise auf

Kosten anderer ist? Vermutlich stellt die Natur derart vermenschlichende Fragen gar nicht erst. In der Evolution haben die Techniken der Megablume schlicht einen Vorteil zutage gefördert, der zu ihrer Vermehrung und Etablierung geführt hat. Ähnlich wie der Milchorangenbaum steht *Rafflesia* vor einer Mammutaufgabe, hat sie sich doch abhängig von vielen wandelbaren Faktoren gemacht, die ihr nun zum Verhängnis werden könnten. Und dazu ist noch nicht einmal der menschengemachte Klimawandel notwendig – na klar, er macht die Dinge ungleich komplizierter, aber auch auf natürliche Weise fallen solche Kartenhäuser der Evolution gelegentlich in sich zusammen. Wir können nur ahnen, wie viele Pflanzenarten bereits ausgestorben sind, weil die Tierwelt ihr beleidigt den Rücken zugewendet hat.

Die Methoden der Täuschung könnte man unter »mehr Schein als Sein« verbuchen. Ungeklärt und zugleich hoch spannend ist die Frage, ob eine »ehrlichere« Zusammenarbeit von Pflanze und Tier tendenziell nachhaltiger, dauerhafter und krisenfester ist. Auch in der menschlichen Dimension existieren derartige Kniffe, mit denen wir uns gegenseitig nicht nur biologisch, sondern ebenso rhetorisch-intellektuell in die Irre führen können. Der australische Kognitionswissenschaftler John Cook beschäftigte sich viele Jahre mit Desinformation in Bezug auf die Klimawandeldiskussion. Auf ihn gehen die Strukturen zurück, anhand derer wir *Fake News* in den allermeisten Fällen erkennen können. Sie werden im Deutschen unter dem Akronym PLURV zusammengefasst und stehen für folgende Phänomene der sprachlichen Desinformation:

P – Pseudo-Expertinnen und -Experten
L – Logikfehler
U – Unerfüllbare Erwartungen
R – Rosinenpickerei
V – Verschwörungserzählung

Die Gründe für die bewusste Verbreitung von *Fake News* sind vielfältig. Sie werden aus Hass kolportiert, um anderen Personen oder Institutionen zu schaden oder um einen finanziellen Vorteil herauszuschlagen. Natürlich soll auch unsere politische Einstellung gezielt beeinflusst werden. Und weil die Pflanzenforschung gleichzeitig Lösungsansätze für klimapolitische Entscheidungen liefert, aber auch ein bunter Schauplatz für Missverständnisse ist, möchte ich kurz drei PLURV-Beispiele aus meiner Disziplin anbringen.

Erstens, ein Klassiker: der Logikfehler. Pflanzen brauchen für Wachstum und Entwicklung Kohlenstoffdioxid ($CO_2$), das sie während der Fotosynthese »einatmen« und in ihren Pflanzenkörper einbauen. Deshalb ist das Pflanzen von Bäumen (und noch viel wichtiger: der Erhalt pflanzlicher Ökosysteme) eine besonders gute Idee, um der Erderwärmung entgegenzuwirken. Daraus zu schließen, wir müssten noch mehr $CO_2$ ausstoßen, um die Pflanzen in ihrem Tun zu unterstützen, ist jedoch ein Logikfehler.

Zweitens: die unerfüllbaren Erwartungen. Dieser Punkt geht richtig an die Substanz, da wir damit unsere verzweifelte Suche nach Antworten ausdrücken und gleichzeitig die Arbeit von Wissenschaftlerinnen und Wissenschaftlern diskreditieren. Wir würden natürlich gern vorhersagen können, ob neue Technologien – sei es ein neuer Impfstoff, ein KI-gesteuerter Feldroboter oder eine gentechnisch veränderte Pflanze – zu hundert Prozent nebenwirkungsfrei und sicher für Mensch, Tier und Umwelt sind. Leider kann man solche absoluten Prognosen niemals treffen (zumal das wissenschaftliche Prinzip auf Falsifizierung beruht, nicht auf allgemeingültigen Wahrheiten). In dem Moment, wo von der Forschung in Stein gemeißelte Antworten auf komplexe Fragen gefordert werden, liegen unerfüllbare Erwartungen vor. Eine solche Forderung wirkt manchmal wie berechtigte Kritik, ist aber de facto eine Argumentationstechnik, die die wissenschaftliche Arbeit insgesamt in Verruf bringt.

Natürlich sind Langzeitstudien besonders wertvoll, um die Folgen einer neuen Technologie abzuschätzen oder möglichst viele potenzielle Risiken auszuschließen. Dennoch bedarf es eines ersten, mutigen Schrittes, um neue Forschungen überhaupt erst einmal zu testen. Bei allen neuen Technologien gilt es, besonders sorgfältig zu sein. Gleichzeitig sollten wir Chancen und Risiken sinnvoll abwägen, um die richtig tollen Ideen nicht vorschnell zu verwerfen. Wir dürfen Großes erwarten von der modernen Wissenschaft, aber keine Weltwunder. Sie kann uns helfen, aus den vielfältigen Krisen herauszukommen, das ist vielleicht sogar ihre Bestimmung. Oder wie Spidermans Onkel sagt: Mit großer Kraft kommt große Verantwortung.

Und *last but not least,* drittens: die große Verschwörung. Wenn wir Menschen mit unserem Grips an gewisse Grenzen stoßen, suchen wir die Schuld gern bei einem wie auch immer gearteten »großen Marionettenspieler«, der groß angelegte Intrigen anführt. Diese oft frei erfundenen Erzählungen zeichnen sich dadurch aus, dass die Ursache für ein Ereignis in erster Linie einer im Geheimen handelnden Gruppe zugeschrieben wird, die ihre Interessen rücksichtslos durchzusetzen versucht.[7] Bekannte Beispiele für solche »Theorien« (heute nennen wir sie nicht mehr so, weil, wie gesagt, echte Theorien auf der Grundlage von echter Evidenz formuliert werden) sind die vermeintlich inszenierte Mondlandung, die Erde als Scheibe oder Bill Gates, der uns alle mit Mikrochips kontrollieren will. Manchmal kommt die Märchenstunde auch etwas subtiler daher, wie etwa die oft bebrütete Idee, das 5G-Mobilfunknetz besäße ein karzinogenes Potenzial, nur weil andere, physikalisch völlig verschiedene Strahlungsarten das Krebsrisiko erhöhen können. Das ist gewissermaßen Logikfehler und Verschwörung in einem.

An diesem letzten Beispiel wird die Schwierigkeit im Umgang mit dieser Form von Wissenschaftsleugnung deutlich: Oftmals haben *Fake News* einen wahren Kern. Sie sind nicht immer gänzlich falsch, es werden aber »Fakten« dazugedichtet und wichtige Details ausgelassen. So auch im Fall der »Gen-Pflanzen«, die uns, das Fußvolk, krank und große Konzerne reich machen sollen. Als Pflanzenforscher bin ich ein großer Fan der Vielfalt, und da mache ich bei den Züchtungsmethoden keine Ausnahme: Die Sortenzucht durch Kreuzung und Selektion, wie wir sie seit jeher betreiben, finde ich genauso toll und legitim wie die eleganten Möglichkeiten der Grünen Gentechnik. Durch ein einzelnes Gen konnte ein vitaminreicherer Reis gezüchtet werden,[8] der die Nahrungsgrundlage vieler Millionen Menschen aufwertet und ihre Kinder vor Mangelerscheinungen und Krankheiten schützt. Durch das Einbringen einer Virusresistenz wurde die Papaya auf Hawaii in den Neunzigerjahren vor der Ausrottung bewahrt.[9] Und heute, einige Jahrzehnte später, wird der weltweit erste Weizen in Nord- und Südamerika zugelassen, der mithilfe eines Sonnenblumen-Gens auch bei Trockenheit stabile Erträge liefern könnte.[10] Und dann gibt es noch die Möglichkeit, mit der Genschere ganz ohne artfremde Erbinformation neue Eigenschaften in unsere Nutzpflanzen zu bringen (wem das nichts sagt: Ab zum Nachsitzen in Kapitel 2!).

All diese Methoden klingen furchtbar technisch und invasiv, sind in Wahrheit jedoch weniger technokratisch als alle »sichtbaren« Praktiken der modernen Landwirtschaft. Na klar, wir müssen über potenzielle Risiken sprechen, und vor allem darüber, wer diese Techniken einsetzt, wer daran verdient und wer zu Schaden kommt. Aber auch nach beinahe einem halben Jahrhundert gentechnischer Forschung gibt es nicht einen einzigen Fall negativer Auswirkungen auf Gesundheit und Umwelt – wenngleich uns gelegentlich etwas anderes berichtet wird. Die Erzählung der »bösen Gen-Pflanze« ist so serpentinenreich, findet auf so vielen Nebenschauplätzen statt, die mit der eigentlichen Methodik nichts zu tun haben, dass Forschende gar nicht mehr hinterherkommen. Ja, wir müssen über Patente reden. Nein, wir wollen nicht hauptsächlich Sorten züchten, die nur mit chemischer Behandlung auf dem Acker überleben können. Und nein, keine dieser Pflanzen wird sich in der Natur verselbstständigen und wie wild in die Ökosysteme wuchern. Die Pflanzenzucht ist kein gewaltsames Unterjochen der Natur, sie ist nicht neu – wir haben unsere Nutzpflanzen schon vor 10 000 Jahren genetisch verändert – und auch nicht gefährlich. Das Gegenteil ist der Fall: Züchtung kann – auf traditionelle oder hochmoderne Weise – einen Beitrag zu einer nachhaltigeren Landwirtschaft leisten, die Naturräume wiederbelebt und renaturiert.

Viel zu selten werden die Chancen der Sortenzüchtung aufgezeigt. Was man stattdessen darüber hört, wenn man den Fernseher anschaltet? Pseudoexperten, Logikfehler, unerfüllbare Erwartungen, Rosinenpickerei und ja, auch Verschwörungsideologien. Das Ironische ist, dass die Pflanzenzüchtung nur eine von vielen Stellschrauben ist, die aber zu einer riesigen Sache aufgeblasen wird. Und das ist sogar verständlich, denn Essen ist eine emotionale Angelegenheit. Gerade dann, wenn wir in uns starke Gefühle oder Ressentiments spüren, ist es umso lohnender, zweimal hinzusehen. Desinformation verbreitet sich in den sozialen Medien schneller und leichter als je zuvor. Umso wichtiger ist es, dass wir sie erkennen und als solche entlarven können. Die PLURV-Strukturen können uns dabei helfen, die verschiedenen Strategien von *Fake News* zu identifizieren und im Dialog – mit anderen, aber auch mit uns selbst! – bei der Sache zu bleiben.

Ob sie es wollen oder nicht, Pflanzen sind inhärent politisch. Sie sind nun einmal die Basis unserer menschlichen Zivilisation, versorgen uns mit Biomasse für Nahrung, Treibstoff und Baumaterialien. Dabei halten sie ebenso lebenswichtige Ökosysteme am Laufen und sind gleichzeitig selbst von fruchtbarem Boden, einer verlässlichen Wasserzufuhr und einem günstigen Klima abhängig. Jede Abweichung von diesen drei Variablen hat schon die eine oder andere Katastrophe ausgelöst. Heute kratzt das Ausmaß unseres Bedarfs an planetaren Grenzen, befeuert soziale Ungleichheit und politische Unruhen. Wir sind also gefordert, Landwirtschaft und Pflanzenbau neu zu denken, um natürliche Ressourcen wiederherzustellen und zu schützen, ohne dabei an Lebensqualität zu verlieren. Gewissermaßen, und das sieht eine stetig steigende Zahl an Forschenden so,[11] haben die Pflanzenwissenschaften im Anthropozän eine politische Agenda. Viel zu lange wurden die »grünen Forschungsrichtungen« vernachlässigt. Nun, da unsere Rohstoffe knapp werden, könnten sie auf dem Radar der Entscheidungsträgerinnen und Aktionäre endlich eine Rolle spielen. Unter Pflanzenleuten gibt es sogar einen eigenen Begriff für diesen kollektiven Minderwertigkeitskomplex: Die *plant blindness* oder Pflanzenblindheit beschreibt einerseits die systematische Ignoranz des pflanzlichen Lebens und Wirkens und verdeutlicht andererseits die unschätzbare Relevanz dieser Disziplin für einen zukunftsfähigen Umgang mit natürlichen Ressourcen.

Pflanzen und ihre Erzeugnisse begleiten uns in allen Lebenslagen, sie sind Teil unserer Evolution. Seit jeher reden wir über sie, pflegen sie gesund, akzeptieren sie in unserer Mitte. Vom heiligen Bodhi-Baum im Buddhismus bis zur Yucca-Palme von IKEA sind Pflanzen immer schon Teil unserer Identität, drücken unsere menschlichen Vorlieben und Bedürfnisse aus. Wir genießen ihre Aromen beim morgendlichen Kaffee oder beim feurigen Wok-Gericht und merken augenblicklich, wie die Pflanzeninhaltsstoffe mit uns »sprechen«, also eine physiologische Antwort in uns anregen. Wir atmen tief ein beim sauerstoffreichen Waldspaziergang, lassen uns nicht nur von der frischen Luft betören, sondern auch von moosigen Terpenen, aufregenden Flavonoiden und anderen Pflanzenstoffen, die uns beim Stressabbau helfen und gesund machen können. Das alles zeigt, wie geborgen wir uns doch in der Gesellschaft von Pflanzen fühlen.

Es ist daher nachvollziehbar, dass sich Geschichten und Rituale, Angewohnheiten und Zeremonien aus dieser so vertrauten Verbindung entwickelt haben. Hobbygärtnerinnen und Starköche, Handwerkerinnen und Künstler – ganze Berufsgruppen arbeiten täglich mit Pflanzen und ihren Erzeugnissen und verspüren dabei eine solche Inspiration, dass nicht selten eine gewisse Romantik zwischen Mensch und Pflanze entstehen kann. Romantische Gefühle führen zu Verklärung, durch die rosarote Brille bescheinigen wir den Pflanzen vielleicht mehr, als tatsächlich (messbar) da ist. Das ist etwas Schönes, etwas Humanes, ein sehr alter Mechanismus und ein Hormoncocktail, der uns bei Sinnen hält und glücklich macht. Bei all der Liebelei müssen wir nur aufpassen, dass wir es nicht übertreiben. Wer zu sehr romantisiert, kann schnell verletzt und enttäuscht werden.

Lasst uns (und da schließe ich mich selbst als Pflanzenliebhaber mit ein) also bei der Vergötterung der pflanzlichen Natur zumindest gelegentlich auf den Boden der Tatsachen zurückkehren. In Teamarbeit mit unseren grünen Freundinnen können wir wirklich etwas erreichen, auch in einer krisenhaften Zeit. Es nützt nichts und niemandem, wenn wir säuselnd über die heilsame Natur sprechen und uns gleichzeitig bei ihrer Erhaltung aus der Verantwortung ziehen. Wir alle können und müssen mit anpacken, wenn es um Naturschutz geht, gerade weil wir von der Natur und ihrer Bewirtschaftung leben. Den Begriff Naturschutz fand ich schon immer etwas krumm, denn was wir tatsächlich erreichen wollen, ist Menschheitsschutz. Es geht uns um unsere eigenen Hintern, mit denen wir alle zusammen auf dem weichen Sitzpolster der Ökosystemleistungen hocken. Indem wir dieses Polster füttern, flicken und wertschätzen, bleiben wir selbst in der bequemsten aller Positionen: Wir genießen die Vorzüge eines Daseins *all inclusive,* in dem die Natur uns immer noch bereitwillig alles zur Verfügung stellt, was wir zum Leben brauchen.

Es ist vielleicht unvorstellbar, aber wenn es einmal keine Bestäubung mehr gibt oder kein sauberes Wasser, keine nährstoffreiche Humusschicht oder keine reine Luft, dann haben wir ein echtes Problem. Es klingt fatal, und das ist es auch. Wir könnten den Preis für die erste Spezies kriegen, die sich bei vollem Bewusstsein selbst ausrottet, nur weil wir zu verbohrt sind, uns ständig in die Haare kriegen oder keine neuen Tricks mehr lernen wollen. Das wäre doch wirklich eine waschechte Tragikomödie. Ihr merkt: Auch ich verfalle hier schon einem populistischen Tonfall.

Bevor das hier die nächste große Verschwörungsstory wird, besinnen wir uns lieber auf das, was wir gerade gelernt haben. Menschen und Pflanzen ziehen in allen Lebenslagen an einem Strang. Durch unsere steigenden Bevölkerungszahlen wird der Bedarf an Biomasse immer größer und werden die Ressourcen knapper. Wir wollen Kulturflächen effektiver nutzen und Naturräume besser schützen. Wissenschaft kann uns dabei helfen, zwischen guten und weniger guten Ansätzen zu unterscheiden. Hin und wieder wird gezielte Desinformation platziert, um diese Kompetenz, diesen designierten Auftrag der Forschung, zu untergraben und einen Vorteil daraus zu schlagen. Wir können lernen, *Fake News* zu erkennen und geeignete Quellen für Informationen auszumachen. Gerade jetzt, da sich mit den sozialen Medien und maschinell erstellten Inhalten unser Umgang mit Informationen verändert, brauchen wir Leitplanken für effektive Wissenskommunikation. Gute Aufklärung, Transparenz und Beteiligung sind essenziell, um komplexe Sachverhalte verständlich und interessant zu machen. Eine Demokratisierung von Wissenschaft ist nötig, um eine gut informierte Gemeinschaft aufzubauen und populistischen Strömungen entgegenzuwirken.

Die Beschäftigung mit der Natur, mit Pflanzen, Tieren und den Vorgängen der belebten Welt, macht es für uns – und unsere Kinder! – erfahrbar, was da draußen gerade schiefläuft und wofür es sich zu kämpfen lohnt. Mit anderen Worten: Die Natur ist voller Wunder! Wir können diese Wunder ergründen, ohne sie zu entzaubern, können ihre Magie aufdecken, ohne dass sie verschwindet, können in sie eindringen und ihre unfassbare Kraft gleichzeitig für uns nutzen. Die Zaubereischule des Lebens ist gleichzeitig der Ort, an dem wir ganz reale, pragmatische Dinge lernen, mit denen wir unseren persönlichen Teil zu einer lebenswerten Welt beitragen. Mit dem Wissen über die Natur steigern wir auch den Reflex, sie und ihre bunten Wunder schützen zu wollen. Jede kreative Idee zur Harmonisierung von Umweltschutz und nachhaltigem Konsum ist herzlich willkommen. Manche Projekte scheitern leider schon bei der Finanzierung. Andere sind schwer umsetzbar, da sie ein grundlegendes Umkrempeln unserer Infrastruktur erfordern. Und wieder andere stoßen auf halber Strecke auf ungeahnte Hürden – die uns die eigentlichen Knackpunkte beim Thema Naturschutz wie einen Spiegel vor Augen führen.

## Auenland und Büffelmozzarella

Die pflanzliche Natur puffert schon seit Jahrhunderten unser Klima. Die Frage ist jetzt also, wie wir die Natur für uns nutzen können, um die selbst verschuldete Schieflage zu korrigieren. Viele Projekte zur Bekämpfung des Klimawandels drehen sich um die Nutzung weiter, unwirtlicher Flächen, wie etwa der Sahelzone am Südrand von Afrikas größter Wüste, der Sahara. 2005 wurde eine riesige Initiative gegen die um sich greifende Desertifikation (Ausbreitung der Wüste) gestartet, die als Große Grüne Mauer (engl. *Great Green Wall*) bekannt ist. Am Anfang stand die Idee, ein Band aus Bäumen quer durch die Sahelzone zu pflanzen, von Dakar im Westen nach Dschibuti im Osten, und so die Wüstenbildung zu stoppen, den Boden vor Erosion zu schützen und gleichzeitig das Treibhausgas $CO_2$ aus der Luft zu holen. Bis 2030 sollten die knapp 8000 Kilometer des »grünen Rettungsbandes« bepflanzt werden. Die ernüchternde Realität ist, dass bis 2020 gerade einmal vier Prozent des ursprünglichen Ziels erreicht wurden.

In wenigen Ländern, allen voran im Senegal, waren die Pflanzungen gut angelaufen, Bürgerinnen und Bürger umhegten erfolgreich die Setzlinge trockentoleranter Bäume und Sträucher (zum Beispiel *Acacia* spec.). Doch in vielen anderen Ländern verhinderten die lokalen Gegebenheiten den Fortschritt des Projekts. Viele Bäume vertrockneten, weil sich niemand um sie kümmerte. Gerade in konfliktgeplagten Nationen der Sahelregion war ein kontinuierliches Arbeiten an der Grünen Mauer schlicht nicht möglich. Außerdem mehrten sich kritische Stimmen aus der Wissenschaft: Invasive, schnell wachsende Bäume könnten unwägbare Folgen für die lokale Ökologie haben, außerdem könne eine lückenlose, flächenhafte Begrünung das Gegenteil des Beabsichtigten verursachen: Die dunkelgrüne Fläche würde mehr Sonnenenergie absorbieren als der reflektierende Wüstensand, sodass womöglich eine zusätzliche Erwärmung die Folge sein könne. Die Vorzeigeinitiative versandete buchstäblich und scheiterte an der Realität. Auch hier zeigte sich: Politische Stabilität steht ganz am Anfang, vor allem, wenn eine effektive, internationale Teamarbeit gefordert ist.

Immer noch wird viel Geld (unter anderem von den Vereinten Nationen, der EU und der Weltbank) in Afrikas Grüne Mauer gesteckt. Als neues Ziel wird nun die Förderung lokaler Schutzprojekte und traditioneller Praktiken der Landwirtschaft angestrebt. So soll ein Mosaik aus produktivem Ackerland und nachhaltiger Aufforstung vorangetrieben werden. Solche zukunftsweisenden Projekte sind eine gute Sache. Es hat aber auch immer einen gewissen Beigeschmack, wenn wir unsere Vorstellungen von Nachhaltigkeit, die aus einer privilegierten, westlichen Perspektive entstehen, anderen Weltgegenden überstülpen wollen. Zu Recht merkten die beteiligten afrikanischen Länder an, dass Krieg und Hunger keine geeignete Basis für die konsequente Durchsetzung der erwarteten Klimamaßnahmen sind. Statt die Flächen mit ausländischem Geld für die durchaus symbolträchtige Grüne Mauer zu verwenden, sahen sie vielerorts einen größeren Hebel in der nun anlaufenden Stärkung der lokalen Subsistenzwirtschaft.

Ähnliche Zielkonflikte haben wir auch hierzulande, wenn wir über die Rückkehr der Wölfe oder die Wiedervernässung der Moore streiten. Die Ökologie ist zunächst erstaunlich einfach zu verstehen (hier zunächst am Beispiel Wolf): Wölfe stehen als große Beutegreifer an der Spitze der Nahrungskette und kontrollieren die Populationen der (pflanzenfressenden) Rehe und Hirsche. Indem wir also früher Wölfe geschossen und verjagt haben, brachten wir Räuber-Beute-Beziehungen aus der Balance und vergrößerten somit automatisch die Anzahl äsender Tiere, die daraufhin die Vegetation dezimierten. Die Rückkehr des Wolfs könnte das teilweise wieder richten: Mehr Beutegreifer bedeutet weniger Kahlfraß durch die Beute. Weniger

Kahlfraß bedeutet mehr Vegetation. Mehr Vegetation heißt mehr Biodiversität und außerdem eine Stabilisierung des Bodens durch das Wurzelreich, das vor Erosion schützt und Kohlenstoff bindet. Alles tolle Dinge. Einziges Problem bei der Sache: Irgendwie haben wir inzwischen eine Kulturlandschaft aufgebaut, die mit und dank unserer grasenden Nutztiere gewachsen ist. Für den Wolf gibt es hier kaum noch Möglichkeiten zum Wolfsein. Es gibt wenig Platz, und wir fürchten um unser Vieh, das der Wolf logischerweise als Beutetiere dankend annimmt.

Klar, wir leben im Wohlstand, bei uns sind die Grundvoraussetzungen weitaus weniger dramatisch und lebensbedrohlich als in Subsahara-Afrika. Dennoch ist der »Kampf der Kulturen« derselbe: Der Mensch sieht sich zunehmend in der Zwickmühle, wenn sein Werken und Wirken der Vergangenheit unverkennbare Auswirkungen auf die ihn umgebende Welt der Gegenwart haben. Hier und dort einen kleinen Baum zu setzen, scheint noch am ehesten kompatibel mit unserer derzeitigen Lage zu sein. Für viele klima- und umweltrelevante Ambitionen ist das Pflanzen von Bäumen eine gute Idee, es kommt jedoch stark auf die Details an. Welche Baumart? Welcher Standort? Wer kümmert sich? Eine Buche speichert in achtzig Jahren etwa eine Tonne $CO_2$.[12] Das reicht aber hinten und vorn nicht: In Deutschland emittiert eine durchschnittliche Person um die zehn Tonnen des Treibhausgases – pro Jahr. Jede und jeder von uns müsste also jährlich 800 Buchen pflanzen, um unsere eigenen Emissionen zu kompensieren. Aufforstung ist sicherlich ein wertvolles Puzzleteil, besonders dann, wenn man die Landschaftsgestaltung, die Lebensraumvielfalt und die bereits besprochenen Vorzüge des Agroforstansatzes mit einrechnet, aber sie allein macht noch kein Gesamtbild aus.

Bleiben wir beim Puzzeln: Macht ihr das auch so gern? Es gibt ein paar gute Hersteller von Puzzlespielen, bei denen die Teile wirklich perfekt ineinanderpassen und dieses äußerst befriedigende *klack* von sich geben, wenn man sie verbindet. Ähnlich sinnlich muss es sich anfühlen, wenn man in der nachhaltigen Landbewirtschaftung zwei Ideen miteinander vereinbaren kann. Und genau das mag ein wichtiger Weg voran sein: Wir müssen nicht nur in »Bäumen«, »Äckern« oder »Städten« denken, sondern vielmehr in »intakten Landschaften«, die insgesamt zu einer funktionalen Netto-Kohlenstoffsenke* werden und trotzdem für Mensch, Tier und Pflanze nutzbar bleiben.

Beispiel gefällig? Fließgewässer, die auch mal über die Ufer treten dürfen! Klingt komisch, ist aber so: Regelmäßig überflutete Uferzonen und ihre Böden (etwa sogenannte Auenlehme) helfen dabei, den Kohlenstoff in der Erde zu halten. Naturbelassene Böschungen werden durch die periodischen Überschwemmungen praktisch gedüngt, wodurch das Pflanzenwachstum angekurbelt und die Stabilität des Uferstreifens noch erhöht wird. Bei Starkregen werden so weder wertvolle Erdschichten abgetragen noch ein katastrophales Hochwasser ausgelöst – Auenlandschaften speichern das Wasser wie ein Schwamm und geben es in Zeiten der Trockenheit langsam wieder ab. In den artenreichen Böschungen (ein Randbiotop, wie es im Buche steht!) finden zahlreiche Tierarten Schutz und Nahrung. Zudem wirkt die Verdunstungskälte in den Auen wie eine riesige Klimaanlage. Gerade jetzt, da wir öfter mit Wetterextremen rechnen müssen, sind solche Inspirationen aus der Natur wirklich Gold wert: Urbane und agrarische Landschaften könnten dieses Schwammprinzip nutzen und Überschwemmung als Chance sehen, um die immer knapper werdende Ressource Wasser für schlechte Zeiten einzulagern.

Ein anderes Feuchtgebiet, in dem wir bald einen solchen Puzzle-Moment erzielen könnten, ist das Moor. Moore sind wie die Auen, haben nur einen permanent hohen Wasserstand.

* Das ist ein natürliches Reservoir, das mehr Kohlenstoff bzw. $CO_2$ aus der Atmosphäre aufnimmt, als es produziert.

Auch sie versiegeln so seit Jahrhunderten und Jahrtausenden verlässlich die Pflanzenmumien (und damit: den Kohlenstoff) aus längst vergangenen Zeiten im Boden. Durch den Torfabbau und die Umwandlung von Mooren in Ackerland setzen wir einiges aufs Spiel. Nun wollen wir die Moore zurückhaben, aber dort, wo sie einmal waren, ist nun ein Getreidefeld, geführt von einem Junglandwirt in siebter Generation. Die Wiedervernässung der Moore ist nicht nur sozio-ökonomisch kritisch, es ist auch seitens der Wissenschaft nicht ganz klar, ob und wie eine Moorlandschaft je wieder in ihren ursprünglichen Zustand versetzt werden kann. Für die verbleibenden Feuchträume heißt das: bitte nass bleiben!

Für unseren Landwirt sowie die Politik könnte die sogenannte Paludikultur das passende Puzzleteil sein, um den Interessenskonflikt zu beenden: Bei dieser »Nassbewirtschaftung« wird der Acker geflutet und mit Kulturpflanzen bestückt, die wir so nicht auf dem Schirm hatten: Schilf, Seggen und Rohrkolben, aber auch Weiden und Moosbeeren könnten angebaut und für die energetische, stoffliche oder sogar kulinarische Nutzung beerntet werden.[13] Der im Moor gespeicherte Kohlenstoff würde unter dem Wasserpegel verbleiben und höchstens als Dünger für die neuartigen Kulturen dienen. Vielleicht könnte man sogar den ein oder anderen Wasserbüffel mit dazustellen, der Fleisch und Milch liefert. In Ostasien sind die friedlichen Tiere überall zu sehen, aber auch in Südeuropa sind sie mancherorts zu finden, wo sie als »Habitatkonstrukteure« wirken. Sie helfen bei der Erhaltung und maschinenlosen Neuschaffung von Feuchtzonen und erhöhen so die Vielfalt der Amphibien und Insekten. Außerdem kann man aus ihrer Milch *Mozzarella di bufala* gewinnen, den köstlichen Büffelkäse.

Momentan ist das alles noch schwer vorstellbar, aber wissenschaftlich gesehen geht die Rechnung auf: Die Ökobilanz ist super, und nasse Moornutzung könnte bei sorgsamer Betriebsführung sogar als Kohlenstoffsenke funktionieren. Es wird an vielen Stellen geforscht und publiziert – real werden solche Leuchtturmprojekte aber nur, wenn sie politisch gefördert und gesellschaftlich unterstützt werden (etwa durch unser Kaufverhalten).

Zuletzt noch einen Ausflug aufs Meer: Auch hier haben wir eine riesige Fläche, die für den Klimaschutz eine entscheidende Rolle spielt. Die Ozeane sind schon jetzt die größte $CO_2$-Senke der Welt. Dabei speichert der Meeresgrund den allermeisten Kohlenstoff, und zwar in Form organischer Materie, die am Ende ihres Lebens dort unten konserviert wird. Das Prinzip ist ganz ähnlich wie im Moor: Kleine Pflanzen (in diesem Fall das Phytoplankton) nehmen beachtliche Mengen Kohlenstoffdioxid auf, bauen daraus ihre Zellen zusammen, sinken am Ende ihrer Tage auf den Boden hinab und werden für die Ewigkeit begraben. Auch Wasserpflanzen, die zehn oder fünfzehn Meter unterhalb der Wasseroberfläche noch genügend Licht zur Fotosynthese sammeln und den sandigen Boden bewurzeln und befestigen, sind fantastische Kohlenstoffspeicher. Die Gattung der Seegräser *(Zostera spec.)* stellt die einzigen blühenden Meerespflanzen, die an allen Küsten unserer Welt leben. Seegraswiesen schleusen permanent Kohlenstoff in die Meeresböden, wo er in ihrem ausgedehnten Wurzelreich ebenfalls gut eingesperrt und unschädlich gemacht wird.

Diese Pflanzengesellschaften wurden erst in jüngster Zeit als wichtige Senke für den globalen Kohlenstoffkreislauf identifiziert –[14] und bekamen gleich einen Krankenschein ausgestellt: Rund um den Globus leiden Seegraswiesen unter akutem Lebensraumschwund, der durch Küstenbebauung, Überdüngung und andere menschliche Aktivitäten angetrieben wird. Wenn ein Seegrasfeld kollabiert, zersetzen sich auch die Wurzeln. Das eingebuchtete $CO_2$ kann entkommen und in der Atmosphäre sein Unwesen treiben. Auch der Klimawandel selbst schadet den Wasserpflanzen, weil ihnen steigende Wassertemperatur und ein verstärktes Algenwachstum das Leben schwer machen.

Das Seegras *Zostera marina* ist kosmopolitisch unterwegs, und so gibt es einzelne Populationen, die besser mit den widrigen Bedingungen klarkommen. Und wie bei unseren Kulturpflanzen an Land, beginnen Forschende, die das Problem erkannt haben, mit der systematischen Untersuchung und Züchtung klimaangepasster Seegras-Arten. Mehr noch: Seit Kurzem werden an einigen Stellen (beispielsweise am Meeresforschungszentrum GEOMAR in Kiel)[15] ganze Küstenabschnitte mit robusten *Zostera*-Pflänzchen wieder »aufgeforstet«. Die Forschenden berichten stolz, dass ihre wogenden Felder in der Ostsee gesund dastehen und man sie sogar schon auf Google Maps sehen kann*. Dass die unscheinbare Pflanze überhaupt so gut wächst, ist jahrelanger Forschung an ihrem Fortpflanzungszyklus und ihren Kulturbedingungen zu verdanken.

Bei der Restaurierung der Seegraswiesen können wir Menschen also mit unserer Experimentierlust nachhelfen. Unsere Erfahrung bei der Kreuzung und Selektion von Ackerpflanzen können wir nun nutzen, um schnell die wichtigsten Klimaheldinnen der Meere zu finden und an den Küstenstreifen »anzubauen«. Auch groß angelegte, maschinelle Aussaaten von Seegraswiesen sind vorstellbar, um den intakten Zustand dieser großartigen Pflanzengesellschaften wiederherzustellen.[16] Diese so notwendige Instandsetzung der marinen Ökosysteme nimmt gerade richtig Fahrt auf. Wissenschaftlerinnen und Hobbytaucher, Nichtregierungsorganisationen und Vereine packen bei der Küstenbegrünung gemeinsam an. Und politische Entscheidungsträger*innen haben die einmalige Gelegenheit, Großes zu bewirken, indem sie einfach Gras über die Sache wachsen lassen.

Mut machende Projekte wie die Seegraswiesen des GEOMAR lassen hoffen, dass wir unsere Neugier und Kreativität

* Wer genau hinsieht, erkennt das regelmäßige Pflanzmuster der *Zostera*-Wiesen vor Kiel bei 54°20’55.9“N 10°08’59.8“O (ohne Gewähr, da sie auf aktuelleren Satellitenbildern schon zu einem dichten Rasen verwachsen sein könnten).

nutzen können, um im Natur- und Menschheitsschutz voranzukommen. Vor allem wenn solche Unterfangen mit einer wirksamen Wissenschaftskommunikation begleitet werden, können die Wogen guter Forschungsergebnisse über die akademischen Mauern hinwegschwappen und uns alle optimistisch stimmen. Ich bekomme jedenfalls gute Laune bei so tollen Ideen. Möchte mich am liebsten sofort in einen Neoprenanzug zwängen und in der Ostsee Pflanzen in den Sand stecken.

Auch auf EU-Ebene wurde erkannt, dass wir die Vielfalt der Ökosysteme brauchen und dass dafür keine Kosten und Mühen gescheut werden dürfen. Im 2024 vorgelegten Gesetzestext der (etwas sperrig benannten) »Wiederherstellungsverordnung« werden die Mitgliedstaaten in die Pflicht genommen, bestimmte Ziele zur Bekämpfung des Biodiversitätsverlusts bis 2050 verbindlich anzugehen. [17] Ein gutes Signal einerseits, ein etwas unklar formulierter Erwartungshorizont andererseits. Was die einzelnen Länder genau umsetzen sollen und welche Strafen sie bei Nichterreichen dieser Ziele erwarten, bleibt im Schlick des Aktenbergs verborgen. Papier ist geduldig, immerhin speichert es derweil ein wenig Kohlenstoff. So lange dürfen wir alle miteinander nicht dem bequemen Gedanken verfallen, selbst machtlos dazustehen. Jede Einzelne, jeder von uns kann mit ein paar einfachen Tricks die eigenen Emissionen erheblich reduzieren. Die Pflanzen sind krass, ja. Aber lasst uns nicht auf die Natur hoffen, sondern selbst mit anpacken. Pflanzen und Menschen sind oftmals zwei vermeintlich konkurrierende Mega-Lebewesen. Aber zusammen, da sind wir unbesiegbar.

## Wunschzettel eines Wissenschaftlers

Die sparsame Nutzung von Ressourcen und die Ambition, Stoffkreisläufe zu schließen, sind wichtige Ansätze einer ökologischen Nachhaltigkeit.

Da können wir uns ein weiteres Mal bei den Pflanzen ein wenig Inspiration abholen: Die Gewächse konsumieren nur so viel, wie sie benötigen, und versorgen sich ansonsten selbst mit erneuerbarer Energie. Sie leben mit und von den Reststoffen ihrer Vorgänger, wachsen in einem organischen Miteinander aus Jung und Alt, optimieren dynamisch die Stellung ihrer Sonnensegel, tauschen Substanzen und Informationen aus. Wenn es erforderlich ist, erfinden sie neue Werkzeuge und Fähigkeiten, mit denen sie tiefer wurzeln, stabiler wachsen oder sich in Bewegung setzen können. Diese Anpassungsfähigkeit wird von der Evolution belohnt, die besonders kreative Ideen fördert und genau diese bunte Artenvielfalt hervorgebracht hat, die wir heute lieben und studieren.

Auch wir Menschen konnten uns stets neu erfinden, um mit der Zeit zu gehen. Der aufrechte Gang war zunächst eine wackelige Angelegenheit, erlaubte es uns aber, die Hände verstärkt für Nahrungsgewinnung, Transport und Verteidigung einzusetzen. Vor allem aber führte die neue Fingerfertigkeit zur Entwicklung von Werkzeugen, die wir schon vor rund 2,6 Millionen Jahren zum Jagen und Zubereiten von tierischer und pflanzlicher Kost verwendet haben. Das Leben als Zweibeiner ermöglichte es uns, ausgedehnte Migration zu betreiben und neue Territorien zu erschließen. Dann, vor etwa 800 000 Jahren, zähmten wir das Feuer und entwickelten ein immer größeres Gehirn. Bald darauf kritzelten unsere Vorfahrinnen und Vorfahren die ersten Zeichnungen an Höhlenwände und begannen so, mithilfe von Symbolen zu kommunizieren. Wir entwarfen Fischernetze, führten Beerdigungsrituale durch, schneiderten Kleidung und fertigten Schmuckstücke, noch bevor unsere verwandten Arten der Gattung *Homo* (zum Beispiel der Neandertaler) ausgestorben waren.

Spätestens nach der letzten Kaltzeit, die vor etwa 11 000 Jahren endete, blieb der moderne Mensch *(Homo sapiens)* als einzige Spezies des einst so diversen evolutionären Stammbaums übrig. Unser großes Hirn nutzten wir danach unter anderem, um die Zucht von Pflanzen und Tieren zu erlernen. Dieser Meilenstein brachte Ackerbau und Nutztierhaltung hervor, womit wir natürliche Landschaften zuerst lokal, später dann global transformierten. Nahrungsproduktion führte zu Siedlungsbildung, zu Dörfern und Städten, kurzum: zu Sesshaftigkeit – womit wir am Ende der Geschichte und wieder am Anfang dieses Buchs wären.

Das alles klingt nach Geschichtsstunde und einem *Land vor unserer Zeit.* Aber den eigentlichen Wendepunkt in der gemeinsamen Evolution haben viele von uns noch selbst mitbekommen: Die menschliche Population hat sich innerhalb von nur vierzig Jahren verdoppelt – von drei Milliarden im Jahr 1959 auf sechs Milliarden im Jahr 1999.[18] Vor wenigen Jahren haben wir die dann Acht-Milliarden-Marke geknackt. Unsere schiere Zahl hat den Planeten sichtlich verändert, einige stimmt das nachdenklich, andere ignorieren oder leugnen gar jeden Einfluss unseres alltäglichen Schaffens auf die Umwelt. Klar ist, dass wir nicht unendlich wachsen können. Die Rohstoffe der Erde sind begrenzt, das Schiff ist jetzt schon ziemlich voll und schiebt sich ächzend durch die Galaxie. Von dort oben im Weltraum sieht man nicht nur die Seegrasfarmen in der Ostsee, sondern auch den Rückgang der Biotope, die Lichtverschmutzung der urbanen Räume, die fortschreitende Wüstenbildung und die schwindenden Gletscher.

Manche dieser Entwicklungen mögen früher schon einmal vorgekommen sein, sie sind gewissermaßen natürliche Vorgänge, die in der Erdgeschichte periodisch zu beobachten sind. Das große Aber liegt hier in der Schnelligkeit des Wandels einerseits und in den extremen Spitzen andererseits. Artensterben und Wetterextreme sind nicht mehr allein durch Naturphänomene zu erklären, egal wie sehr einige sich das wünschen mögen. Die Saat, die wir milliardenfach selbst säen, wird auch in Zukunft Auswirkungen auf unser kleines blaues Raumschiff haben.

Nehmen wir also all unseren Mut zusammen, schalten unser großes Gehirn noch einmal ein und nehmen unsere Verantwortung ernst. Seht es einfach als persönliche *Challenge,* als spielerische Herausforderung, eure ganz eigenen Gewohnheiten einmal zu prüfen und euch neue Skills zuzulegen. Eine *Gamification* (Anwendung von Spielkonzepten auf eigentlich nicht besonders spaßige Prozesse) von Nachhaltigkeit hilft mir persönlich sehr, motiviert an die Sache heranzugehen und mir eine gewisse Leichtigkeit zu bewahren. Wir sind unseren Kindern nicht nur eine lebenswerte Welt schuldig, sondern auch einen optimistischen Blick in die Zukunft, ein Lächeln nach vorne, eine Begeisterung für die Dinge, die erst noch passieren werden. Indem wir eine Pflanze aussäen, einpflanzen oder pflegen, geben wir einen Vertrauensvorschuss an die Welt von morgen, in der sie blühen und Früchte tragen wird. Vielleicht ist es eine Berufskrankheit, aber als Pflanzenforscher habe ich immer noch Lust auf die Zukunft, bin immer noch gespannt wie ein Kleinkind, welche aufregenden, neuen Erkenntnisse die Natur für uns da draußen bereithält.

Dass wir alle etwas zu einer Restaurierung der Natur beitragen können, zeigt auch der frisch gepresste *Faktencheck Artenvielfalt,*[19] der vom Bundesministerium für Bildung und Forschung finanziert und während der Entstehung dieses Buches veröffentlicht wurde. Der Text ist das Ergebnis einer umfassenden Aus- und Bewertung der biologischen Vielfalt in Deutschland und wurde von rund 150 Autorinnen und Autoren aus verschiedensten Institutionen erarbeitet. Die Bestandsaufnahme fällt (fast erwartungsgemäß) düster aus: Mehr als die Hälfte aller Lebensräume auf deutschem Boden sind entweder in einem unzureichenden oder schlechten Zustand. Von den rund 30 000 erfassten Pflanzen-, Pilz- und Tierarten ist ein Drittel akut gefährdet.

Die Erhebung dieser Daten ist nicht ganz einfach – bisher fehlt es bei uns an einer kontinuierlichen, behördlichen Erfassung. Die Datenpunkte und Artenzählungen sind vielmehr ein Flickenteppich, den die Faktenchecker mühsam zusammenbasteln mussten. Schätzungsweise siebzig bis achtzig Prozent der »Messungen«, auf denen diese besorgniserregenden Zahlen beruhen, stammen von freiwilligen Naturbegeisterten, die sie in einem Ehrenamt oder in ihrer Freizeit dokumentieren. Das kann ein Problem sein, da die »persönlichen Lieblinge« von Einzelpersonen in solchen Erhebungen überrepräsentiert sein können, während andere, unscheinbarere Arten so gut wie gar nicht auftauchen.

Es ist trotzdem ein Datensatz herausgekommen, der allein aufgrund seiner Masse gewisse Trends aufzeigt und das Wörtchen Handlungsbedarf rot unterstreicht. Früher allgegenwärtige Schmetterlingsarten wie der Kleine Fuchs *(Aglais urticae)* seien fast nur noch in Mittelgebirgen anzutreffen, während die Europäische Gottesanbeterin *(Mantis religiosa)* sich im wärmer werdenden Deutschland immer wohler fühle. Mancherorts verändere sich zwar die Netto-Artenvielfalt nicht in besonderem Maße, sehr wohl aber die Zusammensetzung: Neophyten und Neozoen ersetzen zunehmend heimische Arten, was durch zahlreiche, auch private Beobachtungen bestätigt wurde.

Hier zeigt sich das Potenzial der Bürgerwissenschaften *(Citizen Science)* – die Beteiligung von Laien –, die einen echten Mehrwert für die wissenschaftliche Arbeit leisten können. Der Bericht verdeutlicht außerdem, dass Einzelne neben der aktiven Partizipation auch sonst sehr viel für den Artenschutz tun können. Die großen Hebel seien natürlich vor allem eine wirksame Umweltpolitik und ein ökologisches Umkrempeln der

Wirtschaft. Es sei aber eine Besonderheit beim Thema Biodiversität, dass eben auch Privatpersonen durch ihren Konsum und die Nutzung ihrer eigenen Flächen viel bewirken könnten. Ein Beispiel: Die Fläche der privaten Gärten in Deutschland ist zusammengenommen etwa halb so groß wie die aller Naturschutzgebiete. Das zeige schon, wie viel Einfluss wir alle mit der Gartengestaltung hätten, wenn wir Nektarpflanzen, Rückzugsmöglichkeiten oder Wassertränken einer betonierten Einfahrt oder einem pflegeleichten Kiesbett vorziehen würden.[20]

Wir können unser Eigenheim zu kleinen Oasen der Vielfalt, zum *Safe House* für andere (um-)gestalten: Die Wildbienen, die Vogelwelt, kleine Spinnen und Asseln, sie alle freuen sich über eine nicht allzu blank rasierte Parzelle inmitten unserer Städte. Das gilt übrigens auch für euch Balkonheldinnen und -helden. Es ist faszinierend, welche tierischen Versammlungen gelegentlich in bunt bepflanzten Blumenkästen stattfinden. Für die Vielfalt der Pflanzen können wir im eigenen Garten vor allem eines tun: keine gebietsfremden, schnell wachsenden Arten anbauen. Informiert euch vorher, welche Pflanzen nicht mit der heimischen Flora vereinbar sein könnten; ihr wollt ja nicht das Brutzentrum für die nächste invasive Art sein.

Und schließlich können wir alle zur Vielfalt der Agrarsysteme beitragen, indem wir beim Einkaufen und Kochen experimentierfreudiger werden. Warum nicht jede Woche eine neue Gemüsesorte ausprobieren? Mal etwas anderes als die gewohnten drei Zutaten wählen? Wer Rätselspaß mag, wird die Aufgabe lieben, ein Gericht nur aus saisonalen Zutaten zusammenzustellen. Nicht zuletzt wird unser Konsum nachhaltiger, wenn wir unsere Einkäufe für die ganze Woche planen. So lässt sich Lebensmittelverschwendung minimieren – und übrigens auch Zeit und Geld sparen.

Ein zweiter, übergeordneter und frommer Wunsch eines Pflanzenforschers zum Ende dieser Reise wäre ein größeres Vertrauen in die Wissenschaft. Mit all ihren Unwägbarkeiten, ihren Widersprüchlichkeiten und manchmal verklausulierten Aussagen ist sie in meinen Augen doch ein Ausdruck nie endender menschlicher Neugier. Die wissenschaftliche Betrachtung der Natur ist uralt und gleichzeitig hochaktuell, sie hat uns mit den Pflanzen zusammengebracht, unsere Verbindung bereits vor Tausenden Jahren manifestiert und zeigt uns nun auch die Schwächen des Miteinanders auf. Wissenschaft ist die beste Näherung, die wir auf der Suche nach Wahrheit bekommen können. Je nachdem, wie gut etwas erforscht ist, kann die Wissenschaft bloß ein Strohhalm zum Festklammern sein – oder aber ein Fels in der Brandung der Desinformation. Sie ist trotz knallharter Naturgesetze dynamisch, erfindet und hinterfragt sich stets aufs Neue, lebt von einer gesunden Streitkultur zwischen Menschen, die eine fast kindliche Faszination nie abgelegt haben (nur dass sie jetzt Kittel und Anzüge tragen).

Auch ohne Doktortitel oder gar Studium können wir uns für die Zusammenhänge der Natur interessieren und mindestens in unserer unmittelbaren Umgebung Aufmerksamkeit für ein Thema generieren. Beim Kaffeekränzchen mit den Nachbarn, beim Pausengespräch in der Arbeit oder im allseits beliebten sozialen Experiment namens »Familien-WhatsApp-Gruppe« machen wir unsere ersten Schritte als Wissensvermittlerinnen und Wissensvermittler. Öffentlichkeitsarbeit im Namen der Wahrheit findet in den Netzwerken permanent statt, oftmals auch ungefiltert und ungeprüft. Vielleicht habt ihr, liebe Leserinnen und Leser, mit den PLURV-Techniken nun ein geeignetes Messwerkzeug zur Hand, um pseudowissenschaftliche Aussagen und *Fake News* einfacher und gezielter zu entlarven.

Unser Umgang mit wissenschaftlichen Erkenntnissen heute ist maßgeblich für den Stellenwert von Naturforschung in den nächsten Generationen. Ob und wie Naturschutz in Form internationaler Abkommen in naher Zukunft umgesetzt wird, bleibt abzuwarten. Es ist aber klar, dass unsere Kinder und Kindeskinder die Auswirkungen unserer Entscheidungen zu spüren bekommen werden. Zuletzt habe ich diese *Message* inmitten einer globalen Viruspandemie verschickt, nun sind es grauenvolle Kriege, die mich beim Schreiben dieser Zeilen begleiten. Einerseits fühlt sich die Beschäftigung mit der Pflanzenwelt in Krisenzeiten seltsam bedeutungslos an, dann aber wieder total relevant und vollgeladen mit Hoffnung. Denn Pflanzen sind die Grundlagen unserer Ernährung, unserer funktionalen Natur, unseres Lebens. Sie haben uns in der gemeinsamen Evolution zur Seite gestanden, haben uns Früchte geschenkt und Mut gemacht. Gebt euren Kindern also Pflanzen! Sie halten eine Menge Antworten auf die drängendsten Fragen unserer Zeit bereit.

# Epilog – Eine globale Symbiose

Euch ist bestimmt nicht entgangen, dass die Überschriften der Kapitel in diesem Buch den Lebenszyklus einer Pflanze darstellen. Genauso gut könnten sie auch unser eigenes Leben beschreiben. In gewisser Weise ist unsere Geburt eine »Keimung«, in der Humanmedizin ist von Keimzellen die Rede. Im übertragenen Sinn schlagen wir Wurzeln im jeweiligen gesellschaftlichen Kontext, in dem wir aufwachsen, machen Erfahrungen, die unser Leben bis ins hohe Alter bestimmen. Dann wieder verfolgen wir eigene Ziele, wollen Karriere machen oder eine Familie gründen, suchen unsere Aufgabe im Leben und den Sinn unseres Seins. Dabei hilft uns wie in der pflanzlichen Gesellschaft eine gute Kommunikation mit den Menschen in unserer Umgebung. Und auch bei uns verstecken sich die Informationen gelegentlich zwischen den Zeilen, abseits von dem, was unsere Sprache artikulieren kann. Unsere Gesundheit und unser Gemüt hängen maßgeblich von den kleinen Untermietern in unseren Körpern ab, ganz ähnlich wie das Mikrobiom im Wurzelreich auf alle Lebensprozesse der Pflanze Einfluss nimmt. Nicht nur gegen mikroskopische Eindringlinge müssen wir uns wehren können, auch größere Herausforderungen physischer und psychischer Natur stellen uns auf die Probe und machen uns zu dem, was wir sind. Frei nach der Akazie, die sich mit Ameisen zusammentut, suchen wir passende Partnerinnen und Partner, die uns manchmal allein durch ihre Anwesenheit eine ungemeine Stärke verleihen und uns widerstandsfähiger von innen und außen machen. Denn auch wir verwelken ohne die Gesellschaft anderer, und je vielfältiger der Kreis unserer liebsten Mitmenschen, desto resilienter gehen wir durch den Tag.

Die Analogie greift nicht nur in unserer persönlichen Lebensgeschichte. Sie lässt sich vielleicht sogar auf die Evolution der modernen Menschheit ausweiten, die ihren Ursprung (ihre »Keimung«) in der Kultivierung von Pflanzen findet. Auch kollektiv gesprochen schlugen wir Wurzeln, als wir Gemeinschaften und Zivilisationen gründeten, strebten nach Wachstum und teilten Aufgaben. Wir entwickelten Werkzeuge, die uns halfen, aber auch Waffen, die uns entzweiten. Eine gemeinsame Sprache war dabei oft entscheidend für das Abwehren von Konflikten und eine diplomatische Kompromissbereitschaft. Denn das Leben in immer größeren Gruppen ist genau das: ein ständiges Suchen nach Kompromissen, mit denen alle zufrieden sein können. Die Pflanzenwelt macht es nicht anders, wenn sie sich in Gesellschaften zusammenfindet und die überwuchernde Dominanz einer Art zugunsten der gemeinsamen Stärke unterbindet. Auch unsere Zivilisation ist die beste Version ihrer selbst, wenn jede und jeder Einzelne frei und versorgt ist, wenn alle mit anpacken können, ohne zu kurz zu kommen, wenn die Mischung von Individuen die Gruppe bereichert. Und wenngleich wir manchmal nicht dieselbe Muttersprache sprechen: Es gibt eine Verbindung zwischen uns allen, eine geteilte Verantwortung für ein respektvolles und nachhaltiges Miteinander, das keiner großen Worte bedarf und so tief geht wie die verborgenen, unterirdischen Fäden aus Pilzen und Pflanzen im Wurzelreich.

Heute können wir versuchen, die Vokabeln für eine Kommunikation wiederzufinden, die uns zusammenbringt. Ganz häufig entstehen schon an der Stelle Missverständnisse, an der wir verschiedene Worte für dieselbe Situation benutzen. Ein konstruktiver Dialog entsteht dann, wenn wir uns auf die Sprache unseres Gegenübers einlassen und uns in ihn oder sie hineinversetzen. Wir alle betreiben Wissenschaftskommunikation im Alltag, wenn wir mit den Eltern, den Nachbarn, mit Freundinnen und Freunden sprechen und ihnen versuchen, irgendetwas zu verklickern, das uns fasziniert. Dabei verzweifeln wir oft an mangelndem Verständnis oder Desinteresse bei unserer Zuhörerschaft, und nicht selten liegt der Fehler bei uns selbst: Die Art und Weise, die Körpersprache, die schwierigen Begriffe und der sprichwörtliche Ton spielen zusammen die Musik, die entscheidend für eine gelungene Übermittlung von Information sein kann.

Gemeinsame Chatgruppen werden dabei noch einmal mehr zum Sozialexperiment, da dort der Tonfall nur virtuell entsteht und durch unterschiedliche Verwendung von Emojis noch komplexer wird. Ob eine Nachricht nun mit zwei blauen Haken bei unserem Gegenüber wirklich so ankommt, wie wir sie versendet haben, ist am Anfang nie ganz klar. Aber wir können es als gutes Training ansehen. Als Übung für das, was wir in Zukunft in Sachen Kommunikation brauchen werden, wenn wir vielleicht auf öffentlichen Kanälen oder in ernsteren Diskussionsrunden zum Thema Klima, Mensch und Umwelt sprechen wollen. Eine gemeinsame Evolution des sachlichen Dialogs, der ganz ohne Beschimpfungen klarkommt, in dem auch mal Schwächen und Unsicherheiten eingeräumt und Zugeständnisse gemacht werden. Das wäre doch ein wünschenswerter Weg, um den Krisen unserer Zeit mit einer notwendigen, globalen Symbiose zu begegnen. Mit dem Pflanzenreich pflegen wir seit jeher eine Verbindung, die ohne das gesprochene Wort auskommt. Von den so andersartigen und doch so vertrauten Pflanzen können wir uns noch so, so viel abschauen – und wir fangen gerade erst an, die Superkräfte der Pflanzen zu verstehen.

# Dank

So ein Buch entsteht genau wie eine Pflanze mit einem kleinen Saatkorn, einer Idee, zur richtigen Zeit auf fruchtbarem Boden eingepflanzt, die zu keimen beginnt und zunächst im Verborgenen auf die Suche geht. Die Recherche, das Kundschaften und Ausbuddeln spannender Forschungsgeschichten aus der Welt der Pflanzen findet zunächst ganz isoliert statt. Am wichtigsten für noch junge Pflanzen und Bücher ist das Anzapfen verlässlicher Quellen. Daraus erwächst irgendwann der Mut, sich im Tageslicht zu zeigen. Ganz selbstbewusst entsteht Blatt nach Blatt. Gute Gedanken verfestigen sich wie ein verholzender Stamm, während weniger gute verworfen werden wie Herbstlaub. Und dann, wenn die Zeit reif ist, kommt es zur Blütezeit. Ob die ausgewachsene Idee dieses Buches so oft und gern besucht wird wie eine Sonnenblume an einem wolkenlosen Augusttag, weiß ich noch nicht. Wenn dem so sein sollte, dann könnte sie ganz vielleicht Früchte tragen. Und mit euch, liebe Leserinnen und Leser, wäre der Lebenszyklus in dem Moment vollendet, wenn ihr die gesammelte Saat bei euren Nächsten einpflanzt.

Bei all diesen Schritten braucht ein Buch (beziehungsweise ein Autor) Gesellschaft. Alleine schreiben ist wie alleine gärtnern: die reinste Überforderung. Um im Dickicht durchzublicken, an den richtigen Stellen zu bearbeiten, andere Ecken bewusst wild zu lassen und auch mal die Füße hochzulegen, braucht es den Input anderer. Deswegen möchte ich zuerst allen danken, die täglich daran forschen, dass wir Natur und Kultur auch weiterhin harmonisch verbinden und die gemeinsame Evolution von Pflanze und Mensch weiterdenken können. Danke an Felix Rieken für die Einblicke in die Agroforstsysteme. Danke an Stefan Rensing für die Überlegungen zum Landgang der Pflanzen. Danke an Thomas Ott für den entspannten Austausch zu Knöllchenbakterien und sich selbst düngendem Getreide. Danke an Philipp Schubert vom GEOMAR für die neusten Erkenntnisse aus der Seegraswiesen-Forschung. Und dann gibt es die, die gar nicht wissen, dass sie für mich immer und ständig eine Inspiration sind. Magi, Robert, Natalie, Martin, Sophia, Moritz, Johannes, Svenja und Christian: Danke dafür, dass ihr die Saat einer progressiven Ökologie überall dort einpflanzt, wo ihr euch gerade bewegt! Danke an Nils für gemeinsame Projekte und wunderbare Gespräche beim Waldspaziergang. Und natürlich einen liebevollen Dank an dich, Linda, für die perfekte Symbiose.

Jede Pflanzenfamilie hat so ihre Bestimmungsmerkmale, und vielleicht ist *Overthinking* eines für unsere Familie. Danke an meine Eltern und meine Schwester, dass ihr es trotzdem geschafft habt, mich in den richtigen Momenten abzulenken und zu stützen. Danke an Andreas, Anais, Pit, Annette, Ralf, Dieter, Heike und Maja fürs gemeinsame Musizieren, das sicher noch mal ganz andere Hirnareale freigeschaltet hat. Vielen Dank an Jasmin für gärtnerischen Nerdtalk und an all die tollen Menschen da draußen, die wie ich verrückt nach Grünzeug sind.

Ein herzlicher Dank geht zuletzt an die Elisabeth-Ruge-Agentur, vor allem an Katharina, an Sabine für die Veredelung und an das wunderbare Sachbuchlektorat von Droemer Knaur (Maria et al.). Ihr habt die Idee dieses Buches mit gepflanzt, gehegt und gepflegt, sodass die Geheimnisse des Wurzelreichs nun für alle zugänglich sind, die mehr über unsere Pflanzen wissen wollen.

# Literaturhinweise

1 Der Abdruck des Zitats erfolgt mit freundlicher Genehmigung des Verlags Klett-Cotta. J.R.R. Tolkien. Der Herr der Ringe. Aus dem Englischen von Margaret Carroux. © The Tolkien Estate 1954, 1955, 1966, 2021. Hobbit Presse – J. G. Cotta'sche Buchhandlung Nachfolger GmbH, Stuttgart 2021.

## 1 | Keimung – *Smells like green spirit*


1 Heidstra, R. & Sabatini, S.: »Plant and animal stem cells: Similar yet different«, in *Nature Reviews Molecular Cell Biology* vol. 15 301–312. Preprint at *https://doi.org/10.1038/nrm3790* (2014).

2 Tulina, N. & Matunis, E.: »Control of Stem Cell Self-Renewal in *Drosophila* Spermatogenesis by JAK-STAT Signaling«, www.sciencemag.org.

3 Gallois, J. L., Nora, F. R., Mizukami, Y. & Sablowski, R.: »WUSCHEL induces shoot stem cell activity and developmental plasticity in the root meristem«, in *Genes Dev* 18, 375–380 (2004).

4 Sweetman, A. K. et al.: Evidence of dark oxygen production at the abyssal seafloor. *Nat Geosci* 17, 737–739 (2024).

5 Sessions, A. L., Doughty, D. M., Welander, P. V., Summons, R. E. & Newman, D. K.: »The Continuing Puzzle of the Great Oxidation Event«, in *Current Biology* vol. 19. Preprint at *https://doi.org/10.1016/j.cub.2009.05.054* (2009).

6 Delaux, P. M. & Schornack, S.: »Plant evolution driven by interactions with symbiotic and pathogenic microbes«, in *Science* vol. 371. Preprint at *https://doi.org/10.1126/science.aba6605* (2021).

7 Dyall, S. D., Brown, M. T. & Johnson, P. J.: »Ancient Invasions: From Endosymbionts to Organelles«, in *Science* (1979) 304, 253 (2004).

8 IPCC, 2023: »Climate Change 2023: Synthesis Report. Contribution of Working Groups I, II and III to the Sixth Assessment Report of the Intergovernmental Panel on Climate Change«, [Kernteam der Autoren, H. Lee and J. Romero (Hrsg.)]. IPCC, Genf. *https://www.ipcc.ch/report/ar6/syr/* (2023) doi:10.59327/IPCC/AR6–9789291691647.

9 Schreiber, M., Rensing, S. A. & Gould, S. B.; »The greening ashore«, in *Trends in Plant Science*, vol. 27 847–857. Preprint at *https://doi.org/10.1016/j.tplants.2022.05.005* (2022).

10 Chater, C. C. et al.: »Origin and function of stomata in the moss *Physcomitrella patens*«, in *Nat Plants* 2 (2016).

## 2 | Wurzeln schlagen – *These roots aren't made for walking*

1 Hörandl, E. & Hadacek, F.: »Oxygen, life forms, and the evolution of sexes in multicellular eukaryotes«, in: *Heredity* vol. 125. Preprint at *https://doi.org/10.1038/s41437-020-0317-9* (2020).
2 Richardson, C. R. & Clay, K.: Sex-Ratio Variation among *Arisaema* Species with Different Patterns of Gender Diphasy. *Plant Species Biology* vol. 16 (2001).
3 Leopold, A. C.: »Smart plants: Memory and communication without brains«, in: *Plant Signaling and Behavior* vol. 9. Preprint at *https://doi.org/10.4161/15592316.2014.972268* (2014).
4 Woo, H. R., Masclaux-Dabresse, C. & Lim, P. O.: »Plant senescence: how plants know when and how to die«, in: *J Exp Bot* (2018).
5 ZDF *Magazin Royale* vom 02.02.2024 (2024).
6 Gan, S. & Amasino, R. M.: »Making Sense of Senescence (Molecular Genetic Regulation and Manipulation of Leaf Senescence)«, in *Plant Physiol* vol. 113 (1997).
7 Abbo, S. & Gopher, A.: »Plant Domestication in the Neolithic Near East: The Humans-Plants Liaison«, in *Quaternary Science Reviews* 242 (2020).
8 Spencer, D. & Merx, L.: »Krautnah Episode #17 Thyme after Time«, Podcast von David & Laura, Veröffentlichung am 03.07.2021 unter *https://krautnah.de/episode-17* (2021).
9 Spencer, D.: *Alles bio – logisch?! Die Superkräfte der Pflanzen nutzen, klimafreundliches Gemüse essen und die Welt retten,* Droemer Knaur (2022).
10 Europäisches Parlament & Rat der Europäischen Union. Richtlinie 2001/18/EG des Europäischen Parlaments und des Rates vom 12. März 2001 über die absichtliche Freisetzung genetisch veränderter Organismen in die Umwelt und zur Aufhebung der Richtlinie 90/220/EWG des Rates – Erklärung der Kommission. *https://eur-lex.europa.eu/legal-content/de/*ALL/*?uri=*CELEX*%3A32001L0018,* Zugriff am 02.07.2024 (2001).
11 Forum Bio- und Gentechnologie e. V. – Verein zur Förderung der gesellschaftlichen Diskussionskultur e. V. *https://www.transgen.de/ – Transparenz Gentechnik. https://www.transgen.de/.*
12 Jinek, M. et al.: »A Programmable Dual-RNA-Guided DNA Endonuclease in Adaptive Bacterial Immunity«, in *Science* 337, 816–821 (2012).
13 Gerichtshof der Europäischen Union. Pressemitteilung Nr. 111/18: Durch Mutagenese gewonnene Organismen sind genetisch veränderte Organis-

men (GVO) und unterliegen grundsätzlich den in der GVO-Richtlinie vorgesehenen Verpflichtungen. *https://curia.europa.eu/jcms/jcms/Jo2_7052/de/?annee=2018,* Zugriff am 10.11.2024 (2018).
14 Deutsche Forschungsgemeinschaft (DFG, G.R.F. and the G.N.A. of S. L.): »Keeping Europe Up to Date – a Fit-for-Purpose Regulatory Environment for New Genomic Techniques.« *https://www.dfg.de/resource/blob/289576/300ff7085ac66b7ff03177849008a13f/statement-genomic-techniques-data.pdf.*
15 Bartlett, M. E., Moyers, B. T., Man, J., Subramaniam, B. & Makunga, N. P.: »The Power and Perils of De Novo Domestication Using Genome Editing«, in *Annu. Rev. Plant Biol.* 2023 74, 727–750 (2023).
16 Liao, F.: »Discovery of artemisinin (Qinghaosu)«, in *Molecules* vol. 14 5362–5366. Preprint at *https://doi.org/10.3390/molecules14125362* (2009).
17 Baluška, F. & Mancuso, S.: »Plants, climate and humans«, in EMBO *Rep* 21, (2020).

## 3 | Der Sonne entgegen –
### *Here comes the sunflower*

1 Leopold, A. C.: »Smart plants: Memory and communication without brains«, in *Plant Signaling and Behavior* vol. 9 Preprint at *https://doi.org/10.4161/15592316.2014.972268* (2014).
2 Darwin, C. & Darwin, F.: *The Power of Movement in Plants,* John Murray (1880).
3 Pollan, M.: »The Intelligent Plant«, in *The New Yorker, https://www.newyorker.com/magazine/2013/12/23/the-intelligent-plant*, Zugriff am 01.07.2024 (2013).
4 Chamovitz, D.: »Rooted in Sensation: Hearing«, in *New Sci* (1956) 215, 37 (2012).
5 Mishra, R. C., Ghosh, R. & Bae, H.: »Plant acoustics: In the search of a sound mechanism for sound signaling in plants«, in *Journal of Experimental Botany* vol. 67 4483–4494. Preprint at *https://doi.org/10.1093/jxb/erw235* (2016).
6 Dudley, S. A. & File, A. L.: »Kin recognition in an annual plant«, in *Biol Lett* 3, 435–438 (2007).
7 Sheng-Ji, P.: »Ethnobotanical Approaches of Traditional Medicine Studies: Some Experiences From Asia«, in *Pharm Biol* 39, 74–79 (2001).

## 4 | Zusammen wachsen –
***Dill the messenger***


1 Jang, G. et al.: »Volatile methyl jasmonate is a transmissible form of jasmonate and its biosynthesis is involved in systemic jasmonate response in wounding«, in *Plant Biotechnol Rep* 8, 409–419 (2014).

2 Selosse, M. & Le Tacon, F.: »The land flora: a phototroph-fungus partnership?«, in *Trends Ecol Evol* 13, 15–20 (1998).

3 Wildon, D. et al.: »Electrical Signalling and Systemic Proteinase Inhibitor Induction in the Wounded Plant«, in *Nature* 360, 62–65 (1992).

4 Mackie, G. O.: »Conduction in the Nerve-Free Epithelia of Siphonophores«, in *Amer. Zoologist* 5, 439–453 (1965).

5 Ma, L. et al.: »Emodin ameliorates renal fibrosis in rats via TGF-β1/Smad signaling pathway and function study of Smurf 2«, in *Int Urol Nephrol* 50, 373–382 (2018).

6 Vignolini, S. et al.: »The mirror crack'd: Both pigment and structure contribute to the glossy blue appearance of the mirror orchid«, in *Ophrys speculum. New Phytologist* 196, 1038–1047 (2012).

7 Chen, Y., Yang, X., Howman, H. & Filik, R.: »Individual differences in emoji comprehension: Gender, age, and culture«, in PL*oS One* 19, (2024).

8 Nevo, O. et al.: »Signal and reward in wild fleshy fruits: Does fruit scent predict nutrient content?«, in *Ecol Evol* 9, 10534–10543 (2019).

9 Rozin, P., Guillot, L., Fincher, K., Rozin, A. & Tsukayama, E.: »Glad to be sad, and other examples of benign masochism«, in *Judgm Decis Mak* 8, 439–447 (2013).

10 Jones, D. L., Nguyen, C. & Finlay, R. D.: »Carbon flow in the rhizosphere: Carbon trading at the soil-root interface«, in. *Plant and Soil* vol. 321 5–33. Preprint at *https://doi.org/10.1007/s11104-009-9925-0* (2009).

11 Bais, H. P., Weir, T. L., Perry, L. G., Gilroy, S. & Vivanco, J. M.: »The role of root exudates in rhizosphere interactions with plants and other organisms, in *Annual Review of Plant Biology* vol. 57 233–266. Preprint at *https://doi.org/10.1146/annurev.arplant.57.032905.105159* (2006).

12 Jansson, J. K., McClure, R. & Egbert, R. G.: »Soil microbiome engineering for sustainability in a changing environment«, in *Nature Biotechnology.* Preprint at *https://doi.org/10.1038/s41587-023-01932-3* (2023).

13 Loo, E. P. I. et al.: »Sugar transporters spatially organize microbiota colonization along the longitudinal root axis of Arabidopsis«, in *Cell Host Microbe* 32, 543–556.e6 (2024).

14 van Nood, E. et al.: »Duodenal Infusion of Donor Feces for Recurrent in *Clostridium difficile*«, in *New England Journal of Medicine* 368, 407–415 (2013).

15 Peter Andrey Smith: »A New Kind of Transplant Bank«, in *The New York*

*Times, https://www.nytimes.com/2014/02/18/health/a-new-kind-of-transplant-bank.html,* Zugriff am 08.08.2024 (2014).

16 Stassen, M. J. J., Hsu, S. H., Pieterse, C. M. J. & Stringlis, I. A.: »Coumarin Communication Along the Microbiome–Root–Shoot Axis«, in *Trends in Plant Science* vol. 26 169–183. Preprint at *https://doi.org/10.1016/j.tplants.2020.09.008* (2021).

17 Berendsen, R. L. et al.: »Disease-induced assemblage of a plant-beneficial bacterial consortium«, in ISME *Journal* 12, 1496–1507 (2018). Und Yuan, J. et al.: »Root exudates drive the soil-borne legacy of aboveground pathogen infection«, in *Microbiome* 6, (2018).

18 Qiao, Y. et al.: »Synthetic community derived from grafted watermelon rhizosphere provides protection for ungrafted watermelon against Fusarium oxysporum via microbial synergistic effects«, in *Microbiome* 12, (2024).

## 5 | Gedeih und Verderb – *The lord of the weed*

1 Runyon, J. B., Mescher, M. C. & De Moraes, C. M.: »Volatile chemical cues guide host location and host selection by parasitic plants«, in *Science* 313, 1964–1967 (2006).

2 Castells, L.; »Plants turn caterpillars into cannibals«, in *Nature* (2017) doi:10.1038/nature.2017.22281.

3 González-Teuber, M., Kaltenpoth, M. & Boland, W.: »Mutualistic ants as an indirect defence against leaf pathogens«, in *New Phytologist* 202, 640–650 (2014).

4 Varner, J. M. et al.: »Understanding flammability and bark thickness in the genus Pinus using a phylogenetic approach«, in *Sci Rep* 12, (2022).

5 Bennemann, M.: *Böse Bäume. Wie sie töten, stehlen, Feuer legen – die dunkle Seite unserer liebsten Waldbewohner,* Goldmann (2022).

6 Kong, C. H., Li, Z., Li, F. L., Xia, X. X. & Wang, P.: »Chemically Mediated Plant–Plant Interactions: Allelopathy and Allelobiosis«, in *Plants* vol. 13. Preprint at *https://doi.org/10.3390/plants13050626* (2024).

7 Frederickson, M. E., Greene, M. J. & Gordon, D. M.: »›Devil's gardens‹ bedevilled by ants«, in *Nature* 437, 495–496 (2005).

8 Preston, C. A. & Baldwin, I. T.: »Positive and Negative Signals Regulate Germination in the Post-Fire Annual *Nicotiana attenuata*«, in *Ecology* 80 (1999).

9 Wang, L. & Wu, J.: »The Essential Role of Jasmonic Acid in Plant-Herbivore Interactions – Using the Wild Tobacco *Nicotiana attenuata* as a Model«, in *Journal of Genetics and Genomics* vol. 40 597–606. Preprint at *https://doi.org/10.1016/j.jgg.2013.10.001* (2013).

10 Kessler, A. & Baldwin, I. T.: »Defensive function of herbivore-induced plant volatile emissions in nature«, in *Science* 291, 2141–2144 (2001).
11 Schmid, N. B. et al.: »Feruloyl-CoA 6‹-Hydroxylase1-Dependent Coumarins Mediate Iron Acquisition from Alkaline Substrates in Arabidopsis«, in *Plant Physiol* 164, 160–172 (2014).
12 Stringlis, I. A., De Jonge, R. & Pieterse, C. M. J.: »The Age of Coumarins in Plant-Microbe Interactions«, in *Plant and Cell Physiology* vol. 60 1405–1419. Preprint at *https://doi.org/10.1093/pcp/pcz076* (2019).
13 Wiborg, S.: »Unkraut gewinnt. Im Kampf gegen Giersch zeigt sich die Vergeblichkeit des menschlichen Tuns«, in *Die Zeit* vom 09.06.2005 (2005).
14 Baumgartner, K.: »Giersch mit Kartoffeln bekämpfen: So geht's«, in *Gartenjournal, https://www.gartenjournal.net/giersch-kartoffeln,* Zugriff am 09.09.2024 (2024).
15 IPBES: »Summary for Policymakers of the Global Assessment Report on Biodiversity and Ecosystem Services«, *www.ipbes.net* (2019).
16 Paini, D. R. et al.: »Global threat to agriculture from invasive species«, in *Proc Natl Acad Sci* USA 113, 7575–7579 (2016).
17 Lenda, M. et al.: »Multiple invasive species affect germination, growth, and photosynthesis of native weeds and crops in experiments«, in *Sci Rep* 13, (2023).
18 Zhang, P. J. et al.: »Airborne host-plant manipulation by whiteflies via an inducible blend of plant volatiles«, in *Proc Natl Acad Sci* USA 116, 7387–7396 (2019).

## 6 | Blütezeit – *Fifty shades of hay*

1 Gallai, N., Salles, J. M., Settele, J. & Vaissière, B. E.: »Economic valuation of the vulnerability of world agriculture confronted with pollinator decline«, in: *Ecological Economics* 68, 810–821 (2009).
2 Tamburini, G. et al.: »Agricultural Diversification Promotes Multiple Ecosystem Services without Compromising Yield«, in *Sci. Adv* vol. 6, *http://advances.sciencemag.org/* (2020).
3 Wang, G. et al.: »Dilution of specialist pathogens drives productivity benefits from diversity in plant mixtures«, in *Nat Commun* 14, (2023).
4 Glatzer, N. & Braun, V.: Buschfunkistan. *https://www.youtube.com/@Buschfunkistan.*
5 Wegener, J. K. et al.: »Spot farming – eine Alternative für die zukünftige Pflanzenproduktion«, in *Journal für Kulturpflanzen* 71, 70–89 (2019).
6 Leibniz-Institut für Gemüse- und Zierpflanzenbau (IGZ) e. V.: »Agrarsysteme der Zukunft.« Projekt-Homepage DAKIS. *https://agrarsysteme-der-zukunft.de/konsortien/dakis,* Zugriff am 17.09.2024.

7 Kay, S., Jäger, M. & Herzog, F.: »Moderne Agroforstsysteme in der Schweiz. Partizipative Entwicklung und künftige Herausforderungen«, *www.agroforesterie.ch.*
8 Bundesministerium für Ernährung und Landwirtschaft (BMEL), »Lebensmittelabfälle in Deutschland: Aktuelle Zahlen zur Höhe der Lebensmittelabfälle nach Sektoren«, *https://www.bmel.de/DE/themen/ernaehrung/lebensmittelverschwendung/studie-lebensmittelabfaelle-deutschland.html*, Zugriff am 17.09.2024 (2021).
9 Frank, H. E. R. et al.: »The evolution of sour taste«, in *Proceedings of the Royal Society B: Biological Sciences* vol. 289. Preprint at *https://doi.org/10.1098/rspb.2021.1918* (2022).
10 Amato, K. R., Mallott, E. K., Maia, P. D. & Sardaro, M. L. S.: »Predigestion as an evolutionary impetus for human use of fermented food«, in *Curr Anthropol* 62, S207–S219 (2021).
11 Reich, M.: *Revolution aus dem Mikrokosmos. Nachhaltige Ernährung durch Fermentation,* Residenz Verlag (2024).

## 7 | Saat setzen – *Gardeners of the galaxy*

1 Dana Bashs Interview mit JD Vance auf CNN:. *https://edition.cnn.com/2024/09/15/politics/video/sotu-bash-vance-haitian-immigrants-full-interview,* Zugriff am 04.11.2024 (2024).
2 Barlow, C.: *The Ghosts of Evolution, Nonsensical Fruit, Missing Partners, and Other Ecological Anachronisms,* Basic Books (2001).
3 Heleno, R. H. & Vargas, P.: »How do islands become green?« in *Global Ecology and Biogeography* 24, 518–526 (2015).
4 Yamawo, A. & Ohno, M.: »Joint evolution of mutualistic interactions, pollination, seed dispersal mutualism, and mycorrhizal symbiosis in trees«, in *New Phytologist* 243, 1586–1599 (2024).
5 Foell, J.: *Fakten sind auch nur Meinungen. Wie wir wissenschaftlich zwischen Wahrheit und Wahrnehmung unterscheiden,* Droemer (2024).
6 Nikolov, L. A. & Davis, C. C.: »The big, the bad, and the beautiful: Biology of the world's largest flowers«, in *Journal of Systematics and Evolution* vol. 55 516–524 Preprint at *https://doi.org/10.1111/jse.12260* (2017).
7 Bundeszentrale für politische Bildung: »PLURV – Was ist das?«, *https://www.bpb.de/themen/medien-journalismus/desinformation/519734/plurv-was-ist-das/,* Zugriff am 27.09.2024 (2023).
8 Pflanzenforschung.de: »Goldener Reis«, *https://www.pflanzenforschung.de/de/pflanzenwissen/lexikon-a-z/goldener-reis-1193*, Zugriff am 30.09.2024 (2010).

9 transparenz GENTECHNIK: »Papaya«, *https://www.transgen.de/datenbank/pflanzen/1977.papaya.html,* Zugriff am 30.09.2024 (2021).

10 Gupta, P. K.: »Drought-tolerant transgenic wheat HB4®: a hope for the future«, in *Trends Biotechnol* 42, 807–809 (2024).

11 Negrutiu, I., Frohlich, M. W. & Hamant, O.: »Flowering Plants in the Anthropocene: A Political Agenda«, in *Trends in Plant Science* vol. 25 349–368. Preprint at *https://doi.org/10.1016/j.tplants.2019. 12.008* (2020).

12 Klein, D. & Schulz, C.: »LWF-Merkblatt Nr. 27 – Kohlenstoffspeicherung von Bäumen«, *https://www.waldwissen.net/de/lebensraum-wald/klima-und-umwelt/klimawandel-und-co2/kohlenstoffspeicher-baum*, Zugriff am 30.09.2024 (2011).

13 Greifswald Moor Centrum, »Paludikultur und Biodiversität«, *https://www.greifswaldmoor.de/aktuelles.html#633,* Zugriff am 01.10.2024 (2024).

14 Oreska, M. P. J. et al.: »The greenhouse gas offset potential from seagrass restoration«, in *Sci Rep* 10, (2020).

15 Reusch, Th. B. H., Olsen, J. L. »Reconstructing the worldwide colonization history of the world's most widespread marine plant«, in *Nat Plants* 9, 1180–1181 (2023).

16 Dieser Abschnitt ist in weiten Teilen inspiriert von einer wunderbaren *Terra-X*-Dokumentation, die passend zur Entstehungszeit dieses Buchs herauskam: »Harald Lesch … und die unterschätzte Klimachance«, Terra X Lesch & Co. *https://www.youtube.com/watch?v=Ekqa7IiOhDY&t=1095 s,* Zugriff am 01.10.2024 (2024).

17 Das Europäische Parlament und der Rat der Europäischen Union, »Verordnung (EU) 2024/1991 des Europäischen Parlaments und des Rates vom 24. Juni 2024 über die Wiederherstellung der Natur und zur Änderung der Verordnung (EU) 2022/869«, *http://data.europa.eu/eli/reg/2024/1991/oj1/93* (2024).

18 Eine anschauliche Grafik über die Bevölkerungsentwicklung von 1555 bis 2023 findet sich auf www.ourworldindata.org: *https://ourworldindata.org/grapher/population?time=1555..latest,* Zugriff am 02.10.2024 (2023).

19 Wirth, C., Bruelheide, H., Farwig, N., Marx, J. M. & Settele, J.: *Faktencheck Artenvielfalt. Bestandsaufnahme und Perspektiven für den Erhalt der biologischen Vielfalt in Deutschland,* oekom verlag (2024).

20 Landschek, E. & Carmesin, J.: »Kommentar von Wissenschaftsjournalistin Friederike Walch-Nasseri zum ›Faktencheck Artenvielfalt‹« im Nachrichtenpodcast *Was jetzt?* der *Zeit online* (2024).

DAVID SPENCER

# Alles bio - logisch?!

**Die Superkräfte der Pflanzen nutzen, klimafreundliches Gemüse essen und die Welt retten**

Was hat der Inhalt unseres Gemüsefachs mit moderner Pflanzenbiologie zu tun? Warum ist die Tomatenzucht auf dem Balkon ein Ringen gegen die Natur? Und weshalb müssen auch Pflanzen geimpft werden? Der Pflanzenbiologe und Science-Slammer David Spencer erzählt ebenso unterhaltsam wie anschaulich von unserem täglichen Obst und Gemüse und dessen faszinierendem Leben. Er ist sich sicher: Mit der Kombination aus Hightech-Wissen aus der Forschung und Ökolandbau können wir zu einer grünen Landwirtschaft und klimafreundlicher Ernährung gelangen – und so zur Rettung der Welt beitragen! Ein gefundenes Fressen für alle, die sich nachhaltiger ernähren wollen.

»Pflanzen stehen nur rum und tun nix?
Warum das absolut falsch ist,
kann man in diesem wunderbaren Buch nachlesen.«

*Florian Freistetter,*
*Mitglied der Science Busters*

DROEMER